中兽医药
传统加工技术

◎ 张继瑜　程富胜　主编

中国农业科学技术出版社

图书在版编目 (CIP) 数据

中兽医药传统加工技术 / 张继瑜，程富胜主编 . — 北京：中国农业科学技术出版社 , 2018.7

ISBN 978-7-5116-3689-8

Ⅰ . ①中… Ⅱ . ①张… ②程… Ⅲ . ①中兽医学－兽用药－中药加工 Ⅳ . ① S853.73

中国版本图书馆 CIP 数据核字 (2018) 第 103299 号

责任编辑 闫庆健　刘　健
责任校对 马广洋

出 版 者　中国农业科学技术出版社
　　　　　北京市中关村南大街 12 号　邮编：100081
电　　话　(010)82106632（编辑室）　(010)82109702（发行部）
　　　　　(010)82109709（读者服务部）
传　　真　(010)82106625
网　　址　http://www.castp.cn
经 销 者　各地新华书店
印 刷 者　北京科信印刷有限公司
开　　本　710mm×1000mm　　1/16
印　　张　17.25
字　　数　326 千字
版　　次　2018 年 7 月第 1 版　　2018 年 7 月第 1 次印刷
定　　价　198.00 元

作者简介

张继瑜，男，研究员，博士生导师，副所长，"百千万人才工程"国家级人选，国务院政府特殊津贴获得者，国家有突出贡献中青年专家，中国农业科学院农科英才，兽用药物研究创新团队首席专家，国家现代农业产业技术体系岗位科学家。兼任中国畜牧兽医学会兽医药理毒理学分会副理事长，中国兽医协会中兽医分会副会长，农业部兽药评审委员会委员，农业部兽用药物创制重点实验室主任，甘肃省新兽药工程重点实验室主任，中国农业科学院学术委员会委员。主要从事兽用药物及相关基础研究工作，先后主持完成国家、省部重点科研项目20多项。获得国家及省部级科技奖励4项。研制成功4个兽药新产品。培养研究生30余人，发表论文170余篇，出版编著6部。

《中兽医药传统加工技术》
编委会

主　编

张继瑜　程富胜

参　编

周绪正　李　冰　魏小娟　王玮玮

牛建荣　尚小飞　苗小楼　潘　虎

前言

　　中兽医学是我国劳动人民长期同动物疾病作斗争的经验总结和智慧结晶，是经过反复的诊疗实践逐步形成发展起来的一门具有独特理论体系、实践经验的兽医学科，具有重实践、讲实用之特点。中兽医医药学知识是个人的经验与体会的积累，在汇集无数个人经验的基础上，在漫长的社会发展中，推动了中兽医医药学的发展。但随着现代兽医学的主导地位形成与现代科学主义思潮的冲淹，中兽医医药学长期形成的精湛技艺行将面临着失传之虞。20世纪50年代以来，在党和国家的重视领导下，曾经收集和编著了《兽医常用中药》《兽医国药及处方》《兽医中药学》《中兽医针灸学》《中兽医治疗学》《新编中兽医学》《重编校正元亨疗马集》以及《兽医中草药大全》《中兽医方剂大全》《民间兽医本草》等一批中兽医药专著，对中兽医药学进行了比较系统全面的总结。丰富与完善了中兽医药学的内容。然而，对于中兽医药有关传统加工技术只是作为一种个人经验与技能应用渗透和贯穿于中兽医的诊疗环节之中，并没有作为一门专门的技术与方法学进行汇集整理、传承和研究。随着老一辈中兽医前辈们的相继离世，他们积累一生的中兽医术、独门绝技也正处于流失状态，中兽医药学逐渐呈现出了后继乏人乏术的趋势，将会产生人在技能在，人去技能失的局面。目前由中国农业科学院兰州畜牧与兽药研究所牵头主持的科技基础性工作专项"传统中兽医药资源抢救和整理"适时启动，为我国传统中兽医的继承和发扬带来了新的机遇。《中兽医药传统加工技术》的编著，正是借此科技平台，在相关科技项目的支持下，总结汇集了前人中兽医诊疗实践中有关中兽药的加工炮制技术，中兽医常用器械、工具的传统加工制作技术。该书不仅整理和抢救了中兽医事业发展中的这一人类实践形成的科技瑰宝，而且传承了伟大的中华民族传统医学文化，为中兽医的现代化提供基础性资源。

本书分六章，第一章主要从中兽医药传统技术发展沿革、中兽医药传统加工技术与改进、中兽医药传统加工技术的重要意义、中兽医药传统加工技术与药性的关系等方面对中兽医药传统技术进行了概述；第二章主要从中兽医药的修制、水制、火制、水火共制及其他方法等内容对传统加工技术进行了介绍；第三章对中药制剂包括散剂、汤剂、膏剂、丸剂、酒剂、胶剂、丹剂、冲剂、片剂、注射剂、酊剂、锭剂、合剂等不同制剂的加工技术进行了详细介绍；第四章对主要中兽医诊疗与临床代表性药材的加工技术进行了归纳介绍；第五章对中兽医常用器械及其加工技术进行了简单的陈述。第六章归纳总结了中兽医药加工常用术语、药物剂量换算的度量衡和演变过程以及中兽药加工经验歌诀。

本书内容涉及面较广，多与古代内容有关，编者经验不足，水平有限，不妥之处在所难免，敬请读者批评指正，提出宝贵意见。

编　者

2018年3月

目录 Preface

第四章　中兽医部分药材的加工技术

第一章　概　论

第一节 中兽医药传统技术简介

传统中兽医药理论来源于中医药理论，在远古时代，中医药理论直接指导和应用于家畜、家禽等家养动物，实际生产中没有中兽医理论的说法，所用的药物都相同。中兽医药理论是在经历了很长时期后慢慢从中医药理论中分离出来的，直至形成一套独立完善的系统。因此，可以说在古代，中医药传统技术就是中兽医药传统技术。

中兽医药加工技术以药物的出现为前提，人类发现和认识药物以后，在漫长的生活劳动过程中，逐渐形成了对有关药物的加工方法与技术。《中国大百科全书》中，所谓中药是"中医传统用以预防、诊断和治疗疾病的药类物质"，也就是在中医理论指导下使用的药物。中药主要来源于自然界，包括植物、动物和矿物，少部分为人工制品，如酒和醋等等。但这些药物需在中医理论指导下使用才能叫中药。医学界将中药起源时间定在《黄帝内经》出现的战国时期，但事实上中国人早已认识到自然物材的药用价值了。传说商初重臣尹伊发明"复方"草药，在浙江发现的跨湖桥遗址中经鉴定证实身份的"中药罐"，表明了距今八千年的跨湖桥人就已会煎药治病。这对研究我国中草药起源尤其是煎药这一药物加工技术起源具有重要价值。

现在所知道能明确指导药物使用的医学著作是2000多年前的《黄帝内经》，也是我国现存最早的一部有相当完整、严谨体系的中医基础理论巨著，是春秋战国时期及其以前医药实践的一次归纳、总结和升华，用于指导防治疾病、药物的加工及使用。成书于东汉末年的《神农本草经》，是一部有较完整中药基础理论及在具体药物中贯彻中医理论的中药学著作，其中记载了许多有关中药加工的技术与方法。

一个普遍的观点认为，不管中药的起源地是否在中国，但只要按照中医理论使用，则不论使用者为何国，均是中药，如日本的汉方药等，均来自中药。中药的主产地当然在中国，但外国所产药物，只要按照中医理论进行加工和应用，也是中药，例如中药里的冰片、番泻叶等。足以证明中医理论的产生和中药加工使用方法，均产生于古代中国。

中兽医药加工技术和所有的传统工艺一样，虽然文字的描述干瘪而且看似简单，但实际的操作却有着许多的禁忌，对技巧的要求极高。例如京城三百年老店同仁堂就有古训："炮制虽繁，必不敢省人工；品味虽贵，必不敢减物力"。由此可见，中兽医药加工技术在其理论体系中有着相当的重要地位。

在中兽医药加工技术演变和发展过程中，中药炮制是中医药理论中重要的内容之一，是我国独有的制药技术，也是我国非物质文化遗产之一。明代李汝珍在《镜花缘》里曾用到"如法炮制"一词，这是文学作品中第一次用到"如法炮制"这个成语，其来源就是我国的中药制作。但中药炮制研究发展现状不容乐观。当前我国炮制文献缺乏系统研究，传统技术缺乏延续，人才培养缺乏相应政策，中药炮制研究方面缺乏平台支撑。中药饮片鉴别及炮制不仅需要时间的积淀，更需要名师的指引，这种方式很难通过文字记录来清楚地表达，而是需要有经验的老师手把手教导。中药加工炮制技艺由于老药工们的纷纷离世，就是在世的老药工也大多年过古稀至耄耋之年面临后继无人，炮制技术面临失传的危险，继承和保护传统中药鉴别及炮制工作迫在眉睫。把这项工作做好，对于加快中医药事业发展、开创中医药工作新局面具有重要意义。

在中兽医药理论中，炮制是制备中药饮片的一门传统制药技术，凡是药材入药前都必须经过炮制。中兽医的疗效，除了靠医生的诊疗技术，主要是要有优质的中药饮片。优质的饮片依赖于药材炮制药得法，否则再高明的方子，疗效也会大打折扣。即所谓"好方子要好的中药来配，如果没有好的中药，再好的方子也是空的"。以常用药材半夏为例，内服能燥湿化痰、降逆止呕，外用能消肿止痛。但生半夏是有毒性的，必须经过炮制后才能用于临床。根据传统不同炮制方法，半夏可分为京半夏、仙半夏、清半夏、姜半夏、法半夏、制半夏、苏半夏、竹沥半夏、青盐半夏等。但随着不少炮制技法的失传，现在市面上能见到的半夏大多为清半夏、法半夏、姜半夏等少数几个品种。有些传统方子标明要用京半夏，但只能用制半夏来替代，这样一来经典方的效果自然就大打折扣了。再比如蜜炙的黄芪，外人只能闻到蜜的香气，却不知道这个蜜的选料以及炒制方法都有讲究。传统的方法是用炼制过的蜂蜜炒黄芪，先按比例把黄芪和蜂蜜拌匀稍闷，再放到锅里微火炒至蜜黄色或深黄色，以不粘手为度，外表略具光泽。这种方法就是炮制技法里的"蜜炙"。为了节省成本，现在不少人都用糖来代替蜂蜜，虽然省了成本，但也在一定程度上影响了疗效。

之所以中药材要经过炮制加工，是由于中药材的化学成分很复杂，就某种具体的中药材来说，在治疗疾病的过程中，可能是起治疗作用的有效成分，也可能是无效甚至是有害的成分。中药经过炮制以后，由于温度、时间、溶剂以及不同辅料的处理，使其所含的成分产生不同的变化。尽管目前对于大多数中药材的有效成分还不十分清楚，然而人们从实践中认识到在中药材中可能起生理作用的化学成分，主要在生物碱类、苷类、挥发油、树脂、有机酸、油脂、无机盐等几类成分中。炮制加工的目的就是要保留有治疗作用的成分，使药材纯净、改变药性、降低毒性和副作用。

从大的方面讲，中兽医药材加工方法包括净制、切制、炮制等三个过程。在传统中兽医临床所用药物中，植物类药材在中药中占有很大的比例，并且绝大多数植物类药材需经过加工后方能用于临床。而中药材来源复杂，种类繁多，质地形状各不相同，易受切制过程中条件因素的影响。只要加工方法与工艺不同，不仅影响饮片的外观，还能改变饮片内在的质量。因此，需要根据中兽医临床用药原则，结合药材本身的性质、设计完整的中药加工工艺，制定出具体的操作技术要求，建立严格的质量检查标准和方法，以保证中药加工后的质量，提高中兽医临床治疗效果。

去除药物的杂质及非药用部位过程叫做净制；将净制后的药，经过软化处理，根据药用的要求、药材质地等，切成一定规格的片、段、丝、块等形状的过程就称为切制；最后将净制和切制的药材进行加热处理或与辅料共同加热处理即炮制，经过这几道主要的工序后，药材才能按照中兽医理论用于方剂进行治病。

在净制、切制、炮制等过程中，最为关键的环节就是炮制环节。炮制可分为炒、煮、蒸、炙、煨、烫、煅、制炭、发芽、发酵、制霜、法制等多种方法。在具体的方法中又有不同的类别，例如"炒"这个方法就有清炒和加辅料炒，其中清炒包括炒黄、炒焦；加辅料炒就有麸炒、土炒、米炒等。不同的方法体现着中兽医药理论的奥妙，如麸炒就是用麸皮炒，麸皮是小麦的表皮，有健脾功效，如果用来炒薏苡仁，会增强其健脾功效。白术这味中药在炮制时就需要先炒麸子或者先用蜂蜜炒麸子，再用麸子炒白术。如果为了降低成本，用锯末代替麸子，或者白糖代替蜂蜜，这样炮制出来的白术只看表面很难发现问题，入药后就会影响药效。

为了达到炮制的目的，药材的炮制往往要添加辅料。药材炮制时所加的辅料，常用的有10余种，主要是酒、醋、盐、姜汁、药汁等液体辅料和麦麸、土、蛤粉、滑石粉、河砂等固体辅料。这些材料都非常讲究，有些甚至大有来头。比如酒炙所用的酒可不是普通的白酒，而是黄酒，最好是用绍兴黄酒。炮制所用的土也不是地上随便挖的，而是要用"灶心土"，所谓灶心土就是以前农村烧灶，久经柴草熏烧的灶底中心的土块。这土块中医里叫"伏龙肝"，本身也是一味止血止呕、温中和胃的中药材，像土山药等健脾止泻的药材都需要土炒炮制。

中兽医药传统加工技术，一般而言包括药材的加工技术和器具的加工技术。而药材的炮制是药材加工技术的核心内容，但药材的加工离不开所使用的器具。随着社会生产力的不断发展，制造工具的技术和能力也在不断地提升，因此，应用在药材加工过程中的器具的加工技术也在提高。例如传统的中兽医针灸术也是古代行医者常用的方法，因而针灸所用的针具是针灸术的基础，针灸用具的加工技术也是传统中兽医药加工技术的内容之一。常见的传统中兽医药所用器具主要有如下几种：烘药笼、漂药桶、焖煅锅、风炉、风选车、洗药盆、炒锅、药罐、箩、筛、簸箕、炙炉、风干药笼、药臼、药碾子、铡药刀、切药刀、刨刀、镑刀、锉刀、斧头、擂钵、刮刀、钳等等。

中药炮制技术关乎药效，但由于现代用药方法趋于常规化，传统的"一方一法"的制药与用药模式已不复存在，导致许多特殊而又可产生特效的传统炮制技术逐渐被遗忘，掌握传统炮制方法的人才青黄不接，现存为数不多的身怀绝技的炮制老药工对于自己经过长期工作总结出来的炮制方法有的秘而不宣，传统的炮制技术面临衰退甚至失传的局面。相关部门需要对炮制技术的继承和保护引起足够的重视，在继承和保护方面采取具体措施。中药鉴别人才同样稀缺，中药鉴定师也没有被当作一项职业予以正规培养。要掌握中药炮制、鉴别的本领，除了要有扎实的理论知识，还要靠老中医医药专家及有经验老药工口耳相传、实践感受、融会贯通，很多技巧是无法用言语描述的。因此培养两方面的后备人才最快捷的方法最好是选择师带徒的老方法，让年轻的药剂师尽快成长提高。通过这种师带徒形式的培训，将使学员能够初步掌握中药传统理论和传统的中药鉴别、传统中药炮制方法，更能得到老中医医药专家及老药工的经验，使中药的传统技能得到传承，将几千年遗存有效的方法、有效药物以及炮制、制备的方法继承下来，服务于中医临床，服务于社会，让中医药传统文化发扬光大。

熟悉中药的大多数人都知道，中药炮制要根据处方进行，而中药处方原理依据的是"君臣佐使"和古老的"五行"文化。例如24小时烤制姜炭，包括过程中对阴阳土的讲究；3年日晒夜露，20千克的醋晒成1千克的醋膏；九蒸九晒熟地黄等，都遵循的是这一原理。可以说我国的中医医药学之所以能在世界上独树一帜，其中中药炮制技术是中药的根本。然而随着现代科技的发展，考虑到人工成本、量产等问题，许多传统的炮制工艺已发生变化，甚至被丢弃，掌握这些技法的人越来越少。

幸运的是，2016年，随着国务院印发《中医药发展战略规划纲要》的出台，党和国家领导人对中医药的传承与发展越发重视，作为中医药老字号企业，始终以振兴国药文化为己任，誓将中国传统医药文化传承并发扬光大。《中医药发展战略规划纲要》指出："把继承创新贯穿中医药发展一切工作，正确把握好继承和创新的关系，坚持和发扬中医药特色优势，坚持中医药原创思维，充分利用现代科学技术和方法，推动中医药理论与实践不断发展，推进中医药现代化，在创新中不断形成新特色、新优势，永葆中医药薪火相传"。

第二节　中兽医药传统加工技术发展沿革

中兽医药传统加工技术是中兽医药理论重要的组成部分，中兽医药的发展其中包含着中兽医药传统加工技术的发展，并且后者是伴随着前者的发展而不断发展。纵观人类文明与中医学、中兽医学发展历史，中兽医学是在中医学的基础上产生的，其形成稍晚于中医学，但其理论互通有无，并存在着广泛的相似性，只是应用与研究的对象不同而已。中医学的发展推动者中兽医学的发展，中兽医学的发展为中医学的发展提供了丰富的实践内容。因此，自从中兽医学诞生后，中医学的发展历史也可以说就是中兽医学发展历史，同样，中医药传统加工技术的发展历史也就是中兽医药传统加工技术的发展历史。

一、中兽医药加工技术简史

由天然物质变成药材，是在对药材的应用和实践中，逐渐地对药物形成了一定认识之后才能成为现实。药物知识是劳动人民在生产斗争与医疗实践活动中不断充实丰富起来的。从使用天然药材，过渡到使用药材加工品、提炼品及药剂，是医药科学一大进步。从医疗实践过程中，人们逐渐认识到，把原来天然药材加工成一定规格的药剂是可能的并且是必要的。早在战国时期，《素问·汤液醪醴论》有"当今之世，必齐毒药"的记载。这里"毒"，即指药，"齐"是指药剂的意思，其含义就是推崇使用药剂以达到治疗疾病的目的。我国最早的药物专著，汉代《神农本草经》也有"药性有宜丸者、宜散者、宜水煮者、宜酒渍者、宜膏煎者"等的记载。从《内经》记述看，当时有汤剂、丸剂、散剂、膏剂、酒醪剂等。到《伤寒杂病论》问世时期，又增加了煎剂、浸剂、栓剂、糖浆剂、流浸膏剂、软膏剂以及动物脏器制剂等。由此可见，我国古代相传下来的中药制剂是丰富多彩的，其不同制剂的加工技术也各不相同。随着不同制剂类型的出现和发展，传统的加工技术也在不断地完善与发展。例如以水煮药材所制成的汤剂，是一种比较早的中药制剂，汤剂的具体加工和制备方法，于后世《内经》、《伤寒论》与《金匮要略》中已经有详细的记载，后来汤剂又逐渐发展成为煎剂、流浸膏剂和饮剂等。

兽用中药是中兽医治疗畜禽疾病的重要物质和手段，数千年来它对我国畜牧业发展和人民的生存与健康起到了极其重要的作用。用于动物的中药在应用之前药须按照药物自身的药性特点和临床实践中总结出的经验进行适当的处理加工，在中药的加工处理方法中炮制是核心与重要的内容，因此，我们也可把中药的加工处理称为中药的炮制。中药的炮制是祖国传统医药学的宝贵遗产，有史以来，它同中医临床及兽医临床的用药密切结合。文献考证得知，中药的炮制前人称为炮炙，但"炮炙"二字仅代表了中药整个加工处理技术中的两种用"火"处理的方法，并不能概括其他中药加工处理方法，所以，后人为了保存古代炮炙的原意，又能更确切地反映整个中药加工处理技术，目前从比较学专业的角度统称为炮制，其中"炮"字代表各种与火有关的加工处理技术，而"制"字则代表各种更广泛的中药加工处理技术。

中药炮制历史久远，相传起源于神农时代。远古时候，人们为使药物清洁和服用方便，采取了洗净、劈块等简单的前加工处理方法，这就是中药最早的加工方法。当人类发现火以后，受到用火加工食物的启示，便用火来加工药物，这样对药物的毒性降低和调整药性方面起到了良好的效果。到了夏禹时代，由于酿酒的出现，为以后的酒制开辟了广阔的道路，后来出现的盐制、醋制、蜜炙等炮制方法，更丰富了中药的炮制内容，且较好地适应了临床的需要。

传说中发明炮制技术的是中国商代曾经做过厨师的大臣伊尹，他把厨房中经常应用的一些烹饪手法如烤、灸、炒、煮以及常见调味料如盐、醋、酒、蜂蜜、姜等应用于草药的加工，并且创制了中医经常应用的汤剂，总结了煎药之法，并相传伊尹著有《汤液经法》一书。对于中药炮制最早的史料是根据马王堆汉墓出土竹简辑复出版的处方集《五十二病方》，书中每一个方剂下都以注释的形式列出了炮、灸、燔、熬等中药炮制方法。

二、中药材炮制的四个时期

纵观中医药炮制的发展历史，中药的炮制和加工主要分为较大的四个时期。即春秋战国至宋代（公元前722年至公元1279年）为中药炮制技术的起始和形成时期；金元、明时期（公元1280年至1644年）为炮制理论的形成时期；清代（公元1645年至1911年）为炮制品种和技术的扩大应用时期；现代（1912年以后）为炮制振兴、发展时期。

西周时代（约公元前11世纪），由于社会的进一步发展，社会的分工日益扩大，当时宫廷医生已经分为食医、疾医、疡医、兽医四种，兽医开始成为独立的专门职业。据《周礼.天官篇》记载："兽医，下士四人"，"兽医掌疗兽病（内科）、疗兽疡（外科）。凡疗兽病，灌而行之，以节之，以动其气，观其所发而养之二，凡疗兽疡，灌而剟之，以发其恶，然后药之，养之、食之。凡兽之有病者，有疡者，使疗之，死则计其数，以道退之二"。这说明当时已经设有专职兽医，并有内科与外科的分科，在兽医治病时已采用了灌药、手术、护理等综合医疗措施。我国著名于世的家畜去势术已有进一步发展，广泛应用于猪（豭）、马（骟）及牛等多种家畜。在《周礼》《诗经》和《山海经》中记载有人兽通用的药物100多种，并有"流赭（代赭石）"以涂牛马无病等兽医专用药物。《礼记》中记有："孟夏月也……聚蓄百药"，说明古代人们具备了药物采制的技能。当时还对动物的一些普通病、传染病、侵袭病，如猪囊虫（米猪）、狂犬病（瘈）、疥癣（瘙蠹）、传染病（疫）、运动障碍（瘥）、牛虻（蠹蟓）、劳伤等有了比较正确的诊断和防治措施。早在西周穆王（公元前947至公元前928）年时，出现了我国最早的有名兽医造父，他不仅善于驾驭战车，而且具有高深的兽医技术，善治马病，有刺马颈血为马解除暑热的传说。

中药炮制的文字记载始于春秋战国时期（公元前770至公元前221年）。在现存的我国第一部医书《黄帝内经》中记载的"治半夏"即是炮制过的半夏，这就显示了炮制的存在。到了汉代，炮制方法已非常之多，如蒸、炒、灸、煅、炮、炼、煮沸、火熬、烧、斩折、研、挫、捣、酒洗、酒浸、酒蒸、苦酒煮、水浸、汤洗、刮皮、去核、去足翅、去毛等。同时，随着实践应用的发展，其炮制理论也开始逐渐创立。如当时问世的我国第一部药书《神农本草经》序中写道："药，有毒无毒，阴干暴干，采造时月；生熟，土地所出，真伪陈新，并各有法，若有毒宜制，可用相畏相杀，不尔勿合用也"。再如当时的名医张仲景也认为药物"有须根去茎，有须皮去肉，或须肉去皮，又须花去实，须烧、炼、炮、炙，依方炼采。治削，极令净洁"。由此可知，在汉代，人们对中药炮制的目的和意义已有了一定的认识。除此之外，对传统兽医技术也有了一定的发展与应用。相传在秦穆公（公元前659至公元前620年）时的兽医学家孙阳，官封伯乐将军，善于相马又善于治疗马病，他通晓针穴，擅长针、灸、火烙，能治各种疾病，被称为我国兽医的始祖。后世流传的《伯乐针经》、《伯乐明堂论》、《伯乐画烙图》等，多是托他名义的书，可见人们对他的敬仰与爱戴，我们从中得知针灸方法和针灸用针的加工技术在当时已经得到掌握。

南北朝时期，我国第一部专门记录药材炮制的书籍《雷公炮炙论》得以问世，是南朝宋时期医学家雷敩所撰写的一部关于中药炮制的专著，也是目前认为最早的中药炮制专著，但原书早已佚散。该书在总结前人炮制技术的基础上，又将整个中药材炮制的技术水平得到了很大的提高。其中所列中药材加工的方法主要有蒸、煮、炒、焙、炮、煅、浸、飞等，并对有些方法进行了比较详细的说明。例如，其中提到的"蒸"又分为清蒸、酒浸蒸、药汁蒸；"煮"可分为盐水煮、甘草水煮、黑豆汁煮；"炙"分为蜜炙、酥蜜炙、猪脂炙、药汁涂炙；"浸"分为盐水浸、蜜水浸、米泔水浸、浆水浸、药汁浸、酒浸、醋浸等等。该书首先提出了应用辅料炮制药物，对炮制技术的发展产生了巨大影响，《雷公炮炙论》的出现是中药材炮制学形成的一个标志，并为临床用药的炮制加工提供了极其重要的宝贵经验，甚至其中的许多炮制方法一直沿用至今。

随着社会及科学文化的发展与不断进步，在唐代，中药的炮制更引起人们的重视。孙思邈在《备急千金要方》中说，"诸经方用药，所有熬炼节度皆脚注之，今方则不然，于此篇具条之，更不烦方下别注也。"唐代甚至出现了国家药典——《新修本草》，其中收载了很多炮制方法，如煨、燔、作糵、作豉、作大豆黄卷等，并记载了玉石、玉屑、丹砂、云母、石钟乳、矾石、硝石等矿物类药的炮制方法。

中药的炮制在宋代出现了较快发展，宋朝庭颁行的《太平惠民和剂局方》设有炮制技术专章和相关的技术规范，提出对药物要"依法炮制"、"修制合度"，并将炮制列为法定的制药技术，对推动炮制技术的发展和保证中药质量起了很大作用。

如果说在之前的各朝代中，中药炮制技术基本是在实践中不断总结过程，而进入金元时代，中药炮制的发展较为突出的是理论研究，可以说是炮制技术一次小的飞跃。如王好古在《汤液本草》中引用东垣用药指象有："黄芩、黄连，病在头面及手梢皮肤者，须用酒炒之，借酒力以上腾也；咽之下，脐之上，须酒洗之；在下生用。大凡生升熟降，大黄须煨，恐寒则损胃气，至于川乌、附子须炮以制毒也。""当归酒洗取发之意，大黄酒浸入太阳经，酒洗入阳明经"等，均为有关中药炮制理论的重要论述，为中药炮制提供了初步的理论指导。

中药的炮制在明代进行了较为全面的发展。在理论方面，《本草蒙筌》中曾系统地论述了若干炮制辅料的作用原理，如酒制升提，姜制发散，入盐走肾脏软坚，醋制入肝经止痛，童便制除劣性降下，米泔制去燥性和中，乳制滋润回枯、助生阴血，蜜炙甘缓难化、增益元阳，陈壁土制窃真气、骤补中焦，麦麸皮制抑酷性、勿伤上膈，乌豆汤、甘草汤制曝并解毒至令平和等，还明确地指出中药的效应贵在炮制，并且强调"凡药制造，贵在适中，不及则功效难求，太过则气味反失。"著名医药学家李时珍集诸家之大成，在《本草纲目》中专列了"修制"一项，收载了各家之法，并对有些中药炮制方法，结合中医理论进行了探讨。后来，缪希雍又在《雷公炮炙论》的基础上，又增加了许多当时常用的中药加工炮制方法，并在自己的著作《炮炙大法》中，提出了著名的"炮炙十七法"。

清代专论《修事指南》是专著炮制的首推书籍，由张叡将历代各家有关的炮制记载综合归纳而成。该书系统地叙述介绍了200多种中药的炮制方法，条目清晰，较为醒目。在理论方面，张仲岩对某些中药炮制所用辅料的作用亦进行了研究，例如"吴萸汁制抑苦寒而扶胃气，猪胆汁制泻胆火而达木郁"等，补充并阐述了用辅料在中药炮制中的机理。

近代以来至新中国成立之前，由于帝国主义列强的竞相侵入和国内统治阶级影响，使中药炮制这一学科同整个中医事业一样，受到了严重摧残，丰富的炮制技术落到了仅仅在民间口耳相传的地步。新中国成立后，党和政府十分关心和重视中药炮制的整理与研究。在中药炮制的继承方面，对历史悠久的炮制经验进行了文字整理，出版了《中药炮制经验集成》、《中药炮制学》、《历代中药炮制资料辑要》等书。此外，在教学方面，在全国各中医院校和中兽医院校的药物专业都开设了药物炮制课程，同时形成了一支专业的中药科研队伍，在中药炮制加工的药理研究方面取得了新的进展。在2006年5月，中医传统制剂方法经国务院批准列入第一批国家级非物质文化遗产名录。

三、中兽医药加工技术相关的经历记事

考古资料证明，我国早在史前期，即公元前1900年至公元前500年的二里头文化期之前，人们已较普遍的驯养了猪、犬、牛、羊和鸡等畜禽。我国原始兽医术早在新石器时代早期的原始社会已开始萌芽，夏代已进入青铜时代。

开始驯养家畜，在中国南北方已先后有猪、犬、羊、牛、马、鸡等的饲养，并出现有原始的医疗工具和家畜圈栏，医疗工具的出现就标志着中兽医药加工技术的产生。

公元前16世纪至公元前11世纪已有家畜阉割术，阉割器具的加工技术已经出现。

公元前11世纪至公元前5世纪"兽医"、"兽病"、"兽疡"等专用术语出现。已见载有人畜通用的药物100多种和夏令药材采制的知识，一些危害家畜较严重的疾病见于记载。

公元前475至公元前221年，出现专治马病的马医。"五十二病方"是目前所知我国最古的医学方剂书，约成书于战国时期，作者不详，书中除外用内服法外，尚有灸、砭、熨、薰等多种外治法。书中收录了大约238首方剂，240多味药材。已记载多种炮制方法，净制、切制、炮，炙类方法都有，还出现了酒、署瓜汁等辅料，如"冶齐口，口淳酒渍而饼之"，"取茹卢茎干冶二升，取茹卢署瓜汁二斗以渍之，以为浆"。相对来说工艺比较简单，且与制剂说明混在一起。

约公元前770年至公元前222年，已有"络马首"、"穿牛鼻"的记载。中兽医学理论体系的形成是和中医学的学术体系的形成密不可分的，同中医学理论体系一样，均形成于战国秦汉时期，如我国现存的一部最早的医学巨著《黄帝内经》，大体成书于此时期。

公元前306至公元前217年，秦制订"厩苑律"，是中国最早的畜牧兽医法规。

公元前206至公元前202年，秦汉时期由于医学不断的发展，传统兽医学也有了相当的发展，中国最早的人畜通用的药学专著《神农本草经》约成书于此时期。书中以"生熟"来称炮制，反映了药材加工前后的变化，是战国时期若干医家的共同作品，全书收载药物365种（其中植物药252种，动物药67种、矿物药46种）。根据药物功效的不同，分列上、中、下三品进行论述，其中提到"牛扁杀牛虱小虫，又疗牛病"，"柳叶主马疥痂疮"，"梓叶傅猪疮，"雄黄治疥癣"等兽医专用药物。该著作不仅记载药物知识，还对四气五味、寒热补泻、君臣佐使，七情配伍、有毒无毒、服药方法等药学理论及丸、散、膏、酒等多种剂型作了简要而完备的记述，为以后中药学的发展开辟了道路。

公元前113年，已出现有针灸用的金针和银针等中兽医器具。

东汉末年（公元150至219年）名医张仲景，著有《伤寒杂病论》等书，它继承了《内经》的学术思想，进一步系统总结了汉以前的临床医学成就，以六经论伤寒，以脏腑论杂病，还包括八纲辨证、病因病机学说等内容，创立了理法方药俱全的辨证论治法则，奠定了我国临床医学的基础。《伤寒杂病论》的一套理、法、方、药齐备的辨证论治法则，迄今一直为后世所遵循运用，是中医学的精髓。中兽医学受其影响也较为深远，张仲景所制定的不少方剂如"麻黄汤月"、"麻杏石甘汤"、"承气汤"、"理中汤"等方剂，都可以在后世兽医方剂中找到。在汉简中记有兽医方剂，并开始把药做成丸剂给马内服（见《居延汉简》、《流沙坠简》和《武威汉简》）。

公元约83年前，有《相六畜》三十六卷存世，同时还有《马经》、《牛经》等。

公元121年前，家畜阉割术已遍及马、牛、猪、犬、羊等。

公元150至219年，名医张仲景在世，著有《伤寒杂病论》等书，记载了多种药物炮制技术，一直为兽医临证所借鉴。如净制中除去非药用部分的方法更多，切制增加了柞、剉、研、筛等方法，炮炙增加了炒、炮、蒸、爆、出芽、浸、渍、泡等方法，且炮制用语更接近现代，加辅料的炮制方法也开始增多，有酥炙、水煮、汤浸等方法。

公元220年前，汉简中已记载有兽医方剂，并开始把药作为丸剂给马内服。

公元281至341年，葛洪在世，著有《肘后备急方》，书中有"治六畜诸病方"，提到了马属动物十余种常见病的疗法。该书中还指出了疥癣里有虫，并提出用狂犬的脑组织敷咬处，以防治狂犬病。此书继承了《伤寒杂病论》以来的炮制技术，增加了蜜炙、蜜煎、酒煮、苦酒煮等加辅料的炮制方法，如苏合香"蜜涂微火炙，少令变色"，菰子"以苦酒煮"。

南朝宋时（公元420至479年）雷敩总结了当时药物炮制的经验，撰成《雷公炮制论》。这是一部专门论述药物炮制的著作，药物经过炮制，可以减低毒性、加强疗效、易于制剂、服用和保存等，对我国人畜药学的发展，起了重要作用。其中《雷公炮炙论》对甘草的炮制：凡使，须去头、尾尖处。凡修事，每斤皆长三寸到，劈破作六、七片，使瓷器中盛，用酒浸蒸，从巳至午出，暴干，细坐。使一斤，用酥七两涂上，炙酥尽为度。又，先炮令内外赤黄用良。

北魏（公元386至534年）贾思勰所著《齐民要术》中，在卷六专门叙述畜牧与兽医知识，记有对家畜26种病，提出48种疗法，其中对于掏结术，削蹄治漏蹄，针刺治马腺疫，猪、羊的阉割术，麦芽治中谷（消化不良），麻子治腹胀，榆白皮治咳嗽，芥子和巴豆合剂涂患处治跛行以及有关群发病的防治、隔离措施等均有所记载。

公元502至557年，出现兽医学专著《伯乐疗马经》。

公元562年，吴人知聪携《明堂图》及其他医书160余卷去日本。

公元581至618年，出现《疗马方》一卷，《伯乐治马杂病经》一卷，俞极撰《治马经》三卷，《治马经》四卷，《治马经目》一卷，《治马经图》二卷，《马经孔穴图》一卷，《杂撰马经》一卷及《治马牛驼骡等经》三卷、目一卷。太仆寺设"兽医博士一百二十人"。

公元659年，由苏敬等20余人集体编撰的《新修本草》问世，为中国最早出现的一部人畜通用的药典，其中记载了不少药物的炮制方法。

公元705至707年，太仆寺中设"兽医六百人，兽医博士四人，学生一百人"，此为中国兽医教育的开端。

公元783至845年，李石在世，著有《司牧安骥集》一书，为现存较完整的一部中兽医古籍，也是我国最早的一部教课书，为宋、元、明三代学习兽医学的必读本。

北宋（公元960至1127年）时王愈著有《蕃牧纂验方》，收载专治马病的药方57个，并附有针法。此时还出现许多的兽医专著如《明堂灸马经》、《伯乐针经》、《医驼方》、《疗驼经》、《马经》、《医马经》、《相马病经》、《安骥方》以及《重集医马方》等。此外，据《使辽录》记载，我国少数民族已用醇作麻醉剂曾进行马的切肺手术。

公元1061至1137年，常顺在世，他创用中草药药浴法使大批患疥螨的战马迅速痊愈，因而荣立战功。宣和二年（1120）宋徽宗封他为广禅侯。

宋朝（1151年间）《太平惠民和剂局方》，是我国第一部成药配方手册，由宋太医局名医陈师文、陈承、裴宗元等编著，初刊于1078年。收录民间常用的有效中药方剂，记述了其主治、配伍及具体修制法。其中有许多名方，如至宝丹、牛黄清心丸、苏合香丸、紫雪丹、四物汤、逍遥散等，是一部流传较广、影响较大的临床方书。反映了当时通用的炮制方法，比较规范，对后世中药炮制技术有一定的影响。不论是炮制方法还是添加的辅料，都极为丰富。如炮制方法中增加了盐汤润黄芪、薹仁压去油、胆汁制南星、白矾制半夏、巴豆制霜等，辅料中增加了巴豆炒、白矾浸、斑蝥炒、蚌粉炒、薄荷叶裹煨、茶青浸、葱白炒、甘草煮、蛤粉炒、黑豆煮、奋汁浸、麻油炒、面炒、酸粟米饭、纸裹喂、乌豆蒸、皂角水洗、皂角水煮、芝麻炒、纸裹慢等，反映出宋代已是炮制技术基本形成的时期。

公元1086年，中国北方少数民族地区，曾用醇作麻醉剂，进行马的切肺手术。

公元1086至1100年，宋·王愈《蕃牧纂验方》上下两卷问世，书中选录验方57个。

公元1100年，《伤寒总病论》是宋代庞安时所撰的伤寒著作，是宋代方书中第一次将炮制内容专门列出进行论述，不再与制剂、服食等其他内容混杂。全篇文字简炼，记录的炮制方法不少，比《本草经集注》和《备急千金要方》中的炮制专论要详细得多，是对当时炮制技术的一个总结。该篇共记载了多味药的炮制方法，个别药名下没有实际炮制方法，只提及别名或替代品，或辨别真伪等内容，如苦酒"米醋是也"，漏芦叶"无以山楂子代之"，汉防己"纹如车轮气连者"。

公元1103年，设立"皮剥所"，为中国最早的家畜尸体解剖机构。设立"药蜜库"，为中国最早的兽医药房，有了药物蜜制的方法。

元代（公元1279至1368年）著名兽医卞宝（卞管勾）著有《痊骥通玄论》，内有"三十九论"、"四十六说"，对马的起卧症，包括"直肠入手"进行了总结性的论述，书中还提出了"胃气不和，则生百病"的脾胃发病学说，是论述兽医脏腑发病论的重要理论之一。此外，该书并附有"注解汤头"（有兽医方113个），对兽医用药起了促进作用。

明代（公元1368至1644年）著名兽医喻本元（名仁，号曲川）、喻本亨（名杰，号月川）兄弟二人，在继承和总结前代兽医成就的基础上，并结合自己的临床实践经验，历时数十年编著了著名的《元亨全图疗牛马驼集》一书，由丁宾作序，刊行于1608年。

公元1469年，《类方马经》又称《纂图类方马经》编成，书分六卷，内容以马病防治及有关技术知识为主。

公元1578年，明·李时珍著《本草纲目》完成。书分16部、60类，收载药物1 892种，方剂11 096个，内有大量兽医药知识。他以《政和本草》为蓝本，并参阅了800多部有关古籍，远涉深山旷野，观察和收集药物标本，访师问贤，稿凡三易。从35到61岁，时27年的努力，终于完成长达52卷具有200万字的拥有国际声誉的药学巨著《本草纲目》。该书收载药物1 892种（新增的有374种），分为16部（水、火、土、金石、草、谷、菜、果、木、服器，虫、鳞、介，禽、兽、人）62类。每味药又分为释名、集解、修治、气味、主治、发明、附方等项。附方有11 096个，附图1 160幅。

公元1633年，朝鲜人赵浚、金士衡等用汉文编写的《新编集成马医方牛医方》出版（成书于1399年）。

公元1760年，清·张宗法著《三农纪》出版，共10卷。书中有药用植物、畜产、水产等内容，还记载了雌、雄仔猪的阉割技术。

公元1873年，李南晖著《活兽慈舟》，由夏慈恕整理后梓刻印行。公元1879年，日本明治12年出版有《农耕牛病相疗图解》一书，在该书中特别有关于"汉药（中药）应用法"的记述。

公元1908年，周维善所著《疗马集》问世。

公元1909年，《驹病集》（《驹儿编全卷》）成书。作者不详。

鸦片战争以前的清代（公元1644至1840年），兽医学术进展迟缓。1759年赵学敏编著《串雅兽医方》。1815年出现了《牛医金鉴》一书，其中"法名穴图"标明有穴位35个。还有《抱犊集》等著作。

近代（公元1840至1949年），鸦片战争以后，由于帝国主义的侵略，我国沦为半殖民地半封建社会，不仅使我国民族经济、科学和文化遭到摧残，同样使我国传统兽医学受到了严重的破坏。尽管如此，由于中兽医是建立在丰富临床实践的基础上，受到了广大人民群众的支持，以师徒父子相继承的方式，一代代地把这门遗产保留下来。在民间仍出现不少兽医方面著作，如约在1873年，《活兽慈舟》一书刊行，其中记有药方700多个，《牛经切要》（1886年）、《牛经备要医方》、《猪经大全》（1891年）、《驹病集》（1909年）、《治骡良方》（1933年）等。

1949年10月，中华人民共和国农业部成立，下设畜牧兽医司等司局。

1950年，法国Alfort兽医学校从1950年开始研究中兽医针灸，到1960年共发表5篇研究论文，在欧洲颇有影响。

1957年，《中国兽医杂志》从《中国畜牧兽医杂志》分出，独立出刊。《兽医针灸汇编》

由财政经济出版社出版。《民间兽医通讯》创刊。

1958年6月，第一次全国中兽医研究工作会议在兰州召开。7月经农业部批准中国农业科学院中兽医研究所在兰州建立。

1963年1月，由农业部和中国农业科学院组织编写的《中兽医针灸学》、《兽医中药学》、《中兽医诊断学》和《中兽医治疗学》由农业出版社出版。《重编校正元亨疗马牛驼经全集》由农业出版社出版。

1969年，中国人民解放军兽医大学试验马骡耳针麻醉获得成功。

1975年，农林部为总结老中兽医经验部署《全国中兽医经验选编》的编审工作。

1979年5月，农业部决定恢复中国农业科学院中兽医研究所的建制。全国高等农业院校试用教材《中兽医学》由农业出版社出版。11月《新编中兽医学》由甘肃人民出版社出版。《兽药规范》（二部）和《藏兽医经验选编》由农业出版社出版。12月华中农学院彭宏泽等三人赴美表演家畜针刺麻醉，获得成功和好评。

1982年6月，分享传统技术会议在日本东京联合国大学举行。于船等三人代表中国出席会议，并作了"中国兽医针灸技术的研究和应用"的报告，会后还应邀对日本进行访问。该会决定，与会各国共同编写《传统技术》一书。10月中国畜牧兽医学会第五次代表大会在贵阳召开，选举出第六届理事会和学术顾问委员会，陈凌风和程绍迵分别担任理事长和主任委员。

第三节　中兽医药传统加工技术与改进

原药材产地是药材质量的优劣主要决定因素之一，小则影响疗效，大则关系到生命。某些特殊的药材，除了含有治病所需的成分外，还有其他成分，甚至是有害成分，因此，即使是同一产地的药材，必须经过炮制才能达到要求。中药材的加工炮制质量是一件不容疏忽的大事。有人认为，中药材应"遵古炮制"，照搬传统工艺；也有人说，"有了现代工艺，何必模仿古代的一套"，其实遵古炮制与改进工艺并不矛盾，二者是一种辩证统一的关系。所谓遵古炮制，就是在沿袭前人炮制的传统经验进行炮制药材的方法；而改进工艺，就是在传统经验的基础上加以整理、提高和发展新工艺，所遵循的中兽医理论没有改变。

一、中兽药传统加工技术的仍然具有重要的地位

中药材炮制是沿袭历代医方书籍，古代的中药和炮制方法是来之不易的，它是历代劳动人民和医药学家们在长年的辛勤劳动中发现和积累，并加以逐步总结的经验结晶，是用血汗和生命的付出得来的医学成果。

例如，《五十二病方》是我国现存最早的一部医方书，它所讲述的炮制方法有炮、炙、燔、细切、酒渍等工艺，仍是现代药材炮制借鉴的宝典；《黄帝内经》中记载的"治半夏"，即是现在经炮制的半夏；"燔制左角发"就是现在煅的"血余炭"。南北朝刘宋时代《雷公炮炙论》中所载的许多有关药物炮制方法的基本知识至今仍在广泛应用，如炒法，书中阐述了哪些药物宜炒黄、炒焦、炒炭等方法及其治疗作用，同时指出哪些药物宜麸炒、米炒、砂炒、蛤粉炒及滑石粉炒等，根据五色五味入五脏的原则一些药物针对一些病症，如何采用酒炙、醋炙、盐炙、姜炙、蜜炙等。

对于剧毒药品的炮制加工，历代都很严格和谨慎。如天南星是辛温燥烈之品，有大毒，古人采用生姜加适量白矾制后，降低了毒性，增强了化痰作用；经胆汁制后，除去其燥烈之性及毒性外，性味改变为苦寒，尤适用于痰热惊风抽搐等证。白附子辛温有毒，采取一定量的鲜姜、白矾制后，不仅降低毒性，还增强了祛风逐痰的功效。对质较坚硬的矿物类药，采用煅法，如石膏，生用擅长清热泻火，为除烦止渴的要药；经煅后，体质酥脆，便于粉碎和煎出有效成分，而且煅后药性也有了改变，偏于收敛生肌，外用治疮口不敛、烫伤等。所以古人对于这些药物经过炮制加工而致疗效不同的成功经验，是毋庸置疑的，这些宝贵经验是无价之宝，是给当今医药学者的一盏导航明灯，在现代医学中不能随便变更或取消这些工艺。

然而我们说倡导遵古炮制，并不是主张拘泥于古法，一成不变。相反，遵古炮制实际是教导炮制人员在进行药物加工炮制中，如何去模仿传统的炮制工艺，严格谨慎操作规程，增强事业心，加强责任感，而不能粗心大意，马虎从事。从另一个方面也是在强调了要遵循科学的工作方法和态度。

事实上，从发展的角度上看，历代的炮制方法、理论也在不断变化和完善的，其中对有的药物主张的炮制记载，而今经过检验，也发现不少问题，这是因为受当时历史条件和手段方法的局限所致。如谷芽的主要成分为淀粉酶，故能健脾开胃、和中消食。但淀粉酶不耐高温，一般谷芽煎剂有效力仅为干粉的50%，炒焦的谷芽活性为生谷芽的25%以下，所以谷芽以生品或微炒研粉冲服为好。古代一书中所说炒焦则大大损失了药用有效成分，因此必须改正加工工艺。又如含鞣质的药物，经过高温加热处理，一般变化不大，但温度太高，鞣质就会被破坏，如地榆炭，其鞣质含量由原生药的6.96%下降到1.24%。经过不同历史年代和当时科技发展水平的检验，某些未被认识清楚而一直被沿用的理论和方法就自然而然的要进行更改，经过完善才能得以发展。

改进某些炮制工艺的关键是要改得适宜，在研究清楚古人用药要领前提下经改变，既要符合中医治疗法则，又要有科学依据，不能草率行事，这样才能使药物安全有效。如黄芩，其主要活性成分是黄芩苷，传统炮制中常用冷水浸泡，但经现代科学实验证实，黄芩在冷水长期浸泡会变绿，其中的黄芩苷会被水解。而究其原因，则是黄芩苷的水解与酶的活性有关，黄芩以冷水浸泡时酶的活性最大，所以经过改进后，对于黄芩的最佳加工炮制方法就是在沸水中煮10分钟，以破坏酶的活性，从而保存其中的活性成分黄芩苷。又如川乌、草乌的加工与炮制，由于川乌、草乌味辛、苦，性热，有大毒，其毒性的主要成分是乌头碱，所以一直沿习用生姜、皂角、甘草进行炮制。经过现代药学的研究，发现乌头碱性质不稳定，遇水或高温加热容易水解成毒性较小的生物碱，加热和水处理都能使其毒性降低，所以现在对川乌、草乌的炮制就采用加热和水处理的方法，这样炮制即节约了辅料，降低了生产成本，同时又缩短了生产周期，但药性和药效未改变。

由此可见，遵古炮制为现代工艺奠定了基础，而现代炮制工艺是在遵古炮制的基础上的不断改进。在现代中药材炮制过程中，我们既要提倡"遵古"，但又不能"泥古"；既要继承，又要发展，使中医药更加有效地应用于临床，造福人类健康。对待传统中兽医炮制方法也要遵循唯物辩证思想。

二、中药材加工技术现代化是发展的必然

在我们的实际生产和生活中，传统中兽医使用的中药及中草药，都是自然界的原药物，必须要经过工艺加工制作，然后才能服用。大量的资料总结发现，传统的中药工艺加工方法大体有两种，一种是按照中兽医药临床的实际需要，针对病例特别体质的特殊的疾病，按照较为特殊的中药配伍方法，或者将某一个适用范围较广的药物成方合在一起，进行粉碎后制作成糕剂、丸剂、散剂等中成药，这是传统的中成药工艺加工方法，加工工艺较为简单通用。另一种是在临床上，行医者根据病例具体的病情开出特殊的处方，然后交由药工按照处方上药物种类和药物剂量进行称取配制药物包（也称为付），拿回家用水煎，然后服用。相比之下，水煎中药是中药加工工艺的一种最常用的方法，是几千年来流传至今的民间普遍使用的古老而又现代的加工方法。

继承传统中药加工工艺，是因为中药水煎工艺加工方法具有能够中和药性、药味、和解药毒，改善服药口感，无偏激，无毒副反应，临床使用灵活性强等优点。

然而，水煎工艺制作中药也存在着一定的缺陷。首先，服用不方便，药物不能直接服用，需要用水煎工艺加工后才能服用。其次，由于中药的水煎工艺其中包含着许多煎药的方法和经验，绝大部分人不懂水煎工艺加工中药的隐含技术，因此制作出来的可服药物水煎剂质量达不到药物组方药效的要求，疗效不好。另外，中药属于自然界存在的原药，都是有机成分的天然组成，有效成分一般不容易溶解于水。经水煎工艺技术处理后，有人研究发现，水煎中药溶解于水的药量占总药量的2%~3%，最高水煎工艺技术也达不到5%的溶解，煎煮后95%以上的原药作为药渣倒掉，这是一个巨大的药材资源浪费。

所以水煎工艺加工中药的方法，是一种原始的古老方法，虽然具有一定的优点，但在当今高速发展的社会和医药全球化的时代，已不再完全适合使用，有时甚至还束缚着中兽医药的发展。从中兽医药长远发展的要求看，要积极主动改良完善水煎工艺加工中药等传统的方法，以提高自己，完善自己，才能适合现代要求。

中药加工工艺的现代化，能完全替代传统水煎工艺的新的中药工艺加工方法，既符合中医药要求，又符合现代人需要。有人对其实际操作内容和过程进行了规范，即把每一种中药或中草药都原汁原味原药粉碎过百目筛网，成为中药的散剂，或者用散剂再加工成胶囊、丸、片、原药颗粒冲剂，然后上市或进入临床实际使用，解决了以上中兽药加工和应用中的不足和药材资源浪费的问题。

三、中药材加工工艺现代化的优点

能够保持原来传统工艺的优点，采用现代加工工艺出来的可服中药，也能达到中和药性、药味和解药毒的作用。这是因为所遵循的基本原理没有改变。处方药由多种药性、药味、功能不同的中药组成，各味药之间仍然能互相制约、互相和合协同，以达到中和药性药味，和解药毒的效果，在处方不变的情况下，这些优点也能保持，中药材工艺加工现代化，加工出来的药物也能像传统工艺加工的药物一样，不仅药效未变化，同时还具有临床应用的灵活性。

例如用现代工艺加工的散、胶囊、丸、片、冲剂等中药，使用方便，随处可以像服西药那样服用。传统工艺的现代化能节约大量药材，在临床实际应用中，以传统工艺加工的水煎剂与现代化工艺生产的中成药相比较，中成药药量相当于水煎剂药量的5%－10%，而且疗效比水煎剂好。另外研究表明，采用现代化方法加工出来的散、胶囊、丸、片、冲剂等，也只需要水煎剂药量的5%~10%。

所以中药材加工工艺的现代化，保持传统水煎工艺加工中药的优点，用中药工艺加工现代化的方法，代替传统水煎工艺加工中药材的方法，对中医药事业的发展，将起着重要的作用。

四、现在仍沿用的传统加工技术

在中药提取分离中，传统技术有煎煮法、回流法、浸渍法、渗漉法等。在以上技术中，与古代方法相比较，目前，只是在生产规模、器具容量等方面有所不同，但提取时所遵循的基本原理和最基本的技术依旧相同。在药材切制过程中，小批量加工或特殊需求者仍然使用传统的手工操作，只有大批量生产时多采用机械切制。机械切制能提高生产效率，减轻劳动强度，是机械化中药材切制的发展方向。目前在大生产中使用的切片机，大致可分为剁刀式切药机（亦称往复式切药机，刀具上下运动）、旋转式切药机（刀具圆周运动）、镑刀式切药机（刀具水平运动）等类型。剁刀式切药机主要用于所有叶、皮、藤、根、草、花类和大部分果实、种子类药材或农产品、水产品切制加工，可切制0.7~60毫米范围内片、段、条。旋转式切药机主要用于根、茎、叶、草、皮及果实类的软硬性根茎类纤维性的中药切制。机械切制工艺主要以样品中拣出异形片的百分率来衡量和控制加工质量。异形片% = 异形片重量 / 取样量 × 100%，这样能够保证加工产品质量的稳定性。

药材的干燥是传统中兽医加工技术一个不可缺少的环节，从物质变化的角度说是一个降低水分的过程，按照干燥技术发展过程有传统干燥方法和现代干燥方法之分。传统干燥主要包括阴干、晒干和传统烘房干燥，不需特殊设备，比较经济。现代干燥方法主要有热风、红外干燥、微波干燥、真空干燥、冷冻干燥及除湿干燥，要有一定的设备条件，清洁卫生，并可缩短干燥时间。传统干燥方法以利用自然条件，操作以手工为标志。现代干燥方法则以机械操作、自动控制为标志。

药材的干燥对其贮存、保管是非常重要的环节，直接影响着中药材的质量，干燥的方法和干燥的温度是干燥的两个主要因素。因此，合理选择中药材的干燥方法与干燥温度是保证质量的前提。天然原药材和经过净制、切制或其他炮制方法制得的中药饮片，由于含水量较大，都需要进行干燥。那么选择中药干燥方法应遵循一定的原则：要根据药材的价值选择合适的干燥设备，对于产量比较大的药材宜选用实现规模生产容易、机械化和自动控制水平较高的干燥方法。对于有效成分敏感的药材必须控制温度，对于不敏感的干燥条件则可以放宽一些。大多数中药饮片适用于晒干，阴干一般适用于药材含挥发油或黏液质较多的中药。

以晒干法为例。晒干法主要是利用太阳能和户外流动的空气对药材进行干燥。该法的特点是利用自然界的能量，节约干燥成本，特别适合于我国气候较干燥和温度较高的地区。但该法干燥时间长，受天气影响非常明显，在药材采收时遇到阴雨天情况下，该法往往需要与其他方法结合起来才能达到充分干燥中药材的目的。该法是目前绝大多数根茎类中药材干燥最常采用的方法之一，在一些中药材种植量较小的农户和公司中应用最广。晒干法一般适用于不要求保持一定颜色和不含挥发油的药材。为了解决晒干法要遇到的问题和局限性，采用现代化设备进行药材干燥，既能保证药效的正常发挥，又能保证条件的可控，不受天气等的影响，具有持续性和稳定性。

五、中药加工现代技术的特点

随着现代科技的突飞猛进，中药不断吸收现代科学的思维方法，吸收药理学、细胞生物学、生物化学、现代制剂学等学科的先进理论和方法，实现多学科、多层次、多方位、立体的融合，找到了古老传统中药与现代科技的结合点，使传统中药发展为具有新时代感的现代中药。

现代中药材不仅吸收了传统中药材的天然性，继承其哲学理念和系统论的思维方式，而且注入了全新阶段的高科技，从药材的种植、组方、临床验证、生产以及销售都严格按照可控的指标进行。

现代中药在组方上，根据中医辨证施治和整体观的基础理论从整体出发，在器官、组织、分子水平去探讨组方的机理。在此水平上组方的方剂，已不同于传统中药的方剂，它是一种立体的对人、动物体多靶、多环节、多层次、多效应又客观可控的整合调节。既充分发挥对机体的治疗作用，又能克服其毒副作用，提高安全性。

现代中药经过严格栽培、收获时间准确的组方、全面、系统、立体的临床验证，然后进入生产，严格按GMP执行，由获得GMP的生产厂家生产的现代中药，在药材的采集、生产工艺、卫生、质量可控等方面有保证，具有安全、有效、稳定、均一，且无明显的毒副作用。

在药物的提取加工方面，随着社会发展和科技的不断进步，发明了不同的新方法。生物酶解技术、超声协助提取技术、微波辅助提取技术、超临界流体萃取技术、超高压提取技术、半仿生提取技术、离心分离技术、吸附澄清技术、膜分离技术、双水相萃取技术、分子蒸馏、中药产品干燥制粒技术、液固分离技术、气液固三相流化床蒸发浓缩强化和防除垢新技术、制备色谱技术、细胞级微粉碎与胞级微粉中药技术、纳米制药技术、透皮吸收制剂术、中药指纹图谱技术、大孔吸附树脂分离技术以及植物细胞大规模培养技术等。

现代中药材加工制备工艺具有高度的科学性、技术性，生产分工细致、质量要求严格。例如在医药生产系统中有原料药合成厂、制剂药厂、中成药厂，还有医疗器械设备厂等。每个国家都有《药品管理法》和《药品生产质量管理规范》，用法律的形式将药品生产经营管理确定下来。生产技术复杂、品种多、剂型多样。在药品生产过程中，所用的原料、辅料和产品种类繁多，而且要求高效、特效、速效、长效的药品纯度高，稳定性好，有效期长，无毒，对身体无不良反应。加工生产具有比例性、连续性。一般说来，医药工业的生产过程，各厂之间，各生产车间，各生产小组之间，都要按照一定的比例关系来进行生产。医药工业的生产，从原料到产品加工的各个环节，大多是通过管道输送，采取自动控制进行调节，各环节的联系相当紧密，这样的生产装置，连续性强，任何一个环节都不可随意停产。现代中药加工行业是一个以新药研究与开发为基础的工业，而新药的开发需要投入大量的资金。高投入带来了高产出、高效益。

第四节　中兽医药传统加工技术的重要意义

药材之所以要进行加工，是因为中药材在中兽医药理论指导下，将中药药性概括归纳成为具有四气、五味、升降浮沉、归经等不同性能的物质。理论认为，药物防病治病的基本作用，不外是扶正祛邪，扶正固本，调整阴阳，协调脏腑经络整体生理机能，从而纠正阴阳偏盛偏衰，使机体恢复到阴平阳秘的正常状态。药物能够针对病情，发挥上述基本作用，是由于各种药物各自具有若干特性和作用，前人也称之为药物的偏性。意思是说以药物的偏性纠正疾病所表现的阴阳偏盛或偏衰。清代医学家徐灵胎总结说："凡药之用，或取其气，或取其味，各以其所偏胜而即资之疗疾，故能补偏救弊，调和脏腑，深求其理，可自得之。"所以，药物除了本身具有的偏性外，还包含有其他的药性，在实际应用中，为了突出药材本身的偏性，抑制其他药性，药材必须进行加工。

中药材炮制，古称"炮炙"，又称修治或修事，是传统医药学中的制药技术部分，是我国传统医药学的瑰宝。中药材炮制是根据中医临床用药理论和药物配制的需要，将药材进一步加工的传统工艺，方法众多，与药效一般有着密切的关系，我们必须深入发掘和提高中药炮制技术。要以传统炮制技术经验和中医用药特点为基础，运用现代先进科学技术的新成就进行研究，阐明原理，进而发展其新技术、新工艺和新标准。这对阐明和发展中医辨证施治用药的理论和特色，促进和发展中药生产，提高中药质量，实现中药现代化具有重要意义。中药炮制是中国传统医学遗产的一个重要组成部分，是祖国医学独特的一门传统制药技术，是中兽医用药的一大特色和优势，要重视中药材炮制这个中兽药产业中的薄弱环节。要以传统炮制技术经验和传统用药特点为基础，运用现代化先进技术的新成就进行研究，阐明原理，进而发展其新技术、新工艺和新标准。

中兽医药作为中国传统医药学的一部分，距今已有3 000多年的发展历史，所包含的传统中兽医加工技术是在充分汲取了我国汉族及藏族、蒙族、苗族、彝族、傣族、回族等各少数民族不同传统医药学理论及对疾病防治经验系统总结基础上发展起来的具有代表性的技术体系，是迄今为止世界上理论最系统、内涵最丰富、应用最广泛、保留最完整的传统医学与技术体系。

经过几千年的实践证明，作为中兽医药学重要组成部分，传统中兽医加工技术不仅在历史上曾为中华民族的繁衍昌盛做出过重大贡献，而且在现代兽医学和动物生命科学高度发展的今天，尤其是在为提高人类生活质量、延长人类生存寿命而进行的防治动物疾病，以及新型的高致病性人畜共患传染病，如非典型肺炎（SARS）、禽流感等方面，都做出了一定贡献。

20世纪90年代以后，越来越多的西方发达国家对包括中兽医在内的东方医学产生了浓厚而广泛的兴趣，并加大了涵盖中兽医加工技术在内的对中兽医所有内容研究的经费及人员投入，希望能从古老的传统中兽医药学中领悟其现代生命科学的真谛，寻求解决数量在不断增加的动物疾病的最终方案。在未来后现代医药学发展时代，包括传统加工技术在内的中兽医药不但不会消亡，将继续为动物及人类的健康事业做出重要贡献，甚至中外医学界有识之士尤其是从事边缘科学研究的科学家们已基本达成共识，中兽医药所代表的先进的生命观和科学的医学方法论将引领世界未来兽医学生命科学的发展方向，并将对畜牧业和人类社会发展做出重大的贡献。

中药炮制是我国独有的制药技术，也是我国非物质文化遗产之一，但中药材炮制研究发展现状不容乐观。当前我国炮制文献缺乏系统研究，传统技术缺乏延续，人才培养缺乏相应政策等是其根本原因。其次是，中药材炮制研究方面缺乏平台支撑。我国饮片产业管理水平较低，规模化小，现代化程度低，阻碍中药饮片规模化、现代化发展的重要原因是饮片生产厂家多、规模小，规格品种多、产量少，作坊式生产多、工业化生产少，切制的饮片随意随地晾晒，还有将提取后的饮片再次销售的现象。再次是生产设备简陋的多、现代化设备少，产品地区流通多、全国流通少。饮片生产的技术现状也十分薄弱，药材种植、加工不规范，质量标准体系欠缺，炮制工艺简单、不规范，炮制基础研究薄弱。

中药材炮制工艺是最能体现中兽医药特色的传统制药技术。"饮片入药，生熟异治"是对中药特色和优势的高度概括，也是中药材炮制理论和中兽医临床治疗原则的重要体现。方剂通过饮片的配伍来发挥不同的治疗作用，而饮片则是通过不同的炮制方法使其药性和功效发生相应的改变，以满足临床治疗的不同需求。因此，中兽医的疗效不仅需要有临床医生的高超医术，更依赖于中药材饮片质量的稳定。

为了扭转中药饮片行业"多、小、散"的局面，应进行传统炮制工艺的传承与现代生产模式的创新，即实施区域性专业化规模化生产，最大限度地发挥区域资源优势，整合生产资源，实现对产业结构的调整，也为后续的市场流通和质量监管提供更多的便利条件。

中药材炮制原理研究是中药材炮制研究的根本，无论是炮制工艺的规范化，还是饮片质量评价方法的个性化，都必须基于炮制原理。只有在炮制原理基本明确的基础上，才能建立生、制饮片专属性的质量评价方法，真实、客观地体现饮片的内涵属性。

中兽医药走向世界和全球化是中兽医药未来发展的趋势，但在发展中兽医药国际化之前首要目标应是中兽医药本土化发展的最大化。这不仅是因为中国本土是中兽医药文化的发源地，而且还因为中兽医药在中国最具广泛的物质和文化基础，也最具经济可行性。中兽医药将成为中兽医药国际战略的重中之重，因为和传统中医一样，它不仅也是最大的经济，也是最大的政治。

中兽医药现代研究应在中兽医药理论的指导下，以复方制剂的配伍、加工技术等方剂学研究与开发为重点，创立具有中兽医药学科特色的中兽药复方制剂传统加工技术、质量控制及临床疗效标准体系。该体系将具有中兽医药学科特色的现代中医生命科学理论及其标准语言体系，是中兽医药最具国际化发展机会的重大领域，同时将成为具有我国优势和特色的巨大经济与社会价值的全球动物养生产业。因此，继承和弘扬中兽医药及传统加工技术，不仅是中兽医药行业内的头等大事，也是全民族兽医事业发展的大事，应在整个社会及经济发展的高度给予重新认识和政策定位。

几千年以来，我国的中兽医药事业在生产实践中得到完善和发展，积累了丰富的加工方法与技术。炮制也成为了中药材传统制药技术的集中体现和核心，"饮片入药，生熟异治"是中药的鲜明特色和一大优势。中兽药加工技术是中国所特有的，是中国几千年传统文化的结晶，是中华文化的瑰宝。中兽医的疗效，除了靠医生技术，还要有优质的药材。

目前，全国专门从事炮制工作的只有近百人。中药材炮制技术处于萎缩的濒危状况。由于现代用药方法趋于常规化，传统的一方一法的用药模式逐渐在消失，许多特殊而又可产生特效的传统炮制技术渐渐被遗忘。中药材加工技术由于老药工们的纷纷离世，现存为数不多的身怀绝技的炮制老药工对于自己经过长期工作总结出来的炮制方法又秘而不宣，传统的炮制技术面临衰退甚至失传的局面。继承和保护传统中药鉴别及炮制工作迫在眉睫。相关部门对炮制技术的继承和保护还不够重视，在继承和保护方面未采取具体措施，所以，中药的炮制技术亟待得到保护。把这项工作作为重要产业做好做大，对于加快中医药事业发展，开创中医药工作新局面具有重要意义。

现代科学技术的进步，中药新剂型、新工艺、新技术不断涌现，丰富了中药制剂的剂型。但是，传统的制剂技术受到了前所未有的挑战和冲击，除汤剂仍然是中兽医临床首选剂型和丸、散、膏仍被广泛使用外，有些传统剂型和技术已经失传或正在被淘汰，其中不乏传统技术。所以，面对中兽医药传统加工技术的发展与未来，我们应该从中兽医理、法、方、药理论体系出发，提出另一思路，那就是在继承和发展中医用药、制药的特色和优势的基础上，充分运用现代先进科学技术并借鉴国际药品法规所通用的药品标准的内涵来研制开发中药材新产品（中药材、中药饮片和中成药），并提出建立具有中国特色的中药研制开发和生产的规范体系，促进中兽医药能在国际上成为与西兽医药并行的医疗保健体系，从而以此为目标来实现中兽医药现代化、产业化发展。由于中兽药饮片炮制是在中兽医辨证用药的基础上发展形成的，所以还应继续坚持在中兽医理论指导下应用，采用多味饮片配伍制成中药复方制剂，因此中药饮片产业发展，就应坚持走中兽医、药协调发展的路子。另外，中兽医药炮制技术是中国特有的，是最具有自主知识产权价值的优势产业，关系到中华民族中兽医药产业的兴衰，必须学会运用知识产权法规和国际专利制度来保护中兽医药特定炮制技术和中兽药的制药技术。

第五节　中兽医药传统加工技术与药性能的关系

一、中药材加工与临床药性变化

1. 炮制是中兽医临床用药的特点

中药材多源于自然界的植物、动物、矿物，药用部位含有一定的药物成分，但也常带有一些非药用部分，而影响疗效，并且不同药用部位药效有异。而原药材在发挥治疗作用的同时，也可能出现一些不良反应，这就需要通过炮制，调整药性，增利除弊，以满足临床治疗要求。同时，由于中药成分复杂，常常是一药多效，而中医治病往往不是要利用药物的所有作用，而是根据病情有所选择。因此，需要通过炮制对原有性效予以取舍，权衡损益，使某些作用突出，某些作用减弱，某些不利于治疗的作用消失，力求符合疾病的治疗需求。所以临床配方用药都是经炮制后的饮片。疾病的发生有多种原因，病情的发展变化多端，症候的表现也不一致，另外，脏腑的属性、喜恶、生病病理各异，故立方遣药及炮制品的选用都应考虑这些因素。如：女贞子既能补肝肾之阴，又能清虚热，且药性较平和，养阴而不腻，清热而不损阳气，实为滋阴补肾之良药。但生用或制用与病情变化有关，当患者肝肾阴亏，兼有肠燥便秘者，可选生品，既可补肝肾，又可润肠燥，二者兼顾，且用量宜大；当便秘已去，肝肾阴亏之象尚未完全消除时，除调整处方外，女贞子则宜制用，增强其补肝肾之力，避免过用生品又引起滑肠。由此可知，中药材必须经过炮制，才能适应中兽医辨证施治、灵活用药的要求，所以炮制是中兽医运用中药材的一大特色，是一个不可或缺的重要环节。

2. 炮制直接影响临床疗效

中药材炮制是中医长期临床用药经验的总结。炮制方法的确定应以临床需求为主要依据，炮制工艺是否恰当，直接影响到临床疗效。

（1）中药材的净制方法与疗效。中药材净制的方法虽然比较简单，但对药效的影响很大。因此，中药在用于临床之前，基本上都要经过净制处理，方能入药。从古至今，医药学家对中药材的净制都非常重视，要求以净制后的"净药材"入药，甚至《中国兽药典》炮制通则把净制列为三大炮制方法之一。

（2）中药材的软化、切制与临床疗效。中药材切制之前，需经过泡润等软化处理，使软硬适度，便于切制。然而，控制水处理的时间和吸水量很重要。若泡浸时间过长，吸水量过多，则药材中的成分大量流失，降低疗效，并给饮片的干燥带来困难。利用蒸气软化药材，应控制温度和时间，以免有效成分被破坏。

切制时，饮片不均匀，厚薄、长短、粒度相差太大，在煎煮过程中就会出现药用成分溶出不一。若需进一步加热炮制，还会出现受热不均，生熟不一，药效有异的情况。

如：调和营卫的桂枝汤，方中桂枝以气胜，白芍以味胜。若白芍切厚片，则煎煮时间不易控制。煎煮时间短，虽能全桂枝之气，却失白芍之味；若煎煮时间长，虽能取白芍之味，却失桂枝之气。方中桂枝、白芍均为主药，切均薄片，煎煮适当时间，即可达到气味共存的目的。饮片的干燥亦很重要，切制后的饮片因含水量高，若不及时干燥，就会发霉变质。干燥方法和干燥温度不当，也会造成有效成分损失，特别是含挥发性成分或对日光敏感的成分，若采用高温干燥或曝晒，疗效会明显降低。

（3）中药材的干热炮制与临床疗效。干热炮制，主要是用火加热。既是最早的炮制方法，也是最重要的手段之一，对药效有明显的影响。干热炮制的各种方法中以炒制和煅制应用最广泛。药物炒制，其方法简便，在提高疗效，抑制偏性，减少毒副作用方面都能收到很好的效果。许多中药材炒制后，可产生不同程度的焦香气，收到启脾开胃的作用，如炒谷芽、炒麦芽、炒扁豆等。中药材经炒制处理后，能从不同途径调整药物的功用，满足临床不同的用药要求。煅制法常用于处理矿物药、动物甲壳及化石类药物，或者需要制炭的植物药。此外，煨制、干馏等法对疗效也有明显影响。尤其是煨制后，药效常有明显的变化，干馏法则常用于制造新药。如木香生品行气止痛作用明显，煨木香则专用于实肠止泻。

（4）中药材的湿热炮制与临床疗效。湿热炮制为水火共制的一类炮制方法。常用的有蒸法、煮法、煽法。此外，还有提净法。部分复制药物仍离不开蒸、煮的方法。蒸法和煮法在古代文献中记载较多，用得非常普遍。清代《医方集解》云："半夏用醋煮者，醋能开胃散水，敛热解毒也，使暑气湿气俱从小便下降"。清代《本草新编》有"寒水制硫黄，非制其热，制其毒也。去毒则硫黄性纯，但有功而无过，可用之而得宜也"的记载。湿热法炮制药物，其特点是加热温度比较恒定，受热较均匀，因此较易控制火候，加热时间可根据需要灵活掌握。煮法和煽法水量也很重要。若上述条件掌握不好，往往造成药物火候"不及"或"太过"，影响疗效。火候不及，达不到熟用目的；火候太过，则会降低疗效或丧失疗效。如何首乌，蒸制时间太短，服后可出现便溏或腹泻，甚至有轻微腹痛现象。桑螵蛸、天麻蒸的时间过长，则会"上水"，不但难干燥，且会降低疗效。川乌煮制时间太短，则达不到去毒效果；水量应适中，若水过少，则水煮中达不到火候要求，水过多则损失药效。

（5）中药材的辅料（包括药汁）制与临床疗效用。辅料制药起源甚早，春秋战国时期的《五十二病方》就有酒醋渍的记载。以后辅料种类逐渐增多，较系统地阐述辅料作用的首推明代陈嘉谟的《本草蒙筌》。但以明、清时期资料较多。明代《证治准绳》在论述黄柏的炮制作用时指出："生用则降实火，熟用酒制则治上，盐制则治下，蜜制则治中而不伤"。这说明用不同辅料炮制后其适应症、作用部位以及副作用都会发生变化。中药材加入辅料用不同的方法炮制，可借助辅料发挥协同、调节作用，使固有性能有所损益，尽量符合临床治疗的要求。

二、中药材加工对药物药理作用影响

由于中药材大都是生药，其中不少药材必须经过特定的炮炙处理，才能更符合治疗需要，充分发挥药效。按照不同的药性和治疗要求而有多种炮制方法，一种炮制方法兼有几方面的目的，这些既有主次之分，又彼此密切联系。有些药材的炮制还要加用适宜的辅料，并且注意操作技术和讲究火候，故《本草蒙筌》中说："凡药制造，贵在适中，不及则功效难求，太过则性味反失。"炮制是否得当，直接关系到药效，而少数毒性药和烈性药的合理炮制，更是确保用药安全的重要措施。药物炮制法的应用与发展，已有很悠久的历史，方法多样，内容丰富。中药材通过炮制，其性味、升降浮沉、归经、毒性等都可能发生一定的变化，而这些变化又常常导致功效、用途发生相应的改变，运用于临床所产生的效应也不一样。不同的炮制方法，既可以使中药材化学成分发生质的改变，又可以使其化学成分的含量发生变化，从而导致临床疗效的差异。如宋《太平圣惠方》曰："凡合和汤药，务必钻精，甄别新陈，辨明州土。修治合度，分两无差，用得其宜，病无不愈，炮炙失其体性，筛罗粗恶，分剂差殊，虽有疗疾之名，永无必愈之效。"

从古至今中药材炮制有多种不同的称谓，有"采造"、"修治"、"修事"、"修合"、"炮制"、"炮炙"、"合和"、"合药"、"生熟"等。宋朝以前有关的文献中对炮制理论的认识相对比较粗浅，多局限于对非药用部分副作用的阐述，及不同炮制方法对药材功效的不同影响，如辛夷若不去毛使人咳，卷柏生用破血，炙用止血等等，并不解释炮制作用的原理。发展到宋代晚期，已有医家意识到炮制过度的问题，如《妇人大全良方》中提到川牛膝"酒浸，不可太过，久则失味"。

炮制过程是一项复杂的过程，涉及若干物理过程，中药炮制前后，药物在药性方面会发生翻天覆地的变化，这主要是由于炮制过程形成了不同的化学成分，化学成分发生变化时会导致结构发生一定程度的变化，不同的药性和医疗要求进行加工炮制后其成分、质量、药理作用及其临床疗效可产生变化。提高有效成分的煎出量，增强疗效，改变成分含量，降低或消除药物的毒性或副作用，改变药物性能，引药入经，杀酶保苷，保存有效成分的含量，改进工艺，增加药效，所以从炮制的目的看中药材经过加工处理后对药物药性的影响有以下几方面。

1. 中药材的加工降低或消除药物的毒性或副作用

在常用的药材中，许多中药材生用有毒，某些药物常常疗效好而又毒性大，但因毒性或副作用太大，临床应用不安全，有的有效成分即是其毒性成分，须经炮制降低毒性后才能入药。如川乌、草乌生用内服易于中毒，需炮制后用；巴豆、续随子泻下作用剧烈，宜去油取霜用；常山用酒炒，可减轻其催吐的副作用等。附子经炮制后是一味温里祛寒、回阳救脱的关键药，而现代药理实验发现，制附子煎剂对麻醉动物的在体心脏和巴比妥类引起心衰猫心脏，均有强心作用，通过增加血流量、升高血压、提高耐缺氧能力。由于附子中还同时含有升压和降压的不同成分，实践证明，附子加工方法不同，其中的升压和降压含量随之不同。经过研究发现，制附子所含的强心成分为消旋－去甲乌药碱，此成分耐热，在蒸煮加工过程中不会被破坏。而生附子因含有剧毒的乌头碱而呈现强烈毒性，生用不仅不呈现强心作用，反而对心脏有强烈毒性。生附子的炮制减毒机理系经长时间的浸泡煮沸，剧毒性的乌头碱水解转变为毒性极低的乌头原碱。又如生半夏，古有"生令人吐，熟令人下"之说。现代研究，从生半夏的95％乙醇浸膏中分离出含有二分子右旋葡萄糖和苯甲醛而成的苷类，其苷元有强烈的刺激性，生食半夏可使舌咽和口腔麻木、肿痛、流涎、张口困难等，严重者可出现窒息。又发现生半夏有催吐作用，而炮制后的半夏却有镇吐作用，能抑制呕吐中枢而起到止呕作用，其机理是炮制时的高温和加入的白矾可破坏其催吐成分有关。

有些药物经过加工炮制后，能够改变或缓和药物的性能，使之更能适合病情需要。中兽医采用寒、热、温、凉及辛、甘、酸、苦、咸来表达中药的性能。性和味偏盛的药物，在临床应用时，会带来一定的副作用。通过炮制改变或缓和了药物的性能，临床应用各有所长。如地黄生用凉血，若制成熟地黄则性转微温而以补血见长；生姜偎熟，则能减缓其发散力，而增强温中之效；何首乌生用能泻下通便，制熟后则失去泻下作用而专补肝肾等。

2. 中药材的加工能增强药物疗效

作为药物，起作用的是物质。药物所含的活性物质，通过适当的炮制处理，可以提高其溶出率，并使溶出物易于吸收，从而增强疗效。

如延胡索炮制后能够增强镇痛作用。罂粟科植物延胡索具有行气活血止痛之效，内含近20种生物碱，总碱中以甲素、乙素、丑素等的镇痛作用较明显。药理实验证明，经炮制的延胡索其生物碱含量的高低与镇痛效力成正比，虽然延胡索的各种剂型均有镇痛作用，作用高峰都在半小时之内出现，维持时间2小时，但作用强度依次为醇制剂、粉制剂、醋制流浸膏，这说明延胡索的有效成分生物碱在水煎液中溶出量甚少，而醋制后溶出的总生物碱含量增加，故镇痛作用加强。这与先贤所云"醋制注肝而止痛"之炮制理论相吻合。

如槐米炮制后能增强止血作用。中药槐米具有凉血止血功效，主含芸香碱10％～28％及鞣质等。实验证明，炒炭时温度对于药材中鞣质含量影响较大，如槐米炒炭温度在150～160℃时，糅质含量增加2～3倍。糅质为一类复杂的多元酚类化合物，能与蛋白质结合形成不溶于水的大分子化合物，故具有收敛性。能在枯膜表面起保护作用，动物实验证明，槐米炭对大鼠创伤性出血能缩短出血时间和减少出血量。因此，传统的"炒炭止血"是有一定道理的。

炮制具有增强药物抗菌、抗病毒作用。如用水火共制法之蒸法炮制黄芩，目的在于使酶灭活，保存药效又使药材软化便于切片。其主要成分为黄芩甙，近代药学研究证明，黄芩抗菌范围广，对金黄色葡萄球菌、溶血性链球菌、肺炎双球菌等革兰氏阳性菌和痢疾杆菌、伤寒杆菌、副伤寒杆菌、百日咳杆菌等革兰氏阴性菌皆有抑制作用。研究发现，黄芩苷元是一种邻位三羟基黄酮，本身不稳定，容易氧化变绿，说明黄芩苷已被水解。黄芩苷的水解与酶的活性有关，以冷水浸，酶的活性最大，而蒸和煮则可破坏酶，使其活性消失，利于黄芩苷的保存。经抑菌试验证明，生黄芩对白喉杆菌、绿脓杆菌、溶血性链球菌等的抑制作用比蒸或煮的作用弱，所以蒸和煮有利于保存有效成分和发挥药效。

对杜仲五种炒制法进行免疫作用实验表明：杜仲炮制后，抑制DNCB（2，4－二硝基氯苯）所致小鼠迟发型超敏反应作用，对抗氢化可的松所造成的T细胞百分比下降的作用，激活单核巨噬细胞吞噬功能的作用，增强腹腔巨噬细胞吞噬功能的作用，说明杜仲炮制后入药是科学的。

3. 中药材的加工便于制剂和贮藏及保存药效

药物在加工炮制过程中都要经过干燥处理，使药物含水量降低，避免霉烂变质，有利于贮存。一般饮片的切片；矿物、动物甲壳、贝壳及某些种子类药物的粉碎处理，能使有效成分易于溶出，并便于制成各种剂型；有些药物在贮藏前要进行烘焙、炒干等干燥处理，使其不易霉变、腐烂等。有些药物经过加工炮制后，使得其中破坏有效成分的酶类得到了灭活，从而阻断了酶降解作用的发生，有利于药物的储存。如用沸水略煮杏仁，便可使苦杏仁酶变性而失活，防止对有效成分苦杏仁苷的分解，这样药能能长时间保存而不会失效。同时加热处理可杀灭细菌和虫卵等，亦利于药物的保存。

除去杂质和非药用部分，使药物纯净，矫臭矫味，便于服用。常将药物采用漂洗、酒制、醋制、蜜制、麸炒等方法处理混有的沙土、杂质、霉烂品及非药用部位。因此，必须加以净选、清洗等加工处理，使药物纯净，才能用量准确，或利于服用。如一般植物药的根和根茎当洗去泥沙，拣去杂质；枇杷叶要刷去毛；远志去心；蝉蜕去头足；而海藻、肉苁蓉当漂去咸味腥味，以利于服用等。

4. 中药材的加工能够改变药物成分，加强或突出某一作用

中药通过水浸、加热和各种辅料的处理，某些单体化学成分发生了结构的变化，产生了生品中所不具有的新成分。通常苷类成分在富含水、温度适宜的情况下，将发生反

应速度较小的水解反应，反应后产生了新的化学构成，使中药具备更佳疗效。中药炮制过程中经历了洗、润、蒸、煮等物理过程，这些过程里中药都暴露在水中，每时每刻都发生着水解反应，多糖类、生物碱类、皂苷类、环烯醚萜苷类在适当条件下都会发生水解反应。这些变化，有的可以用来解释药物炮制后药性的改变和临床疗效的差异。

如大黄，生用主要有泻下作用，泻下成分是蒽苷，其中以番泻叶苷 A 的泻下作用最强。炮制后的大黄致泻成分蒽苷随加热含量降低而出现较强的抑菌作用。实验证明，制大黄对各种细菌均有不同程度的抑菌作用，其中以葡萄球菌、链球菌最敏感，白喉杆菌、枯草杆菌、伤寒杆菌、副伤寒杆菌及痢疾杆菌也较敏感，抑菌的有效成分为蒽醌类衍生物，其中以大黄酸、大黄素和芦荟大黄素作用最强，抗菌机理主要是抑制菌体糖及糖代谢产物的氧化脱氢过程，并能抑制蛋白和核酸的合成，大黄煎剂对各种真菌和毛癣菌等有抑制作用。又如人参（生晒参）经炮制为红参后，其单体成分有不同程度的变化，且产生生晒参没有的炔三醇、人参皂苷等特殊成分。

氧化反应是化学反应中最为常见的现象，是反应物失去电子的反应。在化学理论中解释的氧化反应是某物质结合氧或者失去氢的过程。中药炮制学中的氧化反应速率慢，而且会生成新的物质，导致中药饮片临床疗效产生变化。马钱子经过炒制后，马钱子所含的士的宁、马钱子碱虽有破坏，但损失不大，且砂烫法操作简便，既能降低毒性又可最大限度保留马钱子中的主要成分。这一现象在曾经的技术条件下无法考究，直到对士的宁与马钱子在双氧水条件下发生氧化反应的试验完成后，才印证了士的宁在高温条件下部分转变为异士的宁。另外，通过对马钱子炮制前后水煎液中33种元素的测定分析，炮制后元素含量增加的有24种，含量减少的有9种，且大多为有害元素，如汞元素炮制前是炮制后200倍，而炮制后锌、锰、铁、钙、磷均高于炮制前1倍以上。这些有益元素的增加和有害元素的减少及元素内部构成比的改变，为马钱子炮制后毒性的降低和增加通络止痛、消肿散结的作用。

采用高效液相色谱法测定肉豆蔻不同炮制品（生品、面煨、麸炒、单蒸、热压）挥发油中丁香酚、甲基丁香酚、甲基异丁香酚的含量，结果丁香酚炮制前后变化不大，而甲基丁香酚和甲基异丁香酚均明显增加，即使换算成原料中的含量单蒸品也为生品的10倍之多，面煨品也为生品的3~6倍。由此可见传统的面煨法是有一定道理的。

中兽医认为黄芪不同炮制品种，主治有所不同，可能与黄芪不同炮制过程中不同成分之间的消长及新成分的生成有关。利用HPLC法对黄芪6种炮制品中黄芪甲苷进行含量测定比较，结果炮制对黄芪中黄芪甲苷含量影响较大，分别为：生黄芪1.350，蜜制黄芪0.671，炒制黄芪0.555，米制黄芪0.474，酒制黄芪0.842，盐制黄芪0.272，盐麸制黄芪0.531。这可能是因为炮制过程中高温加热或液体辅料长时间浸泡，造成黄芪甲苷受到破坏或与其他成分发生反应而使结构改变。

5. 中药材的加工能改变药物性味和归经

在中兽医药理论中，中药各有其寒、热、温、凉的药性，每味药材又具有一定的五味，即辛、甘、酸、苦、咸，是由口尝而得，它不仅表示味觉感知的真实滋味，四气五味是中药的基本性能之一，性和味是药物不可分割的整体，不同的性和味相结合，就造成了药物不同的作用。炮制就是通过对药物性和味的影响而达到改变药物作用的目的。炮制对药物性味的影响，主要体现在纠正药物的过偏之性以缓和药性，如黄连本为大苦大寒的药物，主入血分，经辛温的生姜汁炙后，降低了苦寒之性，并增入气分，此所谓以热制寒，称为"反制"。使药物性味增强以增强疗效，如用胆汁炮制黄连，却能加强黄连的苦寒之性，这样使寒者愈寒称为"从制"。改变药物性味，扩大药物作用范围，如生甘草味甘、平，有清热解毒的作用，经蜂蜜炙后主补，性味改变为甘温，具益气健脾润肺止咳的作用；再如生地黄甘寒主泻，具清热凉血滋阴养血之功，制成熟地黄后主补，性味改变为甘温，具补血滋肾养阴之功。

另外，炮制对药物的升降浮沉性能有一定的影响。升降浮沉是指药物作用于机体的趋向，与药物的性味密切相关，药物的性味决定了药物作用的趋向。一般来说，辛甘淡味的药，性多温热，属阳，具有升浮作用；酸苦咸味的药，性多寒凉，属阴，具有沉降作用。因而，药物经炮制以后，由于性味的改变，可以改变其作用趋向。李时珍曾说"升者引以咸寒，则沉而直达下焦；沉者引以姜酒，则浮而上至巅顶。"临床上用的一些苦寒药，多用于清中下焦湿热，经酒制后，不但能缓和药物的苦寒之性免伤脾胃，而且能借酒的升提之力引药上行，清上焦邪热。如黄连生用，苦寒性能较强，长于泻火燥湿解热毒，酒制后引药上行，善于清头目之火。黄柏为清下焦湿热药，经酒制后作用向上，能清上焦之热。大黄生用，泻下作用峻烈，易伤胃耗液，酒制后泻下作用缓和，并引药上行清上焦实热，用于火热上炎，咽喉肿痛，牙龈肿痛，目赤口疮。再如砂仁，能开胃消食，健胃行气，用于胸膈胀满，食积气滞，呕吐腹泻，经盐制后下行，可以治小便频数。

炮制对药物归经功用的也具有一定的影响。归经是指药物对于机体某部分的选择性作用，主要对某经或某几经发生明显的作用，而对其他经则作用较小，或没有作用。临床上为了更加准确地应用药物，针对主证，作用于主脏以发挥其主治药效，有的放矢地运用炮制来改变其固有属性，使药物按照用药意图有选择地去发挥最佳疗效。药物经过炮制以后，作用重点发生了变化，对其中某一脏腑或经络作用增强，使功效更加专一。如生地黄，味甘、苦，性寒，归心、肝经，能凉血清热，制成熟地黄后性味甘温，主入肾经，能补肾阴而填精；柴胡生用能升能散，解表退热力强，经醋炙后，酸引入肝而发挥疏肝解郁的效果；青皮入肝、胆、胃经，用醋炒后可增强对肝经的作用；知母入肺、胃、肾经，盐炙后主要作用于肾经，使滋阴降火的功效增强；麸炒苍术可以缓和燥性，增强健脾燥湿作用。

中药炮制是依据中医药理论并根据临床辨证施治和药物本身性质的要求而采取的一项必不可少的制药技术，不仅会直接影响中药的性能和治疗效果，而且通过炮制还可以发挥多方面的作用，降低或消除药物的毒性或副作用，便于调剂和制剂，有利于服用，增强药物疗效，扩大药用范围等。为了更好地适应临床用药的需要和保证临床治疗效果，必须严格炮制工艺，随方炮制。只有在继承中药传统炮制理论和技术的基础上，充分掌握药物的性能和配伍，继承和发扬传统的炮制技术，用现代科学技术进行整理研究，探讨传统炮制方法内在本质的原理，从而改进炮制工艺，制定科学的炮制标准，提高炮制品质量，使每味药物可以发挥因人而异、因病而异的效果，才能推动中药炮制的发展提高，保证中药临床应用安全有效。

6. 中药材其他加工方法与药性变化

盐水制，中医认为"盐是百病之主，百病无不用之"。盐其性味咸寒，具有涌吐清火，解毒入肾，骨，有软坚定痛的功能，药物炮制后借助其功对炮制的药物发挥起协同作用。

姜制，由于姜发散，性味辛温，有发表散寒温中止呕的功能，药物姜制在于增强化痰止呕抑制苦寒之性，减小毒性。

酒制，酒性味辛温，通血脉，御寒气，行药势。如大黄、黄连、黄芩均为苦寒药，具有清热作用，但酒制后寒性降低，作用趋向改变，如大黄下行改为上行清头目，黄连黄芩能升提清上焦之热。同时有解毒矫味的作用，如酒制蟾酥。活血通脉作用，如酒川芎。

蜜制，蜜润燥益气，其性味甘温，具有清热润肠，润肺解毒之功能。蜜制能使挥发油含量降低。如麻黄含挥发油及麻黄碱等，生麻黄发汗力强，蜜制麻黄减缓发汗作用，增强止咳平喘之功。如蜜制马兜铃，似乎是增强润肺为主，但实质是以解毒纠偏为先。前人云："兜铃生用太过，伤及脾胃，令人作呕。"现在很多杂志报道生用有中毒发生，炙后既解毒又润肺，一举两得。

醋制，醋入肝，性味苦酸温，有散瘀止痛作用。如醋制柴胡有解毒退热，疏肝解郁之功，柴胡生用解毒退热，升散作用强，醋制炒后，挥发油挥发，缓和升散作用，增强疏肝解郁，活血止痛功能。

7. 火候对药材药性的影响

所谓火候，不光是炮制温度的高低、时间长短，而是泛指炮制程度。掌握好炮制火候是保证炮制品质量的关键。炮制后质地的改变，可使其成分易于吸收，提高疗效。传统药物炮制中所说的火候主要指加热、炒黄、炒焦、炒碳。

加热，如以制川乌为例，制川乌煮到内无白心麻舌感已轻微，不能煮到内无白心，无麻舌感，稍有麻舌感，证明生物碱尚存，不麻舌证明生物碱已无，如全部消除了有毒成分等于弃去了有效成分。马钱子中的士的宁在加热条件下转变为毒性较小的异士的宁及其氮氧化合物等，可保证临床用药安全有效。石榴皮、龙胆草、山豆根等，其所含有效物质生物碱遇热活性降低，影响疗效，以生用为宜。

炒黄，炒黄用文火，温度在140~150℃，时间在15~20分钟；如蛤粉炒阿胶的火候应为文火加热，温度在120~130℃，时间在10~12分钟，其炮制品才达到珠园大，断面呈蜂窝状，香酥，内无糖心的传统规格。

炒焦，用中火或武火加热，炒至药物表面呈焦黄色或焦褐色，内部颜色加深，并有焦香气味的炮制方法。经过炒焦后可以缓和药性、或增强药物作用。如焦山楂，炒焦后能增强消食化积的药性。如焦白术，白术生用取其健脾而不燥，炒用则燥湿力量增加，炒焦则用在脾湿有寒。

炒炭，用武火炒至表面焦黑色、内部焦黄色或至规定程度时，喷淋清水少许，熄灭火星，取出，晾干。炒炭能改变药物的固有性能，如干姜温中散寒，回阳通脉，能走能守，而炮姜炭温中散寒，温中止血，守而不走；如地榆炒炭后止血作用比生品强。

宋以前中医对于中药炮制理论的认识还非常粗浅，大部分关注的是非药用部分的副作用，如人参要去芦，辛夷要去毛，半夏要去滑，麻黄要去沫等，这些内容反映出中医很早就认识到药材的不同部位具有不同的功用，炮制的作用是为了除去不必要的副作用，从而发挥其中有效作用。另外，已认识到生药与炮制后的药效不同，如《名医别录》中的半夏"生令人吐，熟令人下"；《新修本草》中的牛乳"生饮令人痢，熟饮令人口干"，艾叶"性寒熟热"；《妇人大全良方》中的地黄"生者平宣，熟者温补"。并发现不同炮制方法对药性的改变，《日华子本草》中的卷柏"生用破血，炙用止血"，蒲黄"入药要破血消肿即生使，要补血止血即炒用"，白油麻"生则寒，炒作热"；《本草衍义》中的甘草"入药须微炙，不尔亦微凉"；《妇人大全良方》中的五味子"入补药中宜炒用，入嗽药中宜生用"。

直到宋朝晚期开始注意对药材的炮制不可太过，如《本草衍义》中的天门冬"虽曰去心，但以水渍流，使周润，渗入肌，俟软，缓缓擘取，不可浸出脂液。其不知者，乃以汤浸一二时。柔即柔矣，然气味都尽，用之不效，乃曰药不神，其可得乎"以及炮制不当会使药效丧失，如肉苁蓉"黑汁即去，气味皆尽"，还有《妇人大全良方》中提到川牛膝"酒浸，不可太过，久则失味"。由上可以看出二者对炮制理论认识是一个逐渐发展的过程，从简单的除去非药用部分的副作用，到发现不同炮制方法的不同作用，到意识到炮制过度的问题，这中间经历了很长的时间，是不断总结经验，反复实践的过程。

三、药物炮制加工所用器具与药性变化

中药加工炮制的内容十分丰富，但其所用的工具、辅料、方法并不完全适用于每一味药物，它们之间还存在一定的禁忌。中药的加工炮制中，有些药材比较特殊，器具也具有特殊的要求，需要采用不同的器具才能满足加工的条件。究其原因，就是有些中药炮制所用的器具会改变药物的药性与性能。

宋以前炮制文献中提到的辅料和用具多与炮制方法混在一起，没有专门论述器具用法及禁忌。所用器具铁档、铜档、新瓦、玉捶、生绢袋、铜器、瓷碗、坩土锅子，熏竹筒、槐木捶、醋槽、铜刀、木柞臼、竹刀、银石器、锯、竹筒、砂盆、银锅子、皮纸、银刀、夹刀、钵、木臼、柳木臼、石臼、瓷锅、槐砧、马尾筛、夹物、铁柞、铁错子、铁臼柞、石、石槽、搪灰、血余、鹿皮、鲤鱼皮、鸡砒皮、黄嫩牛皮。

从晋以前的文献来看，除《华氏中藏经》载有"桂不见火"外，其他文献则较少明确提出炮制禁忌要求，南北朝《雷公炮炙论》开始奠定其基础，至明、清才大量刊载在各类本草之中。有相当一部分的本草药材，虽未明确提出禁忌要求，但多在具体的药物项下提出"以竹刀、铜刀切之""以苦竹刀切，以木臼杵捣之""以竹刀子切，放铜器内炒"等要求，从另一个侧面反映了加工炮制中对器具的要求。从古代文献中可看出，这些禁忌主要有忌铁、忌铜、忌铅等。其中，又以忌铁、忌铜尤为突出。如忌铜铁器，《雷公炮炙论》曰，"凡使生地黄，勿犯铜铁器，令人肾消并发白，男损荣，女损卫也"；《本草蒙筌》曰，玄参"铜铁，犯饵之，噎喉丧目，古人深戒"；《医学入门》曰，"知母、桑白皮、天冬、麦冬、生熟地黄、何首乌忌铁器，铁必患三消"；《炮炙大法》曰，"仙茅勿犯铁，斑人须鬓"；《本草新编》曰，"何首乌尤恶铁器，凡入诸药之中，曾经铁器者，其气味绝无功效"；《本草分经》曰，石菖蒲"犯铁器，令人吐逆"；《本草新编》云，南烛枝叶"用蒸笼在饭锅蒸之，虽历铁器无妨，否则必须砂锅内煮熟"。

从忌铁的药物来看，某些含有机酸和鞣质等成分的药物，遇金属铁离子易起化学反应，并使颜色发生变化。如何首乌中的蒽醌衍生物，遇铁有氧化还原作用，使成品显红棕色。现代研究说明了文献中的有关对器具的要求是有科学道理的。中药材加工炮制中的禁忌要求，历史悠久，牵涉范围广，其科学性和实用价值，虽然不少已为现代科学所证实，但这方面的研究必竟还是太少了，还有很多未被人们所认识。应以中兽医药理论为指导，现代科学技术为手段，结合临床经验，进一步揭示与研究古代炮制方法的合理性、实用性和科学性，再予以肯定或否定。

第二章　中兽医药材加工技术

第一节 中兽医药材加工技术概述

中药材采收后，除了少数以新鲜态直接供临床药用外，绝大部分种类都要进行产地加工。产地加工不仅可以防止药材霉烂变质和有效成分散失，而且便于仓储、调拨、运输和有效使用。由于中药材种类繁多，品种规格及地区用药习惯不同，其加工方法也有差异，方法的分类与归类较为复杂。从药材的采收到临床用药，药物的处理过程一般包括三个阶段，即采制、炮制、配制。其中炮制阶段是药材最为重要、涉及方法多的一个环节。现将一般常规加工方法概括介绍如下。

一、根茎类药材

此类药材采挖后，一般只须洗净泥土，除去非药用部分，如须根、芦头等，然后分大小，趁鲜切片、切块、切段、晒干或烘干即可，如丹参、白芷、前胡、葛根、柴胡、防己、虎杖、牛膝、漏芦、射干等。对一些肉质性、含水量大的块根、鳞茎类药材，如百部、天冬、薤白等，干燥前先用沸水略烫一下，然后再切片晒，就易干燥。有些药材如桔梗、半夏须趁鲜刮去外皮再晒干。明党参、北沙参应先入沸水烫一下，再刮去外皮，洗净晒干。对于含浆汁丰富、淀粉多的何首乌、生地、黄精、天麻等类药材，在采收后洗净，趁鲜蒸制，然后切片晒干或烘干。此外，有些药材需进行特殊产地加工，如浙贝母采收后，要擦破鳞茎外皮，加石灰吸出内部水分才易干燥；白芍先要经沸水煮一下，去皮，再通过反复"发汗"，晾晒，才能完全干燥；元胡采收后先分大小，置箩筐中擦去外皮，洗净，沥干后转入沸水中，煮至内心变为黄色，晒干，才能保证药材的色泽及质量达到标准要求。

二、皮类药材

一般在采集后，趁鲜切成适合配方大小的块片，晒干即可。但有些品种采收后应先除去栓皮，如黄柏、椿树皮、刮丹皮等。厚朴、杜仲先应入沸水中微烫，取出堆放，让其"发汗"，待内皮层变为紫褐色时，再蒸软，刮去栓皮，切成丝、块丁或卷成筒状，最后进行晒干或烘干。

三、花类药材

为了保持花类药材颜色鲜艳，花朵完整，此类药材采摘后，应置于通风处摊开，阴干或低温迅速烘干，如玫瑰花、旋复花、金银花、野菊花等。

四、叶、草类药材

此类药材采收后，可趁鲜切成丝、段或扎成一定重量及大小的捆把晒干，如枇杷叶、石楠叶、仙楠叶、仙鹤草、老鹳草、凤尾草等。对含芳香挥发性成分的药材，如荆芥、薄荷、藿香等，适宜于阴干，切忌曝晒，以避免有效成分损失。

五、果实、籽仁类药材

一般采摘后，直接干燥即可，但也有的需经过烘烤、烟熏等加工过程。如乌梅，采摘后分档，用火烘或焙干，然后闷2~3天，使其色变黑。杏仁应先除去果肉及果核，取出籽仁，再晒干。山茱萸采摘后，放入沸水中煮5~10分钟，捞出，捏出籽仁，然后将果肉洗净晒干。宣木瓜采摘后，趁鲜纵剖两瓣，置笼屉中蒸10~20分钟，取出，使剖切面向上，反复晾晒至干。

六、动物类药材

此类药材多数捕捉后，用沸水烫死，然后晒干即可，如斑蝥、蝼蛄、土鳖虫等。全蝎用10%食盐水煮几分钟，捞起阴干。蜈蚣用两端较尖的竹片插入头尾部晒干，或用沸水烫死晒干或烘干。蛤蚧捕获后，击毙，剖开腹部，除去内脏，擦净血（勿用水洗），用竹片将身体及四肢撑开，然后用白纸条缠绕尾部，并用其血粘贴在竹片上，以防尾部干后脱落，然后用微火烘干，两只合成一对。

总而言之，药材采收后，应迅速加工，干燥，以免霉烂变质。对植物类药材，采收后尽可能趁鲜加工成饮片，以减少重复加工时浪费药材和损失有效成分。药材干燥应掌握适宜的温度，一般含甙类和生物碱类药物应在50~60℃的温度下干燥，含维生素C的多汁果实类应在70~90℃的温度下干燥，含挥发性成分的药材，干燥温度一般不宜超过35℃，过高易造成挥发油散失。

药材的加工过程不同的人具有不同的分法，如前文叙述中就分为净制、切制和炮制，但也可以将净制和切制合二为一，分为药材的前处理阶段和药材的炮制阶段。在中药材中植物类药材在中药中占有很大的比例，并且绝大多数植物类药材需经过加工切制成为饮片方能用于临床。文中我们多以植物类药材为例简单介绍药材加工过程。通常可包括净制、软化、切制、干燥、包装、质检、储存等过程。

净制是中药炮制的第一道工序，是将原药材加工成净药材的前处理过程。主要解决药物纯净度问题，如选取特定的药用部位，除去非药用部分和其他杂质。净制能保证药材的净度和纯度，便于进一步切制和炮炙。因绝大多数中药为自然状态的干燥品。同种药材，个体大小、粗细、长短不一，在切制和炮制前，均需在净制过程中，按其粗细、大小等加以分类，以便于在湿润软化时，容易控制湿润的程度及切制加工，在进行炮制时，亦易于控制火候，以保证饮片质量。

另外，在传统的加工过程中，净制是一项涉及面广、加工量大、劳动条件艰苦、强度大的一道工序，是影响中药饮片质量的首要环节。在清除杂质方面，现代规模较大的生产中虽已有了不同类型的洗药机、筛药机、风选机、在很大程度上降低了劳动强度，但由于中药材品种、来源复杂，形态、质地各异，杂质的性质、种类也极不相同，因而，在实际生产工序中，很大程度上仍依赖于手工操作。

药材通过净制处理，达到一定净度标准，保证用药剂量的准确。如中药当归、生地等根类和根茎类药材，常带有泥沙，须经清水洗净后才可入药。海藻、全蝎等常带有盐分，须经漂洗后才可入药。又如麻黄须分离地上部分和地下根部，两者入药时保证药效不易混淆，除此之外，又便于进行切制和炮制。中药材一般是自然状态的干燥品，同种药材，它的个体大小、粗细和长短是有差别的，所以在饮片切制和炮制前均须在净制时按其大小、粗细等加以分类，这样在软化浸润时就便于控制其湿润的程度，有利于进行切制。

药材的净制是一个重要的环节，我们从净制后的效果不难看出。主要有以下几点。

一是通过净制，使药材分离成不同的药用部位。为了将不同的药用部位分开，以作为两种或两种以上的不同药物来使用，以免互相影响疗效，必须通过各种手段和方法进行分离操作，达到根与茎或果实与茎的分离，如植物麻黄、地上部分茎和地下部分的根都分别入药。分离方法可采用刀切或剪刀剪。果皮与种子的分离，如花椒与椒目，二者均来源于芸香料植物花椒的果实，花椒是指果皮，椒目则为种子。花椒（果皮）味辛性温，能温中散寒，除湿止病，杀虫。椒目（种子）味苦性寒，能利水、定痰喘，主治水肿胀满，痰饮喘逆。两药性味功效相去较远，故须分离开来。其方法可采用揉搓、过筛，然后收集。心与肉的分离，"心"一般指根类药物的木质部或种子的胚芽而言，如莲子的心与肉作用不同。莲子心（胚芽）能清心热，莲子肉（胚乳）能补脾涩精，故须分别入药。其方法是将莲子浸润至软，剖开取出莲子心，分别晒干。上述分离操作一般是在产地采收、加工过程中进行，但若产地没有分离或分离不清，必须在切制之前进一步处理。

二是通过净制可以除去药材的非药用部位。中药材在采收过程中，往往残留有非药用部分，在使用前需要净选除去。常见的除去非药用部位，主要包括去残根，去芦头、去枝梗、去皮壳、去毛、去心、去核瓤、其他来源的药材还有去头、尾、皮、骨、足、翅等。

三是通过净制可以清除药材中的杂质。自然生存的原药材中常夹杂一些泥土、砂石、本屑、枯枝、腐叶、杂草、皮壳、霉败品、干瘪品等杂质，如乳香、没药等树脂类药材常黏附一些泥沙和木屑；根与根茎类药材及花、叶、种子类药材和蝉蜕等也有泥土杂入；一些果实种子类药材，常可混入一些果柄、叶梗、皮壳及干瘪或虫蛀霉败品。另外，海藻、昆布等海产药材，表面往往附有盐分，均需要净制除去，使药物在切制前达到一定的药用净度标准。

净制后的药材有一定质量要求。净制是使药物达到洁净的关键工序，通过净制操作，药材应达到质量标准的要求。若为出口药材，还应考虑到满足进口国相应的质量要求，如农药残留量、重金属限量、致病菌、杂菌总数等要求和标准，经挑选整理后的药材必须分档加工，无伪品，无虫蛀，霉变、走油变色，无杂质。净制后的药材质量要求可以概括为如下。

（1）根、根茎、藤木、叶、花、皮类药材，泥沙和非药用部位等杂质不得超过2%。

（2）果实、种子类药材，泥沙和非药用部位等不得超过3%。

（3）全草类药材，不允许有非药用部位，泥沙等杂质不得超过3%。

（4）动物类药材，其附着物、腐肉和非药用部位等杂质不得超过2%。

（5）矿物类药材，其夹石、非药用部位等杂质不得超过2%。

（6）菌藻类药材，杂质含量不得超过3%。

（7）树脂类药材，杂质不得超过3%。

（8）需去毛、刺的药材，其未去净的毛和硬刺的药材不得超过10%。

药材通过净制前处理阶段后，才能进入下一个环节——药材的炮制。药材的炮制包括许多不同的方法，详细内容见有关章节。

第二节　中兽医药材修制加工技术

药材在切制、炮制、调配或制剂前，应选取规定的药用部位，去除非药用部位和杂质，我们称之为药材的修制过程。常见的修制方法包括挑选、筛选、风选、洗、漂等方法，以去除附着混杂在药材中的泥土、砂石、异物及霉败物，达到清洁药物的目的，并可将大小不等的药材筛选分开，以便分别进行切制和炮制加工。通过去毛、去芦、去心、去核、去头足翅等加工处理，以达到去除非药用部分的目的，如石韦刷去毛、人参去芦、巴戟天去心、乌梅去核、斑蝥去头足翅等。一些矿物、介壳、果实种子药材如磁石、石决明、女贞子、苏子等需要碾捣粉碎。某些质地松软而呈丝条状的药物如竹茹、谷精草等须揉搓成团。有些药物碾成绒状，如麻黄碾绒、艾叶制绒等。有些药物润湿后，加辅料黏附于上，可加强治疗作用，如朱砂拌茯神、青黛拌灯心草等。修制加工的目的就是，除去泥沙杂质及虫蛀霉变品，除去非药用部位，区分疗效不同的药用部位，将药材分档，简单加工。

一、挑（拣）

用手或利用一定工具除去药材的非药用部分及其杂质，或将药材按大小、粗细分类挑选，为以后的炮制提供条件。一般是除净核粒、果柄、枝梗、皮壳、沙石等，如菊花、二花、红花、连翘、枣仁、柏子仁拣净核壳，连翘拣去果柄等。通常使用风车进行风选、水选等手段（图2-1）。

水选桶　　　　　　　　　　　风选车　　　　　　　　　　　笊篱

图 2-1　挑（拣）药材器具

风选是利用药材和杂质的轻重不同，借风力将药物与杂质分开。传统的方法一般可用簸箕或风车通过扬簸或扇风，使杂质和药物分离。如浮小麦、葶苈子、车前子、青箱子等，均可用风选除去杂质。

水选是将药物用水洗或漂除去杂质的常用方法。有些药物常附着泥沙或盐分，用筛选或风选不易除去，如菟丝子、蝉蜕、瓦楞子、牡蛎等，需用清水洗涤，使其洁净。有些药物表面附有盐分，如海藻、昆布等，需不断换水漂洗，才能去净盐分。酸枣仁等亦可用果仁与核壳的比重不同，用浸漂法除去核壳。洗漂时应掌握时间，勿使药材在水中浸泡过久，以免减弱药效。但某些有毒药材，如天南星、半夏等为了减毒，需浸漂较长时间。在水选过程中用到的主要器具有水选桶和捞药用的笊篱。

二、摘

将根茎、花叶等类药材的残茎、叶柄摘除，使药纯净，如夏枯草摘梗柄，川连摘除绒根及叶柄等。

三、揉

对某些药物须揉碎后，再通过筛、簸除去茎梗杂质，如桑叶；某些质地松软而呈条状的药物，须揉搓成团，便于调配和煎煮，如竹菇。

四、擦

用二块木板，将药物置于中间来回磨擦，达到除去外皮和擦碎，如莱菔子等。

五、磨

用石磨垫高磨芯，把药物磨去外皮、壳、刺等，如除去扁豆衣，其他种子类外皮。传统的器具包括石磨（图2-2）。

石手磨　　　　　　　　石推磨

图 2-2　石磨

六、刷

用刷子刷去药物表面的灰尘或茸毛，如刷去枇杷叶、石苇叶背的绒毛；瓦楞子、牡蛎刷去沙土。

七、刮

用铁刀、竹刀或瓷片刮去药材外面的粗皮或青苔，如杜仲、肉桂等；如金狗脊需要刮去茸毛等。

八、镑或刨

用镑刀或木刨，将药物镑刨成薄片，便于入药煎汁，如鹿角片、檀香片等。所用工具如药刨等（图2-3）。

图 2-3　药刨

九、剥

将药物敲击后，取壳去种仁，或取仁去壳，如蔻仁、使君子仁、桃仁等的处理方法。

十、剪

剪法主要用于除去带有根须、细小枝叶等非药用部位或分离不同药用部位的方法。

十一、捣

是将药物打碎或打烂的方法。量多者放石臼内捣，量少者置冲筒内冲击捣碎，如生姜捣汁、鲜生地捣汁、砂仁捣碎等（图2-4）。

石药臼　　　　　　　　　　石臼

图 2-4　捣药器具（http://blog.sina.com.cn/s/blog）

十二、敲

用铁锤或木锤将坚硬的药物敲击成小块或碎粒，如磁石、海蛤壳等。杏仁、桃仁、蒌仁以手工或机械敲压至扁，麦冬可敲后去心。

十三、碾

将药材置碾槽（铁船）中碾碎或成粉。传统的方法所用工具有药碾子或碾药槽（图2-5）。

药碾子　　　　　　　　　　碾药槽

图 2-5　碾药器具

十四、簸、箩、筛

簸、箩、筛等方法都是用来除净药物中的非药用部分和杂质，去掉叶屑可用簸法，选用簸箕（图2-6），除净灰屑可用箩法，除去枝梗可用筛法，一般都是同时采用的净杂方法。筛选是根据药材和杂质的体积大小不同，用适宜的筛或箩（图2-6），筛除药物中的砂石、杂质或将大小不等的药物过筛分开，以使分别进行炮制或加工处理。如半夏、天南星、川乌、白附子、延胡索、浙贝母等，通过筛选，既可以除去泥土、砂石，又可以进行大小分档，以便分别进行浸漂或煮制。另如穿山甲、鸡内金以及其他大小不等的药物，均须选开，分别进行炮制，以便受热均匀，质量一致。筛选时，小量加工可使用不同规格的竹筛或铁丝筛手工操作。大量加工时多用振荡式筛药机进行筛选，操作时可根据药物体积之不同更换不同孔径的筛板。

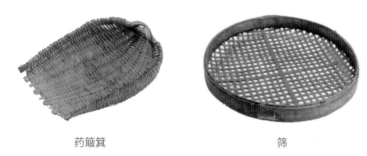

药簸箕　　　　　　　　筛

图 2-6　簸、箩、筛主要器具

十五、劈，锯
将粗、大长枝，难以切片的药物，先行劈小或锯短，如松节、柘木等。

十六、轧、榨法
轧法现将药物轧成二片，或轧曲在一起，如川楝子、枳壳，现已改机械切片。榨法，用榨床榨去药物中之油质，以减去毒性和刺激性，如巴豆霜；生姜捣烂后榨取姜汁，煎膏滋药时榨取药汁。

十七、锉法
工具为钢锉，主要适合于临床惯用粉末、且用量小，随方加工的药物，如水牛角、羚羊角的加工等。

十八、研乳
将少量的贵重药物置乳钵内研细，便于制剂，减少损耗，增强疗效，如猴枣、牛黄等。

十九、压制法
全草、细长的根和根茎、藤木、皮、叶类药材在切制前需要整理成把，俗称为"把活"，多用木质板压成扁形捆状或较小的把状。

二十、饮片切制

将净选后的药材用水处理软化后，用一定的刀具切制成片、丝、段、块等形状的炮制工艺过程。饮片最初指为制备汤剂而切制成的片状药物，现泛指能调配处方而炮制成各种形状的药物。药物切制成饮片后，易于提取其有效成分，容易粉碎加工，便于制备汤剂及其他制剂；在炮制中易于与辅料结合，便于进一步加工；饮片纯净干燥易于贮藏保管，体积小易于调剂；饮片易于显露组织结构特征，便于药物鉴别。切制时最主要的工具为切药刀具（图2-7）。

图 2-7　切药刀

饮片切制时，首先应根据药材的特点及季节、温度条件采用淋、洗、泡、漂、润等不同水处理法，使干燥药材吸收一定量的水分而软化，并有弯曲法、指掐法、穿刺法、手捏法检查水处理加工质量，习惯称"看水头"。既要防止水头太过，以免有效成分流失过多，药材太软，也易于霉烂；又要防止水头不足，药材太硬，难于切制，以软硬适中为宜。水处理后应根据药材的自然状况和炮制、鉴别、医疗及饮片外观的不同需要将其加工成一定类型。一般来说，质地致密、坚实的药材如槟榔、乌药等切薄片（厚1~2毫米），全草类药材如瞿麦、青蒿等宜切成段（长度10~15毫米），皮类药材如陈皮、苦楝皮多切成细丝（宽2~3毫米），叶类药材如荷叶、枇杷叶等多切宽丝（宽5~10毫米）。切制方法主要有切、镑、锉、劈等，视药材质地及饮片加工类型的不同而定。药材经水处理切制饮片后，含水量大，必须及时干燥，才能保证饮片的质量。饮片干燥方法主要有两种：一是自然干燥，即晒干和阴干；二是人工干燥，即采用直火式、蒸汽式、电热式、红外线式、微波式等机械干燥设备进行干燥。

药材切制操作：第一，要调理好刀具，刀刃要求锋利，以适应切制需要。第二，切药时坐位和姿势要适当，应侧着身子坐，右手持刀，左手握药，向刀刃方向运送，左右手要互相配合。第三，切药根据药材特点，选择把切与单切两种方法之一。所谓把切适合切制长条形药材，一般切成片、丝、段的形状；单切适合切制块状或球形的药材，多切成片或块的形状。第四，在切制过程中，还应注意以下几点。

（1）每切完手中药材时，必须把刀关上，以防发生刀伤事故。

（2）切含纤维、淀粉较多的药材时，必须经常用油帚擦刀刃，使其滑利，切含黏液质、糖类较多的药材时，须经常用水帚擦刀刃，以防黏腻。

（3）经常检查刀栓，当刀栓上磨有深痕时，即应更换，同时刀栓的小头须用木块嵌紧，以防刀栓磨断和滑落。

药材饮片加工技术（附）

一、饮片类型及选择原则

1. 常见的饮片类型及规格

（1）极薄片。厚度为0.5毫米以下，适宜木质类及动物骨、角质类药材。如羚羊角、鹿角、松节、苏木、降香等。

（2）薄片。厚度为1~2毫米，适宜质地致密坚实、切薄片不易破碎的药材。如白芍、乌药、槟榔、当归、木通、天麻、三棱等。

（3）厚片。厚度为2~4毫米，适宜质地松泡、黏性大、切薄片易破碎的药材。如茯苓、山药、天花粉、泽泻、丹参、升麻、南沙参等。

（4）斜片。厚度为2~4毫米，适宜长条形而纤维性强的药材。倾斜度小的称瓜子片，如桂枝、桑枝；倾斜稍大而体粗者称马蹄片，如大黄；倾斜度更大而药材较细者称柳叶片，如甘草、黄芪、川牛膝等。

（5）直片。顺片，厚度为2~4毫米，适宜形状肥大、组织致密、色泽鲜艳和需突出其鉴别特征的药材。如大黄、天花粉、白术、附子、何首乌、防己、升麻等。

（6）丝。包括细丝和宽丝，细丝2~3毫米，宽丝5~10毫米。适宜皮类、叶类和较薄果皮类药材。如黄柏、厚朴、桑白皮、秦皮、合欢皮、陈皮等均切细丝，荷叶、枇杷叶、淫羊藿、冬瓜皮、瓜蒌皮等均切成宽丝。

（7）段、咀、节。长为10~15毫米。适宜全草类和形态细长，内含成分易于煎出的药材。如薄荷、荆芥、香薷、益母草、党参、青蒿、佩兰、瞿麦、怀牛膝、北沙参、白茅根、藿香、木贼、石斛、芦根、麻黄、忍冬藤、谷精草、大蓟、小蓟等。

（8）块。为8~12毫米3的立方块。有些药材煎熬时，易糊化，需切成不等的块状。如阿胶丁等。

2. 饮片类型的选择原则

（1）质地致密、坚实者，宜切薄片。

（2）质地松泡、粉性大者，宜切厚片。

（3）为了突出鉴别特征，或饮片外形的美观，或为了方便切制操作，视不同情况选择直片、斜片等。

（4）凡药材形态细长，内含成分易煎出的，可切制一定长度的段。

（5）皮类药材和宽大的叶类药材，可切制成一定宽度的丝。

（6）为了对药材进行炮制，切制时可选择一定规格的块或片。

二、饮片的切制方法

1. 传统手工切制

操作时，将软化好的药物，整理成把，称"把活"或单个称"个活"，置于刀床上，用手或一特别的压板向刀口推进，然后按下刀片，即切成饮片。手工切药刀主要有：切药刀、铡刀、片刀、类似菜刀。

2. 其他传统切制方法

（1）镑片。镑片所用的工具是镑刀。此法适应动物角类药物，如羚羊角、水牛角等。

（2）刨。利用刨刀刨成薄片。此法适应木质类药材，如檀香、松节、苏木等。

（3）锉。有些药材习惯上用其粉末。但由于用量小，常随处方加工，如水牛角、羚羊角等。

（4）劈。利用斧类工具将动物骨骼类或木质类药材劈成块或厚片。如降香、松节等。

3. 机器切制

（1）剁刀式切药机切制。该机械结构简单，适应性强，切断距离从0.7~50毫米之间可调。一般根、根茎、全草类药材均可切制，但不适宜颗粒状药材的切制。具有物料切口平整，无残留物料，与普通切药机相比小8%~10%的损耗等优点。

（2）旋转式切药机切制。可以进行颗粒类药物的切制，不适合全草类药物切制。

（3）多功能式切药机切制。该机械适用于根茎、块状及果实类中药材，圆片、直片以及多种规格及斜形饮片的加工切制。

三、饮片切制中存在的问题及其产生原因

在饮片生产中，如果药物处理不当，或切制工具及操作技术欠佳，或切制后干燥不

及时，或贮存不当，都可以影响饮片质量，一般易出现下述现象。

1. 连刀片

拖胡须，是饮片之间相牵连，未完全切断的现象。系药物软化时，外部含水量过多，或刀具不锋利所致。如桑白皮、黄芪、厚朴、麻黄等。

2. 翘片

饮片边缘卷曲而不平整，系药材软化时，内部含水分太过所致，又称"伤水"。如槟榔、白芍、木通等。

3. 皱纹片

鱼鳞片，是饮片切面粗糙，具鱼鳞样斑痕。系药材未完全软化"水性"不及或刀具不锋利或刀与刀床不吻合所致。如三棱、莪术等。

4. 掉边

脱皮与炸心。前者药材切断后，饮片的外层与内层相脱离，形成圆圈和圆芯两部分，后者药材切制时，其髓芯随刀具向下用力而破碎。系药材软化时，浸泡或闷润不当，内外软硬都不同所致。如郁金、桂枝、白芍、泽泻等。

5. 败片

在中药饮片切制过程中所有不符合切制规格、片型标准的饮片。

6. 变色与走味

变色是指饮片干燥后失去了原药材的色泽；走味是指干燥后的饮片失去了药材原有的气味。系药材软化时浸泡时间太长、或切制后的饮片干燥不及时或干燥方法选用不当所致。如槟榔、白芍、大黄、薄荷、荆芥、藿香、香薷、黄连等。

7. 油片

走油。是药材或饮片的表面有油分或黏液质渗出的现象，系药材软化时吸水量"太过"，或环境温度过高所致。如苍术、白术、独活、当归等。

8. 发霉

是药材或饮片表面长出菌丝，系干燥不透或干燥后未放凉即贮存，或贮存处潮湿所致。如枳壳、枳实、白术、山药、白芍、当归、远志、麻黄、黄芩、泽泻、芍药等。

四、饮片的干燥

药物切成饮片后，为保存药效，便于贮存，必须及时干燥，否则影响质量。干燥分自然干燥和人工干燥。

1. 自然干燥

自然干燥是指把切制好的饮片置日光下晒干或置阴凉通风处阴干。晒干法和阴干法都不需要特殊设备，具有经济方便、成本低的优点。但本法占地面积较大，易受气候的影响，饮片亦不太卫生。一般饮片均用晒干法。对于气味芳香，含挥发性成分较多、色泽鲜艳和受日光照射易变色、走油等类药物，不宜曝晒，通常采用阴干法。

（1）黏性类。黏性类药物如天冬、玉竹等含有黏性糖质类药材潮片容易发黏，多采用烘焙法和晒干法。

（2）粉质类。粉质类就是含有淀粉质较多的药物，如山药、浙贝母等宜采用晒干法或烘焙法。

（3）油质类。油质类药材如当归、怀牛膝、川芎等，宜采用日晒法。

（4）芳香类。芳香类药物如荆芥、薄荷、香薷、木香等，多采用阴干法，不宜烈日曝晒。

（5）色泽类。色泽类药材如桔梗、浙贝母、泽泻、黄芪等。这类药材色泽很重要，含水量不宜过多否则不易干燥。分别采用日晒法或烘焙法。

2. 人工干燥

人工干燥是利用一定的干燥设备对饮片进行干燥。本法的优点是，不受气候影响，比自然干燥卫生，并能缩短干燥时间。人工干燥的温度，应使药物性质而灵活掌握。一般药物以不超过80℃为宜。含芳香挥发性充分的药材以不超过50℃为宜。

五、饮片包装

1. 饮片的包装

系指对饮片盛放、包扎并加以必要说明的过程。目前多数饮片无统一的包装标准。包装材料都采用麻袋、化纤袋、蒲包、竹筐、木箱等不一致，使饮片污染严重，易沾上麻袋纤维和灰尘，含糖类和淀粉类的药材易虫蛀和霉变。由于中药饮片品种繁多，包装不善而带来的饮片混淆和发错药的现象也时有发生，后果不堪设想。饮片的包装不规范影响饮片的保管、贮存、运输和销售。

2. 饮片包装的具体方法

（1）对于根、根茎类、种子、果实类、花类、动物类药材的饮片，全部用小包装加大包装的方法。小包装用无毒聚乙烯塑料透明袋，根据饮片的质地不同而固定装量，一般为0.5千克、1.5千克、2千克等。

（2）对于全草类和叶类药材的饮片，可用无毒聚丙烯塑料编织袋包装，固定装量为10~15千克一件。

（3）对于矿物类和外形带钩刺药材的饮片，宜用双层或多层无毒聚丙烯塑料编织袋装，以防泄漏。

（4）对于贵重、毒剧药材的饮片宜用小玻璃瓶、小纸盒分装到一日量或一次量的最小包装，并贴上完整的使用说明标签。

3. 饮片包装的作用与好处

（1）方便饮片的存取、运输、销售。

（2）有利于饮片的经营和防止再污染。

（3）有利于饮片的美观、清洁、卫生和定期监督检查。

（4）有利于促进饮片生产的现代化、标准化。

（5）有利于中医临床调配使用。

（6）有利于中药饮片的国际贸易。

第三节　中兽医药材水制加工技术

药物水制法是指用水或其他液体辅料处理药材的方法。常用的水制法有漂洗、浸泡、闷润等，目的是清洁药物，软化药物，调整药性。漂洗是将药物置于宽水或长流水中，反复换水，以去掉腥味或盐分。浸泡是将药物置于水中浸湿立即取出，或将药物置于清水或辅料药液中，使水分渗入，药材软化，除去药物毒性。闷润是根据药材质地的软硬，用淋浸、洗润、浸润等方法，使药物软化，便于切制饮片。水飞是将研细的矿石类药物，放入水中，提取上清部分再沉淀，如水飞朱砂、珍珠、炉甘石等，其目的是内服时更易吸收，外用时可以减少刺激性。

水制法其目的是使药物达到洁净（除去杂质、异物、非药用的盐分、泥沙、秽恶气味等），使植物类药物变软，便于切片或使矿物类药物质地纯净、细腻，同时能降低毒性，减少副作用。水制法包括洗、淘、浸、润、渍、腌、提、水飞等项目。

一、淘

是将体积细小的种子类药材放在数倍于药的清水中淘去泥土、沙粒。附有泥土的药材需放在箩筐或筲箕内，再放入清水中边搓擦边搅动，淘去泥土，并利用水的悬浮作用漂去轻浮的皮壳及杂物。夹有砂粒的药材需放在瓢内再放入清水中舀动，通过舀动操作倾出上浮的药材，将沉降瓢底的砂粒弃去。最后将淘净的药材滤水，晒干。药材经过淘洗以达到清洁纯净的目的。如菟丝子、王不留行等。

二、洗

是将药材放在数倍于药的清水中或液体辅料中翻动擦洗。质地轻松或富含纤维的药材要求动作迅速，进行抢洗，以免损失药效，如羌活。质地稍硬或表面黏附泥砂杂质的药材，洗时可用一般较慢速度或进行充分洗涤，如牡蛎、刺猬皮等脏垢较多，洗的时间要长一些。有些含多量黏液成分的种子，水洗粘结成团，不宜水洗，如车前子。有些药材为了改变性能，需用液体辅料洗。药材经过洗涤，达到清洁纯净，吸水变软，便于切制和改变性能的目的。如红柴胡、香薷、车前草、蒲公英、马齿苋、陈皮、蚯蚓、鱼腥草、白花蛇舌草、半边莲、铁苋菜、虫退、海藻、昆布、土鳖、蜂房等。

三、润

　　药材不直接放入水中，而是将经过清水或液体辅料处理的药材置容器内，使其表面所吸附的水分向内渗透，达到全部湿润变软的润药方法。质地轻松或柔润的药材先用清水抢洗，取出滤去水分，然后进行盖润。质地较硬的药材，水洗后装入篾篓，上盖麻布，使其润透。根据药材的软化情况，必要时中途可淋水1～2次以辅助水洗时吸水的不足。质地坚硬的药材经过一定时间的清水浸泡，捞起装入篾篓，上盖麻布。根据药材的软化情况，可进行多次淋水使其润透。有些药材须放在缸内用一定的液体辅料，约为药材的1/4浸渍，经常翻动，使其一面吸入辅料，一面向内渗透，至药材润透，辅料吸尽取出。润药的时间须根据药材的坚硬程度、体积大小以及季节、气候而定，一般以润透变软为准。润药程度检查方法，长条形药材用手折时，以能发弯为润透；块状或球形药材用手捏时，以内部似有柔软感为润透；有时须用刀切断检查，以内面无硬心为润透。润的目的是为了软化药材，便于切制，用辅料浸润则是为了改变药物性能。根据药材质地的软硬，加工时的气温、工具，用淋润、洗润、泡润、浸润、晾润、盖润、伏润、露润、包润、复润、双润等多种方法。使用的润药工具为润药木桶（图2-8）。

润药桶　　　　　　　　　浸药桶

图2-8　润药器具

四、浸

　　是将药材放在宽水中或液体辅料如酒或醋中浸泡至一定程度取出。含有大量淀粉及质地坚硬的药材洗净后，放在清水中浸泡至软取出。动物的甲、骨放在清水中浸泡至皮、甲、肉、骨分离时取出。有些药材为了改变性能，用相适应的液体辅料浸泡至透取出。药材经过浸泡使水分或液体辅料渗透到药材内部，达到吸水变软，便于切制、除去非药用部分、改变药物性能等目的。但必须浸的才浸，浸泡的时间应根据具体情况而定。如根与茎一般浸1~4小时，皮类一般1~2小时，草类30分钟至1小时。

五、泡

泡是将药物较长的伺浸在水中，它能减除药材的毒性物质，如半夏、南星，能除去动物药材附着的不洁物，如龟版、虎骨等。泡的时间长短也应随地区、气候、季节不同而异，视情况须定期换水和不断搅拌，注意药材发霉、腐烂。气温较高的季节泡时间宜短，气温较低的季节浸泡时间可稍长。动物之甲骨需将其附着物泡至腐败，能与骨甲分离为度。

六、漂

是将药材放在宽水中或液体辅料中反复清洗漂去药材的某些内含物质。漂时须根据季节气候和药物的体积、质量适当地掌握漂的时间、换水次数并选择漂药的位置。漂药目的是利用水的溶出作用，除去药物的杂质以及部分挥发性、毒性物质、盐分及腥臭味等，使药物纯净，药性缓和，毒性减低，便于服用和增强疗效。如海螵蛸、半夏、南星、川乌、草乌、附子等。漂药时使用漂药桶（图2-9）。

漂药桶

图 2-9　漂药器具

漂药必须注意季节、时间以及水的多少和换水次数等，最好的季节是春秋两季，此时温度适宜。夏季气温高，易腐烂；冬季低温，易冻结，都可能致使药材变质影响药效。漂的时间，天凉稍长，天暖较短，并宜按不同的药物和药用部分而定，最好在流水中漂洗。半夏、南星等有毒根茎类，漂药时间可长些；海藻、昆布等无毒物，漂洗时间可短些。

七、渍

渍的目的和方法与浸、润近似，适用于根茎类药材，浸润一般用清水，渍药法既可用清水，也可用酒、醋，如大黄、黄连用酒渍。

八、腌

腌法是用食盐或生姜、明矾等浸渍药材，能达到解毒、防腐的目的，如鲜附子以盐卤水腌制，鲜半夏以鲜生姜、白矾腌制。

九、提净

某些矿物药，特别是一些可溶性无机盐类药物，经过溶解，过滤，除净杂质后，再行重结晶，以进一步纯制药品，这种方法称为提净法。如芒硝与萝卜、硇砂与米醋共煮，经溶解、过滤，收取结晶，均可达到纯净药材，降低毒副作用的目的。

提净的目的：药物通过提净后均可使其纯净，硇砂还可降低毒性。此外，芒硝提净后可缓和药性，增强疗效。

提净操作：根据不同品种而采取适当的方法。有的药物与辅料加水共煮，如芒硝。有的药物，加水溶化后，滤去杂质，再加醋，在容器上隔水加热，使液面析出结晶物，并且等药物随时析出时，应随时捞取，直至析尽为止，如硇砂的提净。

十、水飞

是利用水的悬浮作用和粗细粉末在水中的悬浮性不同分离出细粉的方法。操作方法包括下述工序。

（1）粉碎。将不溶于水的矿物或动物药材用碾槽或粉碎机粉碎。

（2）过筛。用100目筛或120目筛过筛。

（3）加水研磨。置乳钵内加适量清水研磨，停止研时如有膜状沫浮于液面，须用皮纸掠去，研至钵底无粗糙响声，于捻或舌舔无碜时取出。

（4）悬浮分离。置缸内加多量清水搅拌，搅匀后静置片刻，则细粉悬浮于水中的上、中部，粗粉下沉底部，即时倾出上浮的混悬液，将下沉的粗粉再行研磨、分离，反复操作，最后将不能悬浮的粗粉弃去。

（5）干燥。将所得混悬液合并，静置沉淀，用橡皮管或皮纸条、灯芯吸去水分，置垫有皮纸的箩器内滤水，再置日光下盖纸晒干，乳细即得。有些药物可以不经悬浮分离这道工序。

水飞技术在中药矿物类饮片炮制中的重要性和必要性。对一些不溶于水的矿物类中药材，如雄黄、红粉、朱砂、滑石、炉甘石、珍珠等，水飞的目的很明确，除去杂质，洁净药物，使药物达到一定的纯度和细度，增加疗效，偏于内服和外用，防止药物在研磨过程中粉尘飞扬，污染环境，除去药物中可溶于水的毒性物质等。因为这些矿物质药材在形成、采掘、储存、运输等过程会发生物理化学变化，必然会产生可溶性的重金属化合物，如雄黄中的三氧化二砷，红粉和朱砂中的可溶性汞盐等。事实证明，这些可溶于水的毒性物质在进入人体后可对人体造成极大损害，必须通过水飞的方法加以除去。另外，和这些矿物质药材伴生的石英石、方解石、石灰石、铁盐等，大部分也可以通过水飞炮制方法除去，从而减少人体摄入这些无用的无机物矿石，以免对人体造成间接伤害。为了保证水飞炮制中药饮片质量的稳定性、均一性、安全性，就很有必要加强水飞炮制技术在以上中药饮片中的传承、应用和发展。

第四节 中兽医药材火制加工技术

火制法是将所用药物经火加热处理的方法。主要有炒、炙、煅、煨等。炒是将净制或切制后的药物，置于加热容器内，用不同的火力连续加热，并不断搅拌翻动至一定程度的炮制方法，有炒黄、炒焦、炒炭的不同。火制法有利于粉碎加工，并缓和药性的作用。炙是用液体辅料拌炒药物，能改变药性，增强疗效，减少副作用。煅是将药物用猛火直接或间接煅烧，使药物易于粉碎，充分发挥疗效。煨是用湿面粉或湿纸包裹药物，置热火炭中加热的方法，可减少烈性和副作用。下面主要介绍以下几种火制法。

一、清炒

清炒法就是不加辅料的炒法。药物置于锅内以不同的火力并勤加翻动，使药物均匀受热至所需程度。根据火力大小、炒的时间和温度又分为微炒、炒黄、炒焦、炒炭四种。

微炒是用微火将药物炒至干燥，但药物无显著变化。微炒和锅焙法类似，以达到矫臭矫味的目的。同时可防止高温破坏消化酶。如微炒麦芽、谷芽、葶苈子、夜明砂等。

炒黄是将药物置于加热容器内，用文火或中火炒至表面呈黄色，或较原色加深，或发泡鼓起，或种皮爆烈并透出固有的气味。主要目的是增强疗效，如炒莲子肉可增强止泻涩精的作用；缓和药性、降低毒性，如炒牵牛子可降低毒性、缓和泻下作用；炒后质脆，易于煎出有效成分，如胡芦巴、王不留行等；炒制可破坏酶类，保存苷类有效成分，如槐花炒后可避免酶的作用，使其所含芦丁分解，从而保持药效。

炒焦是将药物置加热容器内，用中火或武火加热，不断搅拌翻动，炒至药物表面呈焦黄色或焦褐色，并有焦香气味。主要目的是增强疗效或缓和药性，如山楂炒焦不仅减弱酸味，减少对胃的刺激，还可增强消胀止泻痢的功效。

炒炭是将药物炒至外表焦黑，里面焦黄，炒后部分炭化，但仍存有原来的气味，其温度比炒焦要高，时间要长。炒时因火力较强，药料易燃，如有火星，喷洒适量的清水灭熄火星，取出置铁盘或瓷盘内，摊冷后收藏。有的药物在炒炭中产生刺激性浓烟，应迅速翻动，使其消散。有的药物质地轻松易于炭化，应以小火炒至微黑色为宜。炒炭的目的，多用来收敛止血。所谓炭药，并非纯炭，应该"存性"。药物经炒炭后，大部分成分被破坏。有的药物通过高温处理后，发生了理化性质的改变，生成炭素或增加新的物质，增强收敛止血的作用。如地榆、干姜、侧柏叶、槐花、蒲黄、干漆、茜草、艾叶、藕节等。

二、辅料炒

辅料炒就是将某种辅料放入锅内加热至规定程度，并投入药物共同拌炒的方法。根据所加辅料的不同，可分为麸炒、米炒、土炒、砂炒、蛤粉炒、滑石粉炒等。

药物用蜜炙过的麦麸拌炒称为麸炒。麸炒多用于炮制健脾和胃的药物。麸炒的目的是利用药物与麸皮共同加热除去药物的部分油分，减低偏性或借麸皮在加热过程中放出的香气以矫正药物的不良气味，增强健脾和胃的作用。操作方法：先将铁锅烧热，然后撒下麸皮，待黄白色烟冒出时投入药料，用小笤帚不断翻动，炒至药物呈黄色取出，筛去麸皮，待冷收藏。麸炒最好用斜锅、竹帚之类工具，因为这样出锅方便，保证色泽均匀一致。炒时火力要大，动作要迅速，锅要热到撒下麸皮立即起浓烟为宜。麸炒主要目的是增强疗效，如白术、山药麸炒后增强其补脾益气的作用；缓和药性，如枳实麸炒后可缓和其破气作用，免伤正气；矫味矫臭，如麸炒僵蚕，可除其腥臭味。

米炒将药物用大米作辅料进行加热的方法称为米炒。先将锅烧热，撒上浸湿的大米，使其平贴锅上，加热至大米冒烟时投入药料，轻轻翻动，炒至大米呈焦黄色取出，去大米。米炒一般不常用。米炒的目的是利用大米的润燥和滋养作用，经炒后发出的焦香气味，增强药物的健胃作用，减低药物的毒性，同时米也是炒时的指示剂。米炒主要目的是增强药物健脾止泻的作用，如米炒党参；降低药物的毒性、矫正不良气味，如米炒红娘子、斑蝥。

土炒就是药物用灶心土，"伏龙肝"作为中间体加强同炒的方法。土炒不常应用，按古时所用之土应为东壁上，即向阳的墙壁上，后来又用灶心土。灶心土经多次烧炼，所含杂质较少，且含有碱性氧化物。由于具有碱性，可起到中和胃酸的作用。另外，土炒后可使部分成分变质，以缓和药性，同时可与药物起协同作用，以达到健脾和胃的目的。土炒受热、传热作用与滑石粉炒、蛤粉炒相似能使药物均匀受热。本法常用于健脾和胃药物。操作方法：将碾细的灶心土置铁锅内炒热，再将药物加入，以灶心土能淹没药物为度，用锅铲炒至表面微显焦黄色，并放出焦香气味，即可取出，筛去灶心土，冷后收藏，土炒火力不宜过大，以免药物焦化。使用过的灶心土可继续使用。土炒主要目的是增强健脾止泻的作用，如土炒山药、白术。

砂炒就是药物用砂作中间体进行加热的方法称砂炒。具体操作是取黄砂，筛去粗石杂质，洗净晒干，置锅内，炒至轻松容易翻动时，加少许食油同炒。待砂和油炒匀后，投入药料，每次炒时砂内宜补充少量食油。一般火力不宜过猛，以免药物炒成焦黑，应炒至药物表面发生变化，达到膨大、松疏。砂炒主要是使药物均匀受热，使其酥脆易碎，有效成分易于煎出、减低毒性、缓和药性以及便于除毛、去壳。炒后的砂保存好，下次再用。如金毛狗脊、草果、白果、二丑、苡仁、虎骨、猴骨、龟板、鳖甲、甲珠、干蟾、鸡内金、象皮、海狗肾、水蛭、马钱子、扁豆等。砂炒主要目的是利于调剂、制剂、煎煮和粉碎；降低毒性，矫味矫臭，利于净选。

蛤粉炒。药物用蛤粉作中间体进行加热的炒法称蛤粉炒。先将蛤粉放锅内，加热至蛤粉轻松易翻动时投入药料，一般以蛤粉能淹没药料为宜。蛤粉为一种细粉，受热、传热与滑石粉相似，能使药物缓缓均匀受热，以拌炒胶类药物为适宜。火力不宜过大，以免药物焦化。炒至药物形体发生变化，内部尚未炒焦时取出，筛去蛤粉。筛下的蛤粉可以继续使用，炒至变成灰色时更换。蛤粉炒使药物酥脆易碎，易于煎出有效成分，增强疗效。蛤粉炒主要目的是使药物质地酥脆，便于调剂和制剂，并有矫味及增强化痰的作用，如蛤粉炒阿胶。

滑石粉炒，药物用滑石粉作中间体进行加热的炒法称滑石粉炒。先将滑石粉放锅内，加热至滑石粉轻松，容易翻动时，投入药料。一般以滑石粉能淹没药料即可。滑石粉为一种极细粉末，受热传热比砂土慢，有"焖烫"意义，更能使药物缓缓均匀受热，以拌炒动物类药料比较适宜。炒时火力不宜过大，以免药物炒成焦黑色，炒至药物形体膨胀、松疏即可。使药物酥脆易碎，便于制剂和服用，从而增强疗效。滑石粉炒，主要目的是使药材松泡酥脆，便于煎煮和粉碎，便于制剂和调剂，如滑石粉炒象皮、黄狗肾；降低毒性及矫正不良气味，如滑石粉炒刺猬皮、水蛭等。

三、炙法

药材的炙法就是将净选或切制后的药物加入一定量的液体辅料拌炒，使辅料逐渐渗入药物组织内部的炮制方法。根据所加辅料不同，炙法可分为酒炙、醋炙、盐炙、姜炙、蜜炙、油炙等法。

酒炙法是将净选或切制后的药物加入一定量的酒拌炒。100千克药物，用黄酒10~20千克，白酒减半。酒炙的目的是因酒能行药势，可改变药性，引药上行，如黄连主清胃肠湿火郁结，酒炙后可清上焦火热；酒能行血脉，如川芎、牛膝等活血化瘀药多用酒剂，有协同作用，可提高疗效；酒炙起矫臭作用，具有腥臭味的药物如乌梢蛇、蕲蛇等多用酒炙。

醋炙法是将净选或切制后的药物加入一定量米醋拌炒。100千克药物，用米醋20~30千克，最多不超过50千克。醋炙的目的是引药入肝，增强活血化瘀及舒肝止痛的作用，如乳香、没药、延胡索、五灵脂等活血化瘀止痛药及柴胡、香附、青皮等疏肝解郁止痛药均多用醋炒；降低毒性，如甘遂、大戟、芫花等峻下毒性强烈的药物，均用醋炙；同时醋炙还有矫臭矫味的作用，如五灵脂、乳香、没药用醋炙即有矫味的用意，以便于服用。

盐炙法就是将净选或切制后的药物加入一定数量食盐的水溶液拌炒。每100千克药物，用食盐2~3千克。盐炙的目的是引药下行入肾，增强疗效，如杜仲、巴戟天、补骨脂盐炙增加补肾作用，小茴香、橘核、荔枝核等盐炙可增强疗疝止痛的作用，知母、黄柏盐炙可增强滋阴降火的作用。

姜炙法就是将净选或切制后的药物加入一定量姜汁拌炒或煮制。100千克药物，用生姜10千克压汁或煮汁。姜炙的目的是制其寒性，增强止呕作用，如姜炙黄连、姜炙竹茹、姜炙厚朴可缓和刺激咽喉的副作用，增强温中化湿的作用。

蜜炙法就是将净选或切制后的药物加入一定量的炼蜜拌炒。100千克药物约用炼蜜25千克左右。蜂蜜加热炼熟后称炼蜜。蜜炙的目的是增强疗效，如蜜炙百部、款冬花、紫菀等可以增强润肺止咳的作用，蜜炙黄芪、甘草等可以增强补中益气的作用；蜜炙麻黄可缓和发汗作用，增强润肺止咳作用；蜜炙还可矫味，缓和刺激胃而引起呕吐的副作用，如蜜炙马兜铃。

油炙法就是将净选或切制后的药物与一定量食用油脂共同加热处理，又称酥炙法。有羊脂油拌炒、植物油炸和油脂涂酥烘烤三种方法。如羊脂炙淫羊藿，每100千克淫羊藿用羊脂油20千克。

四、煨法

将药材包裹于湿面粉、湿纸中，放入热火灰中加热，或用草纸与饮片隔层分放加热的方法，称为煨法。其中以面糊包裹者，称为面裹煨；以湿草纸包裹者，称纸裹煨，以草纸分层隔开者，称隔纸煨；将药材直接埋入火灰中，使其高热发泡者，称为直接煨。

（1）面粉煨法。将药物以湿面片包裹，埋入热滑石粉或砂子拌炒煨至面焦黑或焦黄色的方法称为面粉煨法，如面粉煨肉豆蔻，将适量面粉打湿压成薄片，将肉豆蔻逐个包裹，或用清水将肉豆蔻表面温润后，如水泛丸法裹面粉3~4层，稍晾倒入（药物100千克，滑石粉50千克或砂子适量）炒热的滑石粉或砂子中，在170~190℃拌炒煨20分钟左右至面皮呈焦黄色，取出筛去滑石粉或砂子剥去面皮，放凉，肉豆蔻煨后能减少挥发油约20%，免于滑肠，刺激性小，降低了肉豆蔻醚的毒性成分；甲基丁香酚和甲基异丁香酚增加，固肠止泻的作用增强；面粉煨诃子可以去掉一部分脂肪油，避免对肠道的刺激作用，鞣质增多，增强收敛之性，增强了涩肠止泻的功效，用于久泻久痢及脱肛等，与传统理论煨熟"温胃固肠"是相符的。

（2）纸煨法。取草纸打湿将药物包裹三层，入火或火灰中爆至纸烧焦为度，剥去纸即得的方法称为纸煨法。纸煨木香，取未经干燥的木香片，在铁丝匾中，一层草纸一层木香片地间隔平铺数层压紧，置于烟炉火上，或者烘干室内，用文火或低温烘煨至木香中所含的部分挥发油渗透至纸上，取出放凉，木香煨后挥发油减少20%，折光率、旋光度、比重等物理性质有所改变，煨后木香固肠止泻作用增强，用于治疗泄泻腹痛等；纸煨生姜，取鲜姜片用草纸包好，清水润湿，置灶中煨或炉台上烘烤，待纸焦枯时剥去纸即可，生姜煨后挥发油减少了约20%，改变了性质，辛散之力不及生姜，而温中止呕之力则较生姜为胜，生姜煨后增强了暖胃和中作用，缓和了发散作用，适用胃寒呕吐及腹痛便泄之症。

五、煅法

药物直接或间接用高温加热，使其在结构上或成分上有所改变的方法称为煅。煅的温度一般在300~700℃，目的是使药物减少刺激性，改变药物的性能，增强疗效或缓和药性。经煅后，质地酥松易碎，易于煎出有效成分，使药物发挥应有作用。有些药物经煅后失去结晶水或生成炭素。根据药物性质，煅可分明煅、盖煅、煅淬、暗煅。

明煅法就是将药物直接放于炉火上或装入适当耐火容器内进行高温煅烧。本法适用于加热能溶化的矿物药，操作方法就是将药物置锅内或罐内加热，使其溶化至水分完全逸出，无气体放出，药物全部呈酥松或干燥的状态，取出摊冷。目的是使药物疏松或失去结晶水，便于粉碎及煎煮，如白矾、石决明等；增强药物收敛作用，如牡蛎、赤石脂等。

盖煅就是将药物放在炉火中，上面加盖煅烧的方法称为盖煅或炉口煅。此法适宜煅制质地坚硬的矿石、化石及贝壳类药物。煅的目的主要是使药物酥松易碎，便于制剂，易煎出有效成分。操作方法就是将药物置炉火中，或将药物打成小块，置瓦罐内放于炉火中，药物周围应有较大火力，上盖铁皮，强火煅烧，至矿物药红透，贝壳类呈灰白色，取出摊冷，或趁热喷洒不同液体辅料，冷后收藏。如牡蛎、石决明、石膏、寒水石、礞石、龙骨、浮海石、瓦楞子等。

煅淬法就是将煅透的药物趁热倾入冷的液体辅料中，使其吸收的方法。煅淬法适用于经过高温仍不能酥松的矿物药。淬在煅后进行，以弥补煅法的不足。煅与淬结合称为煅淬法。煅淬是使坚硬的药物经过高热骤冷，促使疏松崩解，易于粉碎，以便煎出有效成分。并利用不同的液体辅料缓和药性，且与药物起到协同作用，以增强疗效。液体辅料多用醋、酒、药汁、水等。一般用量多为药物的30%~50%。操作方法就是将煅至红透的药物趁热倾入冷的液体辅料中浸淬，稍冷后取出。有煅淬一次的，也有煅淬多次的，以药物疏松为度。如磁石、阳起石、自然铜、禹粮石、花蕊石、紫石英、白石英、炉甘石、皂矾。

暗煅是在高温缺氧情况下，使药物炭化的一种煅法，又称闷煅。适用于煅制质地疏松，炒炭时易于灰化的药物。操作方法就是将药物置铁锅内，上扣小铁锅，接口处用盐泥或赤石脂用水调成泥状封固，留一筷头大的小孔，扣锅上压重物，置炉火上煅烧。小孔烟少时用筷头塞住，至小孔无烟时离火。亦有将药物置小口釉罐内，用盐泥或赤石脂封固罐口，置粗糠火中或小火上煅烧，罐上放大米数粒，至大米成焦黄色时离火，待锅或罐冷却取出药物，以免药物遇空气燃烧而灰化。在煅制过程中，由于加热而锅内气体膨胀，药物受热炭化，有大量气体及浓烟产生，从接口处喷出。应随即用湿泥堵住，或用细砂掩盖填塞，以免空气进入，使药物灰化。暗煅法目的是增强止血作用，如血余炭、灯心炭；降低毒副作用，如煅干漆。

六、烘焙

将药材用微火加热，使之干燥的方法叫烘焙。该方法是将净选后的药物用文火直接或间接加热，使之充分干燥的方法，称为烘法。烘焙法不同于炒法，一定要用文火，并勤翻动，以免药物焦化。蜈蚣有蜈蚣和焙蜈蚣。生蜈蚣有毒，多外用，焙后降低毒性，使之干燥，便于粉碎。

第五节　中兽医药材水火共制加工技术

水火共制法是既用水又用火的炮制方法。蒸是利用水蒸气和隔水加热药物，有增强疗效、缓和药性的作用。煮是将水或液体辅料同药物共同加热，可增强疗效，减低副作用。焯是将药物快速放入沸水中，立即取出，目的是在保存有效成分的前提下除去非药用部分。

凡将药物通过水、火共同加热，由生变熟，由硬变软，由坚变酥，以改变性能，减低毒性和烈性，增强疗效，同时也起矫味作用，从而改变某些性能以符合药用要求的制法，统称水火共制法。本法包括蒸、煮、焯、淬等方法。

一、蒸

所谓蒸就是将净选后的药物加辅料（酒、醋等）或不加辅料装入蒸制容器内隔水加热至一定程度。根据药物的特点和治疗的需要分清蒸、辅料蒸两种。清蒸就是药物经过清洁处理后，用蒸汽进行加热，不加任何辅料的制法，称清蒸。清蒸的目的主要是改变药物的性能，使坚硬的药物变软，便于切制。操作方法：先将药物去掉杂质和非药用部分，用清水洗净，装于甑或瓮子锅内，加水至淹没甑脚2~3寸（1寸≈3.3厘米。全书同），或水面距离瓮子锅底格3~5寸，进行加热。有的蒸至药物黑透，有的蒸至药物质地变软，有的蒸至甑内上大气时取出。在蒸的过程中，有些药物需要长时间加热，水易蒸发，应保持一定的水量，以免引起工具烧坏，造成损失。如地黄、黄精等。辅料蒸，将药物拌入液体辅料，用蒸汽进行加热的方法。辅料蒸的目的主要是缓和药性，或增强疗效。操作方法就是药物处理后，将所需的辅料拌在药物上面待吸尽后，装于甑或瓮子锅内，加水至淹没甑脚2~3寸或水面距离瓮子底格3~5寸，进行加热。有蒸一次的，有蒸两次的，有的蒸至药物变黑，有的蒸至上大气时取出，视药而定。例如黑豆汁拌蒸何首乌制成首乌（100千克首乌片用黑豆10千克），黄酒拌生地黄遂成熟地黄（100千克生地黄，用黄酒30千克），可明显增强滋补肝肾、滋阴益血的作用；减少毒副作用，如酒蒸黄精可免去生用刺激咽喉的毒副作用；酒蒸黄芩可阻止黄芩素酶解，利于保存药效；清蒸桑螵蛸，可杀死虫卵以利贮存；宣木瓜蒸后变软宜于切片。

二、煮

药材的煮法就是将将药物加入辅料或不加辅料放入锅中（固体辅料需先捣碎），加适量清水同煮。目的就是消除或降低药物的毒性、刺激性或副作用。如清水煮川乌、草乌，豆腐煮藤黄、硫黄等；而豆腐煮珍珠则可令其清洁，便于服用。

药物用水加辅料或不加辅料，蒸至一定程度的方法，称为煮。本法可分醋煮、豆腐煮、精提三种。药物用水与醋同煮称醋煮。醋煮的目的主要是减低药物的毒性或使有效成分易于溶出，增强疗效。操作方法：将药物处理后，用适量醋拌匀，或用等量醋置锅内，加平面水或宽水煎煮，经常翻动，使其受热均匀，煮至醋水基本吸尽取出，如延胡索、大戟、莪术。药物用豆腐同煮称豆腐煮。豆腐煮的目的主要是减低药物的毒性，使其疏松易碎，便于制剂。操作方法：将清洁的药物敲成小块、小颗粒不宜敲碎，用纱布包好，每斤药物用豆腐2~3斤（1斤＝0.5千克。全书同）。先在锅内垫一箅垫上铺一层豆腐，将豆腐中间挖一不透底的方槽，将药物放于豆腐槽中，上盖一层豆腐，四周用竹签将豆腐固定，加水至淹没豆腐1~2寸，用强火进行加热，煮2~3小时，至豆腐呈蜂窝状取出。如硫黄、珍珠、藤黄。精提就是药物加水加热使其溶化滤去杂质，通过冷却或蒸发的方法。精提的目的主要是使药物纯净，提高药品质量。操作方法：有的药物放于锅中，加入清水，进行加热，使其溶化，滤去杂质，将清洁滤液装入盆中，置阴凉处，使其冷却结晶。有的加入清水和辅料，连钵放于锅中，隔水加热，使其结晶后，取出晾干。如芒硝、硇砂。

三、焯

焯法就是将药物置于沸水中短时间处理的方法，又称水烫法。有助于除去非药用部分，及破坏酶的活性，使有效成分得以保存，如杏仁、桃仁焯后搓去皮尖，并破坏其苦杏仁贰酶，以保存有效成分贰。也常用于种子类药物的去皮和肉质多汁类药物的干燥处理，如白扁豆处理后使种仁及种皮分离，均作药用，焯马齿苋、天门冬以便于晒干贮存。

四、淬法

淬法是将药物燃烧红后，迅速投入冷水或液体辅料中，使其酥脆的方法。淬后不仅易于粉碎，且辅料极其吸收，可发挥预期疗效。如醋淬自然铜、鳖甲，黄连煮汁淬炉甘石等。

第六节　药材其他加工技术

一、复制

将净选后的药物加入一种或数种辅料，按规定程序反复炮制的方法。目的是为增强药效，如姜半夏，就是将半夏用清水浸漂后用姜、矾水共煮，再经切片干燥而制成，增强了止呕化痰的作用；改变药性，如天南星用胆汁浸制后，其性味由辛温变苦凉；半夏用清水浸漂后再用甘草、石灰水浸泡，然后洗净、阴干，用时捣碎则称法半夏，有降低毒性、增强药效的作用。以清水煮介绍其操作方法，将药材置铁锅或铜锅内，加入超过药材平面2~3寸的清水，用较强的火力，煮沸约2小时取出。

二、发酵

药物在一定的温度和湿度下，利用霉菌使其发泡、生霉的方法，称发酵法。发酵的目的为药物经发酵处理，改变原有性能，产生新的作用，以适应临床治疗需要。发酵的方法将含有一定量水分或进行过一定程度加热的药物，铺在容器内用稻草或鲜药草或麻袋盖在上面或垫在下面，放在温度、湿度适宜的环境进行。温度和湿度对发酵的影响极大。温度过低，或湿度过小，即过分干燥，则不能进行发酵，或发酵进行得很慢。而温度过高，湿度过大，不适应霉菌生长，发酵亦难以进行。一般以温度30~37℃，相对湿度70%~80%为宜。由于微生物的繁殖、产生发酵使药物表面呈现黄白色的霉衣，内部发生斑点，气味芳香，又无霉气时，进行干燥，最为适宜。制作时间以五六月份为佳，如淡豆豉、胆南星。如由杏仁、赤小豆、鲜青蒿、鲜苍耳、鲜辣蓼、面粉混合发酵而成的神曲，产生了行气消食、健脾开胃的新功效，成为一种新药物。

三、发芽

豆、谷、麦类种子经浸、淋水，保持一定湿度和温度，使其萌生幼芽的方法，称发芽法，古称蘖法。发芽的目的主要是通过发芽，改变原有性能，产生新的作用，以适应治疗需要。发芽的方法，取豆、谷、麦类种子，拣去杂质，洗净，夏天浸2~3小时，冬春浸4~6小时。在洗的过程中，将浮于水面的虫蛀空壳捞去，放在能滤水的箉器中，内垫席或用蒲包装好，上盖稻草或蒲包，保持一定的湿度和温度。每日淋水3~5次。至种子生出幼芽2~3分长时取出，晒或烘干。如大麦生用，和胃止泻利水；制成麦芽后可行气消食，健脾开胃，回乳，消胀。

四、制霜

该方法就是将药物经过去油制成松散粉末，或析出细小结晶。目的是降低毒性，缓和药性，消除副作用，如巴豆、千金子去油制霜可降低毒性，缓和泻下作用；用西瓜和芒硝混装瓦罐内封口于阴凉通风处，瓦罐外析出的白色结晶即西瓜霜，能增强消热泄火、消肿止痛的作用。药物经加工处理而产生的松散粉末或析出的细小结晶，因形态与寒霜相似，故名"霜"，这种加工方法在中药炮制学上称为制霜法。药物制霜是为了降低毒性、缓和药性、消除毒副作用、增强疗效。在实际工作中，各种制霜原理不同，可将制霜法分为去油成霜、升华成霜、风化成霜及由副产物得霜。

去油成霜法主要是种子类药材压去油后用其粉末，其目的在于去除油中含有的有毒物质，如巴豆霜，或便于服用和粉碎，如柏子仁霜。具体制法随地区不同，方法略异。大量操作时，先将种子晒干，碾碎去种皮，取仁再碾碎，入甑蒸熟，然后用压榨器去油取渣，再制成饼状，晒干研细，筛取细末即得。小量药物则打碎用草纸包住，经过晒或烘，使油被纸吸去，并经常换纸，至油被吸尽，纸上不见油迹，药物松散成粉，不再粘结为度。

升华成霜法主要指某些矿物质药物经过升华提炼而得到极细的纯洁粉末，如砒霜等，以及植物药经炭化升华而得到极细颗粒，如百草霜等。

风化成霜，其中"风化"一词的含义有二：一是指某些含结晶水的无机化合物药材，在空气中自然挥发去结晶水，而后成为粉末，如风化硝。另一种是指某些瓜果类药物经一定加工后，放在空气中表面析出白色霜状物，如将西瓜去皮、子，切块加芒硝，置瓦罐内，拌匀装满，用黄泥密封，放通风处，约半个月即成霜，大约5千克芒硝得1千克霜。也有将西瓜切开头部，去掉子瓤，灌满芒硝，用绳裹住，悬挂于阴凉通风处，霜逐渐析出，竹刀刮下研细即得。同法还可制得黄瓜霜。

五、染衣

染衣是指在一种主药物的外表，拌上另一种药粉，以加强主药的作用。如朱砂拌茯苓、茯神、朱砂拌灯芯、青黛拌灯芯，称朱茯苓、朱茯神、朱灯芯、黛灯芯。

六、制曲

制曲法就是按照曲方配全药材，分别或混合加工并研成粉末，用面粉调糊作黏合剂，做成方形小块，再通过发酵法，以制成曲，如六神曲、采芸曲、范志曲、半夏曲等。

七、干馏法

就是将药物置于容器内或直接用火烤灼，不加水，使之产生液汁。目的是制备适合临床需要的药，如淡竹茎经火烤灼而流出的汁液即是竹沥；蛋黄直接熬炼成蛋黄油；黑豆用砂壶密封置火炉上干馏而成黑豆馏油等。

干馏法一般温度较高，多在120～450℃进行，但由于原料不同，各物裂解温度不一样，如蛋黄油在280℃左右；竹沥油在350～400℃；豆类的干馏物一般在400～450℃制成。药料由于高热处理，产生了复杂的质的变化，形成了新的化合物，如鲜竹、木材、米糠干馏所得的化合物是以不含氮的酸性、酚性物质为主要成分，如已酸、辛酸、庚酸、壬酸、癸酸、愈创木酚等；含蛋白质的动、植物（鸡蛋黄、大豆、黑豆）干馏所得的化合物则以含氮碱性物质为主，它们都有抗过敏、抗真菌的作用。鲜竹的干馏产物为竹沥，对热咳痰稠，最有卓效。竹子干馏时100℃以上开始馏出水液，350～400℃时热分解最盛，450℃以上逐渐减少。

第七节　药材的干燥技术

传统的中药材干燥方法主要有晒干法、阴干法和烘房法。大多数中药饮片适用于晒干，阴干一般适用于药材含挥发油或黏液质较多的中药。

一、晒干法

晒干法这是大多数药材常用的一种干燥方法，也称日晒法。主要是利用太阳能和户外流动的空气对药材进行干燥。晾晒时，应选择晴朗、有风的天气，将药材薄薄地摊在苇席上或水泥地上，利用日光照明，同时要注意及时翻动，保证日光照射均匀。秋后夜间，空气湿度大，要注意将药材收起盖好，以防返潮。

该法的特点是利用自然界的能量，节约干燥成本，特别适合于我国气候较干燥和温度较高的地区。但该法干燥时间长，受天气影响非常明显，在药材采收时遇到阴雨天情况下，该法往往需要与其他方法结合起来才能达到充分干燥中药材的目的。

该法是目前绝大多数根茎类中药材干燥最常采用的方法之一，在一些中药材种植量较小的农户和公司中应用最广。晒干法一般适用于不要求保持一定颜色和不含挥发油的药材。为了避免叶类药材变色和其中的有效成分损失，叶类药材不宜使用晒干法。

晒干法干燥药材，优点是有利于某些物质的合成，如维生素D，可提高药材的生物利用率。另外，日光中的紫外线具有强的杀菌功能，能杀灭许多有害微生物，防止药材在贮藏过程中产生霉变。晒干法不需特殊设备，方法简单，成本低廉，同时可节约大量能源。当然晒干法也有它自身的不足，比如日光晒干受自然气候条件的限制，不能人为控制天气因素，如果遇上阴雨天气，时间一长影响药材的品质，甚至会大量霉变和腐烂，造成不应有的经济损失。

晒干法的工艺比较简单，一般总结为：采收的中药材→修制→净制→切制（对于根茎较大者）→分级→蒸制或熏硫→选择晴朗的天气，将药材薄薄地摊开，进行日晒→翻动（每天至少翻动2~3次）药材，以保证日晒均匀，晚上时应将药材堆起或盖好→"发汗"或熏硫→再晒，一般需晒数日甚至几十日→晒干后密封包装贮藏。

影响药材晒干效率的因素主要有：

（1）药材的性质包括药材的形状与大小、药材的粗细、初加工后的饮片厚薄、药材的初始水分含量以及水分的结合方式等均可影响干燥速率。

（2）药材堆积的厚度和翻动的次数在药材干燥过程中，如果堆积过厚，暴露面积越小，干燥也越慢，相反则干燥加快。适宜的翻动次数也有利于药材的干燥。

（3）温度。日晒的温度会显著影响药材的干燥效率，一般温度越高，药材中的水分扩散则越快，越利于药材的干燥。

（4）湿度。空气的相对湿度大小与药材干燥速率成反比例关系。在干燥的天气时晒干更有利于药材的干燥。

（5）风速。空气的流速与药材干燥速度也有关，药材在有风的天气里比在无风的天气干燥效率要高，往往虽然阳光不是很强烈，但若风速较大，干燥效率也是非常高的。

在药材利用晒干法加工过程中应注意的事项：

（1）首先要掌握药材适时的采收期，一般宜选择在晴朗的天气采收药材，尽量避免在阴天或下雨天采摘，以防止药材霉变和腐烂而影响其品质。

（2）注意根茎类药材采收时尽量避免遭受损伤，否则易造成在日光暴晒下有效成分的流失。

（3）选择好晒场，晒场一般要设置在向阳、交通方便的地方，要远离饲养场、厕所、垃圾站等，以保持清洁卫生，避免污染。

（4）注意勤翻动，利于晒干。为使干燥均匀，应将大小不同的药材分开晒，各自晒干的时间应不相同，晒干过程中多调边，多翻动，能缩短晒干时间。一般晒干越快，色泽越好。

（5）注意掌握晒干的时间及药材干燥的程度。一般夏秋天晒干的时间最短，冬天晒干的时间最长，而春天晒干时间位于两者之间。注意药材本身水分是否已降至要求，否则过干会引起药材的脆裂，并增加损耗率。

二、阴干法

该法也叫摊晾法，就是将药材放置于室内或大棚的阴凉处，利用阳光加热的热空气及风的自然流动，吹去水分而达到干燥的目的。该法常用于阴雨天气，或用于含有挥发油的药材以及易走油、变色的药材，如枣仁、柏子仁、知母、苦杏仁、党参、天冬、火麻仁等。这些药材不宜曝晒，可于日光不太强的场所或通风阴凉处摊晾，以免走油、变质。

阴干法注意事项：

（1）由于阴干法的干燥温度一般较日晒法低，因此干燥时间长，应保持干燥室内的空气流通，保持良好的空气流动性是阴干法的关键。

（2）为避免叶类药材发霉变质，在摊晾时也不宜太厚，保持厚度均匀，便于水分扩散，还应经常翻动药材。几乎所有的药材干燥都可以使用阴干法，得到的药材在色泽和香味以及质量上都要优于日晒法所得到的产品，但应注意发霉变质。

三、烘房法

该方法是一种传统的、简便、经济的药材干燥方法，适用于小批量、多品种的干燥操作方法。烘房的搭建可以因地制宜，采用多种建筑材料，其大小可以根据需要干燥的药材量设计，放物料的盘架也可以根据需要采用多种材料，并制作出多种形状。烘房可以使用多种燃料，如木材、煤炭，也可采用来自取暖或灶间的烟道气。有时在烘房中干燥和熏硫两道工序可同时进行。

传统烘房干燥药材的方法既有优点，又有其缺点，缺点是温度控制、湿度控制比较困难，操作基本是手工，烘干工艺的控制主要依靠经验，不同批次药材通过传统烘房干燥后很难达到品质一致，但传统烘房干燥的优点是经济，简单，不需要很大的投资，具有很强实用性。在中药材种植地的地产初加工时，传统烘房的使用相当普遍。

四、烘炕法

此法也是一种传统的、简便、经济的药材干燥方法。应用该法要事先在室内或大棚内垒一个或数个长方形火炕，火炕宽约1.5米，长度可根据药材多少而定，火炕下面每隔80厘米左右留一个能开关的小门以便添加燃料。而后在其中放置一个火炉，火炉的火口处要架一块铁板，以防火苗上升，破坏药材，同时亦可分散热量。炕垒到1.2~1.5米高时，每隔60厘米左右横放一根直径3~4厘米的圆钢管，钢管上面铺放金属丝网，丝网上面再覆以泥巴，然后从泥巴以上再把火炕加高60厘米即可。最后点燃火炉，把火炕及覆盖的泥巴烘干，将药材依先大后小的层次置于炕槽内，但不要装的太满，以厚30~40厘米为宜，上面覆盖麻袋、草帘等。有大量蒸汽冒起时，要及时掀开麻袋或草帘，并注意上下翻动药材，直到炕干为止。该法适用于川芎、泽泻、桔梗等药材的干燥。以免将药材炕焦，还要根据药材的性质和对干燥程度的要求分别对待。

五、干燥加工过程中应注意的基本事项

由于中药材的种类很多，有种子类、花类、果实类、皮类、全草类等，每类药材的加工都不一样。

（1）种子类药材的干燥加工。一般果实采收后直接晒干、脱粒、收集种子。有些药材要去种皮或果皮，如薏苡、决明子等。有些要击碎果核，取出种仁供药用，如李仁、酸枣仁等。有些则要蒸，以破坏药材易变质变色的酵素，如五味子、女贞子等。

（2）花类药材的干燥加工。为了保持花类药材颜色鲜艳、花朵完整，采后应放置在通风处摊开阴干或在低温下迅速烘干，以避免有效成分的散失，保持浓郁的香气。如红花、芫花、金银花、玫瑰花、月季花等。极少数种类则需先蒸后再进行干燥，如杭白菊等。

（3）果实类药材的干燥加工。一般果实类药材采收后直接晒干或烘干即可。但果实大又不易干透的药材，如佛手、酸橙、木瓜等应先切开后干燥；以果肉或果皮入药的药材，如栝楼、陈皮、山茱萸等，应先去除瓤、核或剥皮后干燥；此外，有极少数药材如乌梅等还需经烘烤、烟熏等方法加工。

（4）皮类药材的干燥加工。一般采后趁鲜切成片或块，再晒干即成。但有些种类在采收后应趁鲜刮去外层的栓皮，再进行干燥，如丹皮、椿根皮、黄柏皮等；有些树皮类药材采后应先用沸水略烫后，加码叠放，使其"发汗"，待内皮层变成紧褐色时，再蒸软刮去栓皮，然后切成丝、片或卷成筒，再进行干燥，如肉桂、厚朴、杜仲等。

（5）全草和叶类药材的干燥加工。采收后直接放在通风处阴干或晾干，尤其是含芳香挥发油类成分的药材，如薄荷、荆芥、藿香等忌晒，以避免有效成分损失；有些全草类药材在未干透前就应扎成小捆，再晾至全干，避免散失，如紫苏、薄荷、断血流等。一些含水量较高的肉质叶类，如马齿苋、垂盆草等应先用沸水略烫后再进行干燥。

（6）根及地下茎类药材的干燥加工。这类药材采收后，一般须先洗净泥土，除去须根、芦头和残留枝叶等，再进行大小分级，趁鲜切成片、块或段，然后晒干或烘干即成，如白芷、丹参、牛膝、前胡、射干等；一些肉质性、含水量较高的块根、鳞茎类药材，如天冬、百部、薤白等，应先用沸水稍烫一下，再切成片晒干或烘干；对于质地坚硬难以干燥的粗大根茎类药材，如玄参、葛根等应趁鲜切片，再进行干燥；对于干燥后难以去皮的药材，如丹皮、桔梗、半夏、芍药等应趁鲜刮去栓皮；对那些含淀粉、浆汁足的药材，如天麻、地黄、玉竹、黄精、何首乌等应趁鲜蒸制，然后切片晒干。有些种类如北沙参、明党参等应先放入沸水中略烫一下，再进行刮皮、洗净、干燥；此外，如丹参、

玄参、白芍等药材，先要经沸水煮，再经反复"发汗"才能完全干燥。还有些种类的药材，如山药、贝母等须用硫磺熏蒸才能较快干燥，保持色泽洁白，粉性足，且能消毒、杀虫、防毒，有利于药材的贮藏。

第八节　药物炮制加工中两个常见的条件

温度和水是药物加工过程中最为常见，最为主要的两个因素，贯穿在药物的炮制过程中，药物的加工一般都离不开一定的加热和用水。加热、用水的程度、数量和时间是否适当，直接关系到炮制的质量，是炮制中的重要问题，也是炮制学的基本内容。

一、温度

温度包括气候温度和人工温度两种。

气候温度即指自然界四时气候。这种温度与水制法有密切的关系。如洗法、浸法、漂法和润法都是借助气候温度使药物比较容易吸入水分，溶脱毒性物质及杂质，达到软化药物，便于切制，减低毒性，去掉杂质的目的。此外，发酵和发芽也是利用适宜的温度和湿度，使其产生酶或增强酸的活性。春秋二季温度最为适宜，有利于用水炮制药物。夏季温度高，冬季温度低，都存在着不利于水制的方面。制药必须适应自然规律，选择适当的地方存放用水泡制的药物。如夏季选择阴凉的地方，冬季选择温暖的地方。这样便可充分利用适宜的温度，配合水制法进行炮制。

人工温度，即燃烧燃料和通电所产生的热。燃烧燃料加热按温度高低，习惯有微火、文火、武火的区别。武火火焰大，火力强；文火火焰小，火力较弱；微火无焰，力更弱，温度的区分和掌握需要长期的经验，没有准确的温度数值。而用温度计测量，对于温度的掌握更为准确方便，目前多已采用。这种温度可以用人工调节，能适应炮制的需要，广泛应用于火制法和水火共制法中。如煅法需要武火，可达240℃以上才能将矿物类药材煅至红透松脆，清炒法中的炒黄一般用文火，90℃以下达到干燥药物的目的。通电加热可以随人的意志固定它的度数，比燃烧燃料加热更为便利，烘箱、电炉等加温方式已应用于火制法和水火共制法中。

二、水

水在炮制主要涉及水的用量，炮制中用水量的多少，必须根据具体制法的需要而定。药物与水的比例可分数倍水量、相等水量和少量水等几种。数倍水量和相等水量为水制法中的淘法、洗法、浸法和漂法及水火共制法中煮法的用水量。淘和洗必须将药物放在数倍于药的水中，才能在水中进行翻动和擦洗药物的操作，使其洗涤充分，达到清洁或软化药物的目的。浸、漂、煮的过程中，缸内或锅内的水，一般以能淹没药物为宜，以利药物吸入水分或液体辅料，均匀地受热或溶出毒性物质或杂质，达到柔软药物，便于切制，减低毒性，增强药效的目的。少量水为水制法中的喷洒和浸润的用水量。在药物上面喷洒少量清水，或将药物放在少量液体辅料中，经常翻动，使水分或液体辅料全部吸收。这样便可以在保存有效成分和节约辅料的情况下，达到软化，便于切制的目的。

三、温度高低、用水的时间

由于具体炮制方法的不同，所加工药物质地、体积的差异，以及四时气候的变化，对于温度的高低、用水时间方面的要求也就不一样。因此，必须根据这些情况处理好加热、用水的时间。

（1）根据具体制法的需要进行加热、用水的控制。如火制法中的盐水炒比麸炒温度较高，加热的时间长。因为盐水炒要求将辅料炒干，麸炒只要求将药物的表面熏黄。水制法中的漂法比洗法用水的时间长，因为漂法要求漂去内部所含的有毒物质或杂质，洗法只要求洗去表面所附的灰土。

（2）根据药物的质地进行加热升温、用水。如炒炭时根及根茎比花叶炒的时间长，因为前者比后者坚实，不易炭化。浸制时，木本植物的根比草本植物的根浸的时间长，这也是因为前者比后者坚实，水分不易渗透到内部。

（3）根据药物的体积估计温度高低，进行加热、用水。同属一种矿物，用火煅制时，体积大的比体积小的煅的时间长，因为体积大的比体积小的受热缓慢。同属一种植物，用水浸制时，体积大的比体积小的浸制的时间长，因为水分渗透到深部，体积大的比体积小的缓慢。

（4）根据四时气候变化进行用水。夏季温度高，药物体积涨大，水易渗透，洗、浸、漂、润的时间应相应地缩短，冬季气温低，药物体积缩小，水不易渗透，水制的时间必须相应地延长。总而言之，温度的高低，加热，用水的程度、数量和时间，必须与炮制的需要、药物的质地、体积、气候的变化相适应，以保证炮制的质量，使药物充分发挥效用。

第九节　药材的贮存技术

药材经过加工处理后，一般需要储存。药物在贮存期间，容易产生变质、败坏现象，这是不同质的药物受到外界因素的影响所致。因此，贮存药物必须了解影响药物质量的各种外界因素，从而做出相应处理，以保证药物的质量。从广义上来说，药材的贮存也属于药材加工内容的范畴。

一、影响药物质量的外界因素

药物含有多种成分，各具特性和功效。在一定外界条件影响下可以引起分解变质、发霉或生虫。通常影响药物变质的外界因素有：日光、温度、空气、湿度、霉菌、害虫等。

（1）日光，在日光照射下，含色素的药物容易改变颜色而影响质量，含挥发油的药物，可因日光照射而加速挥发油的散失，以致降低质量。

（2）温度，通常在室温25℃时，含糖及黏液质的药物容易变质及发霉、生虫，含脂肪的药物则易酸败，如糖参、玉竹、杏仁等。动物胶类药材及干燥叶汁在30℃或湿度过大时，能使药物变软，进而粘结，甚至融化呈黏稠流体的变质现象，如阿胶、芦荟等。

（3）空气，药物所含的挥发油，在空气中能挥发散失，如麝香等，含挥发油、脂肪、糖类的药物在空气中容易氧化，出现浸油状的变质现象，习称泛油，如当归、柏子仁、麦冬等。

（4）湿度，相对湿度达75%时，含淀粉、黏液质、糖类的药物以及炒焦炒炭的药物容易吸收空气中的水分而分解变质或促使霉菌生长，如山药、天冬、地黄等。无机盐类结晶形矿物药材，在相对湿度75%以上时，则吸收空气中的水分而部分溶化成液体，习称潮解。在相对湿度70%以下时，由于空气干燥，逐渐失去结晶水变成非结晶形粉末，习称风化，如芒硝。一般饮片可因空气中的湿度大，出现湿润、变软的受潮现象，粉末药物可因受潮，出现粘结不散的变质现象。

（5）霉菌，在一定的湿度及温度下，霉菌即能生长，促使某些成分分解失效。富含营养的药物较易生霉，如淡豆豉等。

（6）害虫，在适宜的温度下，含淀粉、蛋白质、糖类等营养料的药物，最易生虫，如泽泻、祁蛇、党参等。此外，老鼠能严重地损耗含糖、蛋白质、淀粉、油脂的药物以及动物药材，灰尘对油性和黏性较大易于吸湿的粉状、片状药物及未经切制的药材有不同程度的污染作用，这也是影响药物质量的外界因素。

二、药材加工后贮存的方法

为了防止各种外界因素对药物质量的影响药物应装入一定的容器内，存放在通风、避光、阴凉、干燥的地方，室温宜保持在25℃以下。

（1）不易受外界因素影响及未经切制的药物可装入竹篓、蒲包或木箱内，以防止药物散失，灰尘污染，如贝壳、黄柏等。

（2）富含淀粉、蛋白质、糖类的药物以及炒焦、炒炭的药物应装入白铁箱或木箱内，并加盖密闭，以防受潮及鼠害。

（3）油性、黏性较大的药物、制成粉末的矿物药以及易于吸湿的药物，应装入缸内或坛内，加盖密闭，以防受潮变质及落灰和损耗，如柏子仁、炙甘草、化石粉、盐附子等。

（4）剧毒药物，及少量贵重药物应装入陶缸或瓷缸内加盖密闭，以防止毒药粉末混入其他药中和避免贵重药物损害，如藤黄、蟾酥、番红花、牛黄等。

（5）含挥发性物质的药物和贵重药物的粉末应装入玻璃瓶或瓷瓶内加盖密封，以防香气走失和受潮，如樟脑、冰片、麝香、珍珠末、琥珀末等。此外，容易吸湿、生虫的药物宜放在装有石灰的贮存器内，或于容器内加入杀虫药，如将阿胶放在胶箱或灰缸内，贮存金钱白花蛇可加入花椒，可防止动物药材虫蛀变色，泽泻与丹皮同放一处，则泽泻不易虫蛀，丹皮也不变色。每年夏季易生虫、长霉，根据各类药材的不同情况，分别予以处理，如烘、晒、硫黄熏蒸等。

药物贮存期间，应建立严格的管理制度，要经常检查、翻动。药物受潮生霉，应取出晾晒或加温至60℃烘干。药物生虫用硫黄熏杀，如有变质败坏要迅速处理。凡剧毒药物和贵重药物要专人专柜专锁贮藏，严加管理，切勿混同一般药材存放。药物的贮藏保管，直接关系到药材的质量好坏和是否有效。因此要健全工作制度，工作人员要有责任心，才能保证药物的质量。

第十节　药材传统加工过程中常用辅料及工具

在药材加工过程中，为了达到一定的治疗目的，所加入共制的其他物质称辅料。辅料是炮制加工药物的条件之一。辅料的作用，除了构成炮制的某些作用外，还有火制法中用某些辅料作中间体，使药物受热均匀；水制法中用某些辅料作防腐剂，防止药物在水漂时腐烂等作用。常用辅料有固体辅料和液体辅料两类。在加工炮制时离不开器具，为了保证药效和药物性味等，有些药材还需要特殊器具。

一、固体辅料

（1）麦麸。取干燥麦麸10斤，熟蜂蜜2斤，清水1斤，先将蜜水混合均匀，然后喷洒在麦麸中，边喷洒，边揉搓，并用半米筛筛一次。如有粘结的小团，再揉搓过筛，置锅内用小火炒干水分取出，冷后加盖储存备用。本品性味甘平，具和中作用，炒焦后有芳香气，能健胃矫臭，常用于制健脾胃及有刺激性、腥臭气味的药物，如：炒白术、炒僵蚕、炒肉豆蔻。

（2）米。以粳米、糯米作辅料。粳米性味甘平，能益气除烦、止泻止渴，多用于制健脾胃药物，如：米炒党参。糯米性味甘温，益气止泻，制斑蝥有解毒作用。

（3）大豆。以黑大豆作辅料，性味甘平，能补肾解毒，多用于制补肾及毒性药物，如：制首乌、制川乌。

（4）豆腐。以豆腐作辅料，性味甘寒，具清热作用，制硫黄、藤黄有解毒作用。

（5）砂。先用米筛筛去粗砂，再用清水洗去灰泥，晒干置锅内炒热，加少量植物油拌炒，炒至稍带黑色，并现光滑时取出，储存备用。每次炒药前，须加少量植物油拌炒。炮制坚硬药材，用砂作中间体，能使药物受热均匀，达到酥脆易碎，便于制剂和溶出有效成分，如：制马钱子、制龟板。

（6）土。灶心土、黄土均供制药用。灶心土系土灶中的焦土，以久经火炼者为佳（燃煤的灶中的土不能用），为紫色或黑褐色块状物，坚硬如石，性味辛微温，能温中和胃，止血止呕。黄土，即山地挖掘的洁净黄色土，性味甘平，能止痢、止血、解毒。均须碾粉备用。多用于制补脾胃药物，如：土炒白术。

（7）滑石。系单斜晶系鳞片状或斜方柱状的天然矿石，质地滑腻，经验以白而带绿色为优，带黄色或灰色质量较差。拣去杂质，碾细水飞用。性味甘寒，利水通淋，清热解暑，作中间体砂药，能使药物受热均匀，多用于炒制韧性强的动物药，如：制玳瑁。

（8）海蛤粉。为海产蛤类的贝壳所制成的白色粉末，性味苦咸平，清热化痰，软坚散结，作中间体砂药，能使药物受热均匀，多用于炒制胶类药物，如：炒阿胶。

（9）明矾。为立方晶体，系明矾石的加工提炼品，无色透明，外面被白粉，能溶于水，性味酸寒，能收敛燥湿。生明矾具解毒防腐作用，常用以煮制或浸制毒性药物，如：制半夏。

二、液体辅料

（1）蜂蜜。为白色或淡黄色至深黄色的稠厚液体，新鲜时半透明，日久色变暗，并析出颗粒状结晶。以白色或淡黄色半透明，黏度大，气味香甜者为佳。如蜂蜜内有杂质，须用铁丝筛过滤，气温低时可加热炼制，再进行过滤。本品性味甘平，具滋补作用，多用于制润肺止咳及补脾药物，如：炙紫苑、炙甘草。

（2）酒。有黄酒、白酒之分，均可供制药用。用量比例，黄酒量大，白酒量小。酒为淡黄色或无色的澄明液体，气味特异，有刺激性，性味苦甘辛大热，能升提药力，通经活络，多用于制行上焦及通经络药物，如：酒炒黄芩、酒洗当归。

（3）醋。为黄棕色或深棕色的澄明液体，有特异气味，性味酸苦温，能引药入肝，解毒消痈肿，多用于制入肝经及有毒药物，如：醋炒五灵脂、醋炒芫花。

（4）米泔水。米泔水按次序可分头泔、二泔，以二泔为佳，为灰白色或灰黄色的悬浊液体。本品具吸附作用，用于泡制含有油质的药物，能除去部分油质，降低燥性，如：漂苍术。

（5）生姜汁。取鲜生姜洗净泥土，捣烂，用布包好，压榨取汁，剩下的姜渣，加入同量清水，再捣烂压榨取汁，并入第一次的净汁中和匀备用。本品为黄白色液体，表面可见悬浮的油珠，有香气，性味辛微温，能止呕、散寒、发汗、解毒，多用于制止呕及寒性、毒性的药物，如：姜汁炒竹茹、姜汁炒黄连等。

（6）甘草汁。系甘草切片加水煎煮而得，为黄棕色至深棕色液体，气微香，性味甘平，能补脾、泻火、解毒、缓和药性。多用于制毒性药物，如：甘草水泡吴茱萸。

（7）胆汁。为猪牛的新鲜胆汁，以黄牛胆汁为佳，系棕绿色或暗棕色的黏稠液体，有特异臭气，性味苦寒，能除热明目。天南星用牛胆汁制后，可去其燥性，并具清热熄风作用。

（8）盐水。每500克药用盐6~15克，用开水100~150毫升溶化，性味咸寒，能引药下行入肾，多用于制入肾经及行下焦药物，如：盐水炒杜仲、盐炒橘核等。

三、药材加工过程中使用的工具

药材炮制工作是一种复杂的科学技术工作，操作方法很多，应用的工具也是多种多样的。因此，工具的选择、准备也是炮制工作中一项主要的物质条件，为此，现将工具及应用范围简单分述如下。

（1）切药刀。配合切药刀的工具有切药用的竹把子、单切用的虎头钳、螃蟹钳、拦药的刀方、接药的药斗、擦刀的油帚子、水帚子。

（2）片刀。式样与菜刀相似，刀片薄，刃口为两面，呈弧形，具切、削、片、劈多种作用。

（3）锉。为木质、角质药材锉末的工具。

（4）铁锤。药材破碎用。

（5）碾槽。系生铁铸成。

（6）冲筒。为临时捣碎工具。

（7）乳钵。研粉用。

（8）火炉。有耐火的材料制成，用于药材需要加热的加工过程。

（9）锅。用于药材火制过程中，如炒、闷、煅等。

（10）桶。用于药材的漂洗、浸润等。

第十一节　药材加工过程中应注意事项

炮制过程中，制药场所的清洁卫生和安全防火，制药人员的劳动保护，制药工具的洁净、保养以及药物的防霉、防腐、防冻等因素，与药物的质量、制药工人的健康、工具使用的期限、以至生命财产的安全，相互之间存在着密切的关系。

一、清洁卫生

制药场所的清洁卫生，对于药物的质量有一定的影响。例如蜂蜜、饴糖等味甜的药物，易被苍蝇、蚂蚁等昆虫所侵蚀，植物药的根、根茎、果实、种子等，易为老鼠及虫类所残害。如果不经常进行清洁工作，给老鼠、虫类以藏匿、聚集、孳生的机会，不仅使药物遭受损失，还可以因老鼠、虫类的叮爬而带来了秽物和病菌，危害人体，炮制的药物也可以被灰尘秽物所污染。制药场所一般要求空气流通，光线充足，四壁光洁，有条件的，地面最好用水泥、石灰之类建筑，便于经常冲洗。室内每日打扫，保持清洁，室外四周经常清除杂草，不堆积杂物，要有良好的下水道或阳沟，不使污水积留。洗药、浸药、漂药的地方，要经常冲洗。缸内污水要及时排除，夏季浸药必须经常换水。切制饮片的场所，最好和烘房、晒场接近，以便于将切制的饮片进行日晒或烘烤。晒药最好设置晒台，晒台位置高，受阳光照射的面广、时间长、空气流通、灰尘较少。如在地面晒药，应搭离地面3~4尺的架子，不使吸收地下潮湿，地面要经常打扫。制药人员要养成良好的个人卫生习惯，做到常洗澡、勤换衣、常剪指甲，工作时穿戴工作衣帽，必要时要戴口罩，不得随地吐痰，工作时不吸烟，以免烟灰掉落在药物里面。

二、劳动保护

制药人员的劳动保护主要是防止药物中毒、工伤事故，搞好防暑降温，减少劳动量。炒制斑蝥、乳香、没药等药物时产生的气体，有剧烈的毒性或较强的刺激性，必须戴口罩以防止吸入毒性或刺激性物质，并须利用风扇使有毒物质迅速扩散。煅制砒石、皂矾等可产生有毒气体，最好在露天空旷地方进行，制药人员站在上风处，时间较长须轮换操作。炒制或煅制药物时，有条件最好戴上工作手套，以防烫伤。制藤黄、硫黄等有毒药物用的辅料，如豆腐等要处理好，防止误食中毒。制巴豆霜去壳去油，最好戴橡皮手套，接触到巴豆油的手指，不要到处乱摸，应用肥皂水洗净。

三、工具的洁净和保养

工具洁净保养关系到炮制质量，工作效率。工具管理不当，往往导致损坏而造成浪费，并影响工作。铁制工具如切药机、切药刀、炒药锅等，用后要洗净、擦干，如不用应涂一点油，以防生锈，竹木制工具如竹筛、簸箕、工作台等，要经常洗刷，清除积垢。

四、防火、防霉、防腐、防冻

在加工炮制过程中，一般离不开水与火，为了保障安全，保证药物质量，必须注意防火、防霉、防腐、防冻等事项。

（1）防火，工作完毕应即将火熄灭，药物炒炭或火煅后，应放地上摊冷，最好过夜入库，烘房要管理，严防药料烤焦燃烧，着火成灾。

（2）防霉，潮湿季节润药，要经常检查翻动，以免药物生霉。阴雨天切制饮片，必须烘干，以免生霉。

（3）防腐，漂制与浸制药物，必须经常换水，特别是夏季，每日需换水1~3次。

（4）防冻，冬季发芽，要防止冻坏芽苞，造成浪费。水制药物要放在避风温暖的地方，防止受冻后内部空松，外皮起皱，鲜药更要注意防冻，以免冻坏，变质失效。

第十二节　中药材加工中的问题与解决方法

传统中药炮制是根据中兽医药理论，按照医疗、调配和制剂的不同要求，对中药所采取的各种加工处理技术。其目的在于降低或消除药物的毒性或副作用，便于服用，提高疗效。然而，在实际生产中，受各种因素的干扰，部分药材加工机构忽视了我国历代医药学家在长期医疗实践中逐步发展起来的具有传统特色的工艺。

一、存在的问题

（1）药材饮片不纯净。药材饮片是所有方剂的原料，中药药用部分需要净选、除去药物中的泥沙、夹杂物以及霉败品，分离其不同的药用部位。而有些中药饮片生产商，为了节省人力、物力和财力，省去了这些必要的工序，将皮、茎、根、须混为一团，粗制滥造。甚至以次充好、以劣充优、掺杂使假，不仅严重地扰乱了医药市场，更严重的是影响了临床用药的安全与效果。

（2）使用的辅料标准不统一。药物在加工过程中，往往需要加入一些辅料与药物一起共制，如酒、醋、盐、蜂蜜等，目的在于消除有害物质，发挥有利作用。同一味中药，经过添加不同的辅料加工后，作用各异。由于没有一个统一的辅料标准，该用蜂蜜的用红糖，该用食盐的用工业盐，该用米酒的用白酒，甚至用矿物酒精代替白酒。此外，用油、盐、糖制药，要因病而宜：高血脂病人，应注意少用动物油炮制的药品；高血压、心血管病病人应慎用盐制药品；糖尿病患者不宜服用糖制药品。同时还应注意液体辅料的浓度、数量，固体辅料的使用次数、存放时间等，都会直接或间接地影响到中药炮制的质量。如果只是象征性地添加辅料，不仅起不到协同作用，还会造成相反的作用。

（3）炒焦、炒炭法不规范。中药炮制中的炒法是将药物置于炒锅内，用中火加热，翻炒至药面焦黄。而炒炭法则是武火加热，翻炒至药面焦黑色，主要是针对一些原生药材，以制其苦寒性。但是，原生药材炒制至加热冒烟，一般说温度已超过200℃，这时含油脂的药材其油脂迅速氧化，结果不仅破坏了油脂价值，而且产生大量有害物质。

（4）用有毒有害物质加工炮制中药。如用硫磺熏制药材，硫磺有毒，属于外用药，用硫磺熏制过的中药，或多或少地含有硫磺化合物，因此，不仅不卫生，还对机体有害；用明矾制药材，明矾的主要成分为硫酸钾铝，含有大量铝元素，而水解制药又有一定浓度，制出的中药便含有相当量的铝元素，对人体有害；用灶心土或焦黄土炮制中药，灶心土主要成分为硅酸盐、钙盐及多种碱性氧化物，而焦黄土经反复使用后其性质与灶心土成分大体相同，在加热的过程中，灶心土、焦黄土中的焦糊物质及一些重金属也随之"入侵"中药材，对机体有害。

（5）变质中药处理后再使用。变质中药主要指虫蛀、发霉、变色、走油的中药。当前，对变质的中药，通常采取的方法是处理后再当正品使用，其主要方法有：一是对虫蛀过的中药进行筛、捡、烘、晒、除去虫卵；二是对发霉的中药，采取水洗、喷液、烘烤和暴晒除霉；三是对变色的中药实行白酒淋、硫磺熏，使其变白转色。对于变质的中药，原则上都不应使用，特别是霉变、虫蛀的中药，不仅降低或失去了药用价值，而且变质孳生了有毒有害物质，经处理后也不可能完全解决问题。

二、解决方法

为了解决上述问题，保证药材加工后的质量，一是加强中药炮制的管理，制定统一的炮制标准，纳建立资质准入制度，由药品监督部门定期进行检查；二是增加投入，加大中药炮制的硬件建设（如房屋、设备、电脑等），创立新工艺，向现代化迈进，提高科技含量，营造一个良好的外部环境；三是合理利用传统的辅料，开发高分子有效成分的辅料，寻求更多的控释、缓释以及靶向制剂；四是加强中药加工炮制专业队伍的建设，在更新现有从业人员知识的同时，培养高层次专业技术人员，如硕士生、博士生等。提高中药加工炮制人员的待遇，解决工作中的实际困难，搞好传统的中药炮制技术经验的继承，全方位地发掘中药炮制学宝库；五是加强对中药材加工炮制的宣传，设置中药加工炮制科研机构，普及中药炮制知识，提高对中药材加工炮制工作的认识。

附：中药材标本的传统制作加工技术

中药标本是指选自符合标本要求并具有典型性状特征的药用植物、动物、矿物的一部分或全部，经过净选、干燥、杀虫、装瓶等步骤处理而得的一类标本。从某种意义上讲，中药材标本的制作，也是属于中药材加工技术的范畴，是多种方法的综合应用。好的中药标本不仅形态逼真、直观性强，而且选材容易且保存时间长，能避免虫蛀、变色、走油等变质现象。

1. 中药材的挑选

一般来说，根茎类中药标本要求身干、个大、质坚实、色鲜、气味浓，如甘草以条粗、皮细肉紧、红棕色、质坚、粉性大、甜味浓者为佳；花类中药标本要求花朵大而完整，保持固有色泽，香气浓郁，如金银花以花蕾多、色浅、气清香、肥大者为佳。

2. 中药材的处理

（1）净选。净选的目的是除去附着于药材表面的灰土、沙石、残叶等杂物和非入药部位，使药材洁净，符合标本要求。如柴胡的入药部位为根，但药市出售的柴胡约95%都混有根茎残基，应除去这些非入药部位。

（2）干燥。干燥是中药标本制作的重要环节，目的是及时除去药材中的多余水分，避免发霉、虫蛀以及成分的分解和破坏，保证药材质量，便于贮藏。常用晒干法的同时，辅助欲机械干燥法，即利用机械加温的方法使药材干燥，大大缩短了药材的干燥时间，而且不受季节及其他自然因素影响。

（3）干燥检查及判断标准。一是看断面。干燥药材断面色泽一致，中心与外层无明显分界线。如果断面色泽不一致，说明药材内部还未干透；断面色泽与新鲜时相同，也是未干燥的标志。二是听声音。干燥药材相互敲击时，声音清脆响亮。如是"噗噗"的闷声，说明尚未干透。一些含糖分较多的药材干燥后敲击声音并不清脆，应以其他标准判定。三是牙咬、手折。干燥药材质地硬、脆，牙咬、手折比较费力，若质地柔软说明尚未干燥。

（4）杀虫、消毒。绝大多数药材经过干燥处理后便可达到杀虫、消毒的目的，但由于储藏不当等原因，一些富含淀粉、蛋白质、挥发油及糖、甙类等成分的药材易虫蛀、霉变。因此，还需对药材进行杀虫、消毒处理。现多采用无公害、无重金属残留的方法。一般采用95%酒精熏法。将95%的酒精置于干燥器底部，然后把干燥药材放在瓷板上，盖严，熏7~10天，可杀死害虫。

3. 中药标本的制作

（1）瓶装标本的制作。

标本瓶的处理：贮存药材的标本瓶需清洗干净，然后用酒擦拭，在火焰上烘烤干燥消毒。

装瓶：将预处理后的药材捆成一定形状，如长条形的药材捆成圆柱形或圆锥形，不规则的药材则相互交错叠成方形或条状。装瓶前先放入干燥剂和抗氧化剂，用量为药材量的1%~2%。方法是直接将其放于瓶底，上面再放一层棉花或纱布隔开，也可用吸水纸包裹后放于瓶底，然后放入干燥药材，最后用石蜡密封瓶口。

鉴定与标签：制作好的标本经鉴定后，贴上标签（填写编号、中文名或药材名、英文名、产地、入药部位、性味、功效、鉴定人、鉴定日期等）。

（2）压板法标本制作（图2-10）。

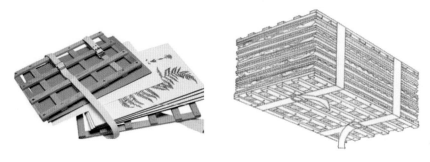

图 2-10　标本压板

用具：植物标本夹，吸水的草纸。标本夹可以自己动手制作，用木条做两片网式架，架上要留有可绑绳索的头，两条木架之间放吸水的草纸。

步骤：全株植物（包括根、茎、叶、花）采下后，先将花瓣整理好压放在草纸上，然后将茎、叶整理好，每片叶要展平。不能因为叶多把叶子摘掉，一部分叶要反放，这样压好的标本叶正反面均有。如果茎、根太长超过标本夹的长度，可将茎或根折压在纸上，然后在上面铺几层吸水草纸，用木夹压紧绑好。

标本制作注意事项：植物标本不能在太阳下晒，这样容易变色，压在标本夹内的标本每天要翻倒数次，每次换用干燥的吸水草纸，用过的纸在太阳下晒干以备下次翻倒时使用，标本夹压标本主要是靠吸水草纸，将植物的水分吸干。压好的标本，花、茎、叶的颜色不变。

制作标本时也可将植物标本压制在有机玻璃内，制成人造琥珀，这样保存的植物标本色彩更为鲜艳。

植物标本的制作主要过程是采集、整理、装作、标签和编号等过程，现将几种植物标本制作介绍如下：

药材采集的注意事项：

（1）尽可能选择根、叶、茎、花、果。因为花和果实是鉴定植物的主要依据，同时还要尽量保持标本的完整性。采集矮小的草本植物，要连根掘出，如标本较高，可分为上、中、下三段采集，使其分别带有根、叶、花（果），而后合为一标本。

（2）要有代表性。要采集在正常环境下生长的健壮植物，不采变态的、有病的植株，要采能代表植物特点的典型枝，不采徒长枝、萌芽枝、密集枝等。

（3）保护好所采集的植株。把采集到的标本放到采集箱里，如植株较柔软，应垫上草纸，并压在标本夹里。

（4）要给所采集的标本挂上标签，并注明所采集的地点、日期及采集人的姓名，并且记下植物的生长环境和形态特征如陆地、水池、向阳、气味、颜色、花的形态等。

4. 植物标本的保存

（1）避光保存。避免阳光照射，以防标本易变色，失去原色。

（2）低温保存。药材标本应有专门的房间保存，标本室的温度不超过28℃，不低于摄氏零度。温度过高，可使标本变形、流汁，腐烂变质；温度过低，可使标本色泽产生变化，皱缩。

（3）注意标本保存环境的湿度。

（4）防止杂菌生长。

（5）要避免经常搬动。

（6）要做好标本柜，把标本分门别类上架保存。

中兽医药制剂加工技术 第三章

中兽医药制剂有独特的理论基础和剂型选择原则，其理论基础是"据证拣方，即方用药"，然后确定有效部位、有效成分。对于制剂的剂型选择，《神农本草经》记载："药性有宜丸者，宜散者，宜水煎者，宜煎膏者，亦有一物兼宜者，亦有不可入汤酒者，不得违越"，强调根据药物性质需要选择剂型。其中的药性不仅是指药材的化学性质，更指药物的性味、归经等。梁代《本草经集注》提出以临床需要来选择剂型："疾有宜服丸者，宜服散者，宜服汤者，宜服酒者，宜服膏煎者，亦兼服参用所病之源以为其制耳"。现代多根据治病需要选择给药途径，如急症用药时，古代用汤剂、散剂，现采用气雾剂、舌下片剂、栓剂、注射剂。古人素有内病外治之法，常用膏药贴穴位医治内病，疗效显著。

所谓中药剂型就是为了发挥中药的最好疗效，减少毒副作用，便于临床应用及贮藏、运输，根据中药的性质、用药目的及给药途径，将原料药、药材、饮片通过一定的制备工艺制成适宜的一种物态形式，它是联结中兽医理论与用药，使其很好地应用于临床的桥梁，是中兽药制剂中不可忽视的主体部分。

据《汉书·艺文志·方技略》记载，曾有《汤液经法》32卷，我国的传统药物，作为剂型应用是从商代伊尹首创汤剂开始的。《五十二病方》书中就有关于酒剂内容的记载，而且提出了酒煮和酒渍两种方法，如"取杞本长尺，大如指，削，舂木臼中，煮以酒"。又如"取菇卢本，以酒渍之，后日一夜，而以涂之"。其中收载的剂型有饼、曲、油、药浆、丸、灰、膏、丹、熏、胶等。春秋战国时期由于铁器的发明，促进了农业和手工业的发展，制药技术也有了很大提高，我国现存最早的中医经典著作《黄帝内经》问世，并收载了汤、丸、膏、丹、药酒等七种剂型。到秦汉时期由于生产力的不断发展，制药技术和医疗实践的经验逐步积累，现存第一部药学专著《神农本草经》，其中就有制药理论的基本概念和治疗疾病对药物制备和剂型的要求。后汉张仲景的《伤寒论》和《金匮要略》中除记载了前人已有的剂型外，还增加了浸剂、栓剂、糖浆剂、浸膏剂、软膏剂及脏器制剂等十余种剂型，极大地丰富和发展了我国的药剂学。晋代葛洪的《肘后备急方》中又增加了铅硬膏、干浸膏、蜡丸、浓缩丸、锭剂、条剂、灸剂、尿道栓剂、拼剂

等剂型，并首先将一些成药及兽用药剂采用专章叙述，以适应各种传染病、急性病的需要，同时也进一步发展了药物剂型。梁代陶弘景编著《本草经集注》中在《合药分科治法》项下，规定了汤、丸、散、膏、药酒等剂型的制作常规，这是工艺操作规程的起始。以后唐代孙思邈的《备急千金要方》、《千金翼方》、王焘的《外台秘要》等巨著不仅收载了唐以前的大量有效方剂，而且广泛收集民间验方与单方，丰富了制剂内容。宋代是我国成药大发展时期，设立的惠民药局为我国商业性药房之始，所编成的《太平惠民和剂局方》是我国最早的一部官方制药规范，其中收载了方剂和剂型，其中大多制成中成药出售，这可谓是我国中药制剂发展史上的第一里程碑，到了明代李时珍编著的《本草纲目》中总结了十六世纪以前广大医药学家的丰富实践经验，在所收载的一万多个方剂，就有六十多种剂型。它们是汤剂、合剂、浸膏剂、流浸膏剂、煮浆剂、煮散剂、含漱剂、糖浆剂、膏滋剂、茶剂、饮剂、酒剂、洗剂、浴剂、熏洗剂、散剂、大蜜丸、小蜜丸、糊丸、蜡丸、水丸、糖丸、药汁丸、浓缩丸、包衣丸、面囊丸、饼剂、糕剂、煨剂、脯剂、胶剂、曲剂、熏烟剂、吸入烟剂、嗅剂、熨剂、灰剂、栓剂、条剂、糊剂、膏药剂、软膏剂、膜剂、搽剂、泥罨剂、油膏剂、油浸剂、丹剂、钉剂、棒剂、锭剂、药捻剂、滴鼻剂、滴耳剂、眼药膏、眼药粉、眼药水、乳剂、芳香水剂等。解放以后，根据"古为今用"、"推陈出新"原则，在党和政府提出的"系统学习，全面掌握，整理提高"的战略方针指导下，广泛开展了中药剂型的改革与创新工作，除继承传统药物剂型并广泛应用外，又借鉴西药剂型，

运用现代科学手段和对传统剂型进行了发掘、继承和改进，研制出多种中药剂型，如片剂、冲剂、注射剂、粉针、膜剂、滴丸剂、气雾剂、胶囊剂等。随着医学科学的发展，中医及中西医结合工作的逐步深入，中药剂型会不断创新，更加丰富。

第一节　散剂的加工技术

散剂是一种或多种药物混合而成的粉状剂，是属于固体分散体剂型，可供内服也可外用。按组成药味多少分为单散剂和多散剂，按剂量情况分为分剂量散剂与不分剂量散剂，按用途分为吹散、内服散剂、煮散剂和外用散剂等。散剂具有粉碎程度大，药物接触表面积大、易分散、起效快特点；外用时覆盖面积大，具保护、收敛等作用；制备工艺简单，剂量易于控制，适用于不同年龄、不同大小个体的动物；储存、运输、携带比较方便。

历代都很重视散剂的使用，并得到发展。中兽药散剂有着悠久的历史，它是祖国医药学宝库的组成部分。汉张仲景在《伤寒论》《金匮要略》中共载方三百余首，法度严谨，制剂别具匠心，被后世称之为"经方之祖"。其特点是制作简单，携带方便，易贮存，吸收快，药材利用率高，疗效确切，被广泛应用于临床。中药原料来源复杂，在外观形态、化学组成、质地、粉碎难易程度等诸多方面存在明显差异。另外中药原料具有脆性、韧性、硬性、粉性、油性、黏性、弹性等不同的基本特性，故在散剂加工时，涉及的方法就有所不同。散剂，是临床常用剂型之一，占临床用药的1/4。作为散剂，只是将广泛使用的汤剂处方中的中药材进行粗加工成为粉末，成为便于服用的形式，由于只是中药材的物理性状发生了变化，没有做任何的提取，不改变药材的任何化学性质，完全保存传统中药临床处的"原汁原味"，和目前经物理化学手段进行提取而生产出来的中成药有着根本的区别。

一、散剂加工技术

制作散剂的重点与关键在于干燥粉碎和混合套色。散剂的主要制备工艺流程是：物料前处理→粉碎→筛分→混合→分剂量→质量检查→包装与储存。物料前处理主要包括中药材的拣选、漂洗、润药、切药、干燥（烘干）等步骤，其中干燥为主要步骤。

1. 干燥（烘干）

干燥是加工中药散剂最关键的一步。干燥的方法是否科学，既能影响成品的内在质量，又关系到粉碎的难易和粉碎度。由于药物来源于性质不同，不同的药材原料干燥的方法不尽相同，在干燥前，应该明确药材的性质，进行大体分类，才能做到事半功倍。分类干燥，就是将处方中的药物（按炮制要求调配）根据其自身所含的化学成分及组织结构特点，将其进行分类，在不同的温度下，采用适宜的方法进行干燥处理，具体情况如下。

黏性药物：如生地黄、熟地黄、玉竹、黄精等可用刀切成小块，单独干燥，温度控制在70℃，烘干数小时，中间应多次翻动，烘干后取出，凉透，合其他药物拌匀粉碎。

芳香性药物：如当归、砂仁、肉豆蔻、肉桂、苍术、薄荷、菊花等含有挥发油，在高温下易挥发散失及氧化，温度应控制在40℃以下进行干燥4小时，烘干时不宜多次开门翻动，避免有效成分走失。

树脂及胶类：如制乳香、制没药、阿胶、鹿角胶、龟板胶等，药物本身熔点低，受热易软化。在干燥前应先将其打碎成小块，在干燥盘中先铺一层一般性药物，再将树脂及胶类药物均匀的撒在盘中药材表面，温度控制在60℃进行烘干。当药物受热后，树脂及胶类药物软化，一部分油质被底层药物吸附，其中的水分被蒸发。烘4小时后，取出凉透拌匀，立即粉碎。应注意的是，此类药物烘干时温度不宜过高，避免胶类药物焦糊及产生溏心。有人曾提出将树脂及胶类药物在低温下（0℃）放置24小时，能增加药物的脆性，但此法在粉碎时，药物经摩擦发热易软化，造成堵筛。

动物类药物：如全蝎、蜈蚣、土鳖虫、水蛭、蛇、海参等，这些药物所含的有效成分多为酶类、多肽类、蛋白质等，高温能失去活性，故不宜在高温下烘干。采用38℃烘干3小时，取出凉透，合诸药拌匀粉碎。

特殊药材：如三七、人参，采用打碎或剪成小块自然温度晾干法。若采用加温干燥，俗有"铜皮铁骨"之称的三七质地变得更加坚硬，难以粉碎，甚至打碎筛网。人参在加热干燥的情况下易鼓起，形成溏心，又难以掌握温度，效果均不如自然晾干。

2. 粉碎

粉碎是将大块物料破碎成较小的颗粒或粉末的操作过程，粉碎过程主要依靠外加机械力的作用破坏物质分子间的内聚力来实现。其主要目的是减少粒径、增加表面积。粉碎的意义在于：细粉有利于固体药物的溶解和吸收，可以提高难溶性药物的生物利用度；细粉有利于固体制剂中各成分的混合均匀，混合度与各成分的粒径有关；有利于提高固体药物在液体、半固体、气体中的分散性，提高制剂质量与药效；有助于从天然药物中提取有效成分等。

（1）单独粉碎与混合粉碎。单独粉碎与混合粉碎是散剂制备的主流方法，单独粉碎系指将处方中各药物分别粉碎成一定粒径范围的粉体后，混合配制成散，如口腔溃疡散；混合粉碎系指将处方中部分或全部药物共同粉碎至某一粒径范围的粉体后配制成散剂，如接骨散。

单独粉碎方法：一般来说，价格昂贵、有毒剧、共粉时易发生化学反应的药材应单独粉碎，可分为干法与湿法粉碎。干法粉碎是利用粉碎设备与药材的机械作用使药材细化的方法，适用于大多数散剂。湿法粉碎系利用药物与液体混合研磨，使细粉悬浮于液体中，分离，干燥制备；主要针对不溶于水的矿物药或贝壳类药物；传统的水飞技术，对于珍珠、牡蛎等药物，应注意水溶性成分的损失。

混合粉碎方法：对于无法单独粉碎的药物或不需特殊处理的药物一般采用混合粉碎的方法。根据处方药物的相态，可分为混合后粉碎法与吸收后粉碎法，后者针对处方中的液态或半固态物质，如挥发油、脂肪油、流浸膏等，常见的有蛇胆汁、苏合香、陈皮油、薄荷油等。

单独粉碎与混合粉碎的区别：较之于单独粉碎，适当的混合粉碎能产生明显的助磨作用，缩短时间，改善粉体性质；同时，能免去混合工序，缩短工艺流程，提高生产效率；但混合均匀度不及单独粉碎后混合。

（2）特殊制法。对于处方中有毒剧、贵、细药或组分比例悬殊的散剂，采用等量递增法混合，如九一散的加工。对于黏性或油性药材，可采用低温粉碎方法进行制备，适当的冷媒能提高粉碎效率及散剂品质。对于蜂王浆这类具有生物活性又难以干燥的物料，就采用冷冻干燥法制备成细粉。此外，一些药物需煅（炒）炭、炒焦、煨制、重结晶等处理后配制成散，如十灰散、镇坎散、西瓜霜。

（3）其他粉碎方法。闭塞粉碎与自由粉碎。闭塞粉碎是在粉碎过程中，已达到粉碎要求的粉末不能及时排出而继续和粗粒一起重复粉碎的操作。常用于小规模的间歇操作。自由粉碎是在粉碎过程中已达到粉碎粒度要求的粉末能及时排出而不影响粗粒的继续粉碎的操作。常用于连续操作。

开路粉碎与循环粉碎。开路粉碎是连续把粉碎物料供给粉碎机的同时不断地从粉碎机中把已粉碎的细物料取出的操作。适合于粗碎或粒度要求不高的粉碎。循环粉碎是使粗颗粒重新返回到粉碎机反复粉碎的操作。适合于粒度要求比较高的粉碎。

低温粉碎　。是利用物料在低温时脆性增加、韧性与延伸性降低的性质以提高粉碎效果的方法。例如蜂蜡的粉碎过程中加入干冰。

3. 筛分

筛分是将物料粒子群按粒子的大小、比重、带电性以及磁性等粉体学性质进行分离的方法。

影响筛分的因素。①粒径范围适宜，物料的粒度越接近于分界直径时越不易分离。②物料中含湿量增加，黏性增加，易成团或堵塞筛孔。③粒子的形状、表面状态不规则，密度小等物料不易过筛。④筛分装置的参数。

为了便于区别固体粒子的大小，《中国兽药典》2015年版把固体粉末分为六级：最粗粉、粗粉、中粉、细粉、最细粉、极细粉。

最粗粉：指能全部通过一号筛，但混有能通过三号筛不超过20%的粉末；

粗粉：指能全部通过二号筛，但混有能通过四号筛不超过40%的粉末；

中粉：指能全部通过四号筛，但混有能通过五号筛不超过60%的粉末；

细粉：指能全部通过五号筛，并含能通过六号筛不少于95%的粉末；

最细粉：指能全部通过六号筛，并含能通过七号筛不少于95%的粉末；

极细粉：指能全部通过八号筛，并含能通过九号筛不少于95%的粉末。

4. 混合

把两种以上组分的物质均匀混合的操作统称为混合，依据被混合药物的形态有固—固、固—液、液—液等组分混合。混合过程依据工作原理包括三种运动方式：对流混合、剪切混合和扩散混合。

影响混合效果的因素：组分的比例、组分的密度、组分的吸附性与带电性、含液体或易吸湿性的组分、含可形成低共熔混合物的组分。下面介绍几种常用的混合方法。

均筛混合法：此法适用于不含有剧毒药、贵重药成分的药料。如"如意金黄散"等。

套色混合法：为了达到含量准确，色泽一致，若质重、贵重、剧毒药、带色的药物应采用此法。在制作散剂时，套色混合法，简便，尤为常用。如桃花散、牛黄丁金散等，多采用此方法。操作时，先将色深、质重，少量剧毒药，贵重药等，放入乳钵内，再加少量的药粉，在制剂上叫"打底色"，逐渐增加一般药料，使其色泽一致。如大量生产可用槽型搅拌机，反复搅拌均匀为止，取出后再过筛，即可达到套色的目的。

研散剂混合：研散剂是把粉碎过的"粗粉"和"细料"混合，操作程序较简单，但由于药料不同，制法各异。如"红灵丹"，内含有雄黄、火硝两种药品混合，如果遇到磨擦力较强时就会立即冒出火焰。因而必须先把粗料混匀，再将细料徐徐兑入套研均匀，再兑入雄黄徐徐套研，使其到颜色一致时，再兑入火硝、轻轻缓研，并须注意避免"乳锤强压乳钵底"，防止着火。然后过重箩。粗度用放大境（三倍）检查，不出粗渣为合格。如研珍珠时，必须加少量的水轧成极细粉，故亦称"飞"。研珠砂时，必须用乳钵先将珠砂研细，然后加水再研，水研干后再加水再研。这样要经过三番五次，至珠砂捻在手中，呈香灰似的细度，然后洒干，又称"飞珠砂"。

对于含有色素及液体的原料，如"红避瘟散"中有珠砂，必须先将其中麝香粗粉研匀后，再把珠砂徐徐兑入，达到颜色一致为止。然后再把"冰片"、"薄荷冰"分别用两个乳钵研细后，过120号箩（过箩时两物要先后隔绝，因冰片与薄荷冰相触即化），再先后徐徐兑入，最后滴入甘油。如果把珠砂后兑，因原料含有水分，很难使颜色均匀。研眼药时必须要求细度。如"八宝眼药"中的甘石，必须用黄莲熬水过滤浸煅透，熊胆必须经过化水，研到用放大镜（三倍）看不出小颗粒为止。

二、散剂分剂量

散剂一般分为分剂量散剂和不分剂量散剂。外用散剂多为不分剂量散剂，内服散剂既有分剂量散剂又有不分剂量散剂，但剧毒药散剂必须是分剂量散剂。散剂分剂量的方法主要有以下几种。

目测法（也叫估分法）：将一定重量的散剂，根据目测分成若干等份。此方法简便但不可靠，不适用于含有细料和剧毒药物的散剂。

重量法：根据剂量要求，采用称量器具逐一称取。是分剂量的机械中最常采用的定量方法，可有效避免由于散剂粒度和流动性差异造成的误差。

容量法：根据剂量要求，采用适宜体积量具逐一量取。该方法使用的关键在于能否确保散剂粒度均匀、流动性好。

三、散剂的质量检查

散剂的质量检查内容：主要检查项目有粒度、外观均匀度、干燥失重、装量差异、卫生学检查。

影响散剂的一个重要因素就是其吸湿性，忽视散剂的吸湿性将是散剂质量保障的一个隐患，所以散剂质量保证的重要措施在于防潮。目前评估药物吸湿性大小的依据主要是测定临界相对湿度（Critical Relative 小时 umidity，CR 小时）。测定 CR 小时的意义：CR 小时值可作为药物吸湿性指标，一般 CR 小时愈大，愈不易吸湿；测定 CR 小时为生产、贮藏的环境提供参考，应将生产及贮藏环境的相对湿度控制在药物的 CR 小时值以下，以防止吸湿；为选择防湿性辅料提供参考，一般应选择 CR 小时值大的物料作辅料。

四、散剂的包装与贮存

散剂包装与贮存重点在于防潮，因为散剂的比表面积（单位质量物料所具有的总面积）较大，其吸湿性与风化性都比较显著，若由于包装与贮存不当而吸湿，则极易出现潮解、结块、变色、分解、霉变等一系列不稳定现象，严重影响散剂的质量以及用药的安全性。因此，散剂的吸湿特性及防止吸湿措施成为控制散剂质量的重要内容，在包装和贮存中应解决好防潮问题。包装时应注意选择包装材料和方法，贮存中应注意选择适宜的贮存条件。

1. 散剂的包装

（1）包装材料。常用的包装材料有包药纸（包括有光纸、玻璃纸、蜡纸等）、塑料袋、玻璃管等。各种材料的性能不同，决定了它们的适用范围也不相同。包药纸中的有光纸适用于性质较稳定的普通药物，不适用于吸湿性的散剂；玻璃纸适用于含挥发性成分和油脂类的散剂，不适用于吸湿性、易风化或易被二氧化碳等气体分解的散剂；蜡纸适用于包装易引湿、风化及二氧化碳作用下易变质的散剂，不适用于包装含冰片、樟脑、薄荷脑、麝香草酚等挥发性成分的散剂。塑料袋的透气、透湿问题未完全克服，应用上受到限制。玻璃管或玻璃瓶密闭性好，本身性质稳定，适用于包装各种散剂。

（2）包装方法。分剂量散剂可用包药纸包成五角包、四角包及长方包等，也可用纸袋或塑料袋包装。不分剂量的散剂可用塑料袋、纸盒、玻璃管或瓶包装。玻璃管或瓶装时可加盖软木塞用蜡封固，或加盖塑料内盖。用塑料袋包装，应热封严密。有时还应在大包装内装入硅胶等干燥剂。复方散剂用盒或瓶装时，应将药物填满、压紧，否则在运输过程中往往由于组分密度不同而分层，以致破坏了散剂的均匀性。

2. 散剂的贮存

散剂应密闭贮存，含挥发性或易吸湿性药物的散剂，应密封贮存。除防潮、防挥发外，温度、微生物及光照等对散剂的质量均有一定影响，应予以重视。

五、散剂制作加工的技术要求与注意事项

1. 对于药材本身质量的要求

由于使用散剂时常常要求使用者将所有药材包括残渣全部服下，所以与汤剂相比，对于进行加工的药材必须要求很高的质量，不得含有过多的杂质，包括金属、石头、泥土、塑料等，并且不能有药材生虫、发生霉变腐烂、农药化肥超标。

2. 对于药材本身性质的要求

由于药材本身性质的差别，软硬度不同，黏度和湿润度不同，所含纤维成分比例不同，一般药物在加工前都要尽量保持干燥以保证一定的脆性，便于加工。现在正规中药饮片厂出品的饮片含水度都较低，能够达到加工要求。一般单味药加工难度大，混合的处方容易粉碎。像生地、熟地类药物过于湿润黏稠，如果进行烘烤，则药性又会发生变化；又如丝瓜络这类药，纤维成分多，韧性十足，单独加工无法打碎成细末，而通过配伍运用在复方中，则比较容易被粉碎为细末。

3. 对于药材加工细度的要求

根据实际应用的需要，药材加工的细度各不相同，一般内服为20～80目，如果散剂加工的颗粒太粗，则药物溶解度相对低，残渣太多，服用时刺激咽喉，异物感重以至于吞咽困难。如果加工的细度过细，则药物溶解度高，开水泡服时会比较苦，口感不好而影响胃口。所以目前我们用于临床的散剂一般为50～80目，已经能够完全满足临床的需要，并取得了很好的疗效，既保证口感又可以保证足够的药量。

4. 对于加工工艺的要求

将药物进行粉碎有多种方法，例如破细胞壁技术，广泛运用在食品加工工业的冷冻粉碎技术等。目前微粉中药细度一般在微米级范围，达到破细胞壁的程度，但由于细胞质内多种酶类的释放，可造成整个复方药的药性随着配伍药材的不同有可能发生改变，不符合我们目前散剂运用的初衷。所以应使用简单的机械粉碎机进行粉碎，一方面加工成本低，操作简便；另一方面能够较好保持药材本来的物理化学特性。

六、散剂研发前景

中兽医药理论给我们提供了非常科学的组方原则和依据，结合现代医学科学的发展，中成药的开发成为新药研究和开发的一个热点。散剂的中成药开发具有非凡的市场潜力，可以规模化生产，其便捷性和高效性是汤药剂型所无法比拟的。

1. 从现代角度看散剂的应用

按照中医理论，能够入药加工为散剂的药材种类繁多，性质各异，主要是天然的动植物。在某些方剂如紫雪丹中也使用金属、矿物质等，如黄金、石膏、朱砂、磁石等，但一般不常用。之所以很多方剂中原本的用法是需要将处方里的药材打成粉末，是因为药材加工为散剂后，药物颗粒表面积增大，直接服用时易于被机体消化吸收。而且，加工为粉末的药材同样可以用水煎煮，有效成分变得容易析出而疗效更佳。天然植物类药物主要是一些树皮、根、茎、叶、草、花、果实、种子等，含有较多的植物纤维、蛋白、黏多糖、维生素和微量元素等；动物类药物则包括一些昆虫、动物的脏器组织、甲壳等，含有较多的蛋白质等。其实就其本质来讲，都还是属于可以成为食物的一些东西，只不过由于其偏性较大，一般不长期服用，但在某些疾病状态下，正好可以恰到好处地运用这些药物来进行对疾病偏性校正，使机体恢复健康。

汤剂以及现在开发的各种提取类中成药，主要成分都是药物中的可溶性成分（溶于水或醇），一般来讲，胃是汤剂中药物成分的主要吸收部位之一，所以汤剂对于胃肠道刺激相对较大一些，长期服用容易影响食欲及消化功能（根据使用药物的不同而有所差别）。对于散剂来说，则整个消化道都是药物的吸收部位，每次服用的药物量相对较少，作用比较缓和而持久。

使用散剂在治疗某些慢性疾病或是严重的疾病例如肿瘤等方面常会取得很好的疗效，原因在于一方面避免了使用汤药对食欲的影响，另一方面散剂中的药物除了发挥治疗的作用外，还可以为机体提供一定的营养。例如昆虫类药物中的蛋白质、脂质，植物类药物中的糖分、微量元素等，所含的大量粗纤维能够促进胃肠道的蠕动，在不使用泻下剂的同时，帮助病人解决便秘的问题。

2. 散剂中成药与新药开发前景

目前，按照国家新药的审批办法，像中药散剂这样的复方中成药通过新药认可还存在一定难度，主要原因在于不能解析清楚天然药物成分的复杂性和配伍后发生的复杂化学变化。西方国家对于新药开发有着非常严格的程序，适合于西药的自身特点，而同时，对于天然药物的开发又采取着非常灵活的态度。作为新药开发来讲，在成分和作用机理不能完全分析透彻时，最重要的是对于药物的疗效、毒副作用大小和质量稳定性的评价。

所以中成药的开发除了需要认真研究和遵循中医药理论外，还需要用实事求是的客观的科学态度正视中医药的特点，而不能完全按照西药开发的模式来生搬硬套，否则就无法开发出真正优秀的中成药品种。随着现代制药工程技术的进步，对中药饮片加工的方法、细度与药物成分析出的关系、微粉加工对于中药药性变化的影响等研究也在不断地深入，在中成药创新方面，以散剂这种剂型为基础的新药开发必将展示出良好的发展前景。

第二节　汤剂加工技术

中药汤剂是传统中医药的临床常用剂型之一，在我国已有数千年的历史，至今也是应用最广泛的一种剂型。中药汤剂的煎煮、服用方法受诸多因素的影响，所以方法不当则使汤剂中所含化学成分及药效难以达到治疗疾病的目的。

1. 煎药器具

煎药多用砂锅，其导热均匀，化学性质稳定，锅周围保温性好，水分蒸发量小。缺点是孔隙和纹理多，易吸附各种药物成分而串味。还可用陶瓷、白色搪瓷器皿、玻璃器皿等，他们也不会与中药有效成分起化学反应。煎药忌用铁器、铜器是因为这两种材料化学性质活跃，能在煎煮过程中与中药饮片所含多种成分发生化学反应。铝锅也不是理想的煎煮器具，它不耐强酸、强碱。用金属器具在煎药时可释放出一定量的金属离子，这些金属离子常可与中药汤剂中所含化学成分发生化学反应。大多数金属离子与游离单体生成的络合物，使溶解度降低，有效成分利用度降低，使药物失去原有的生物活性。有些络合物或生成物被机体吸收后，药物在肝、肾、脑等组织中，产生不同的毒副作用。故有梁代陶弘景"温汤忌用铁器"和明代的李时珍"汤剂忌用铜铁器，宜用瓦罐银器"之说。

2. 煎药溶媒

煎煮中药，前人常用流水、米泔水、酒水等，现在主要用洁净的自来水、甜井水、蒸馏水等。以水为溶媒，中药内的无机盐、糖类、分子不大的多糖类、鞣质、氨基酸、蛋白质、小分子有机酸及其盐、生物碱及其盐类，多能被水溶解。中药汤剂多为多味药组成，由于酸或碱性物质的介入，改变了溶液的pH值。酸性环境可使难溶于水的游离生物碱生成盐而溶出，碱性环境又可提高有机酸、黄酮、蒽醌、内酯、香豆素及酚类成分的溶解度。含淀粉多的中药在煎煮时淀粉易糊化，影响其他成分的溶出，应以凉水渗透后再加热煎煮。中药汤剂中成分较多而复杂，可产生某些增溶或助溶作用，提高某些在水中溶解度小的非极性成分的溶解度。但有些化合物可与汤剂中的无机盐形成络合物沉淀析出，也是有些极性较小的脂溶性成分不能溶出，随药渣废弃，丢失一些有效成分。因此，根据治疗需要和药物特点，可加酒或醋煎煮。

3. 中药浸泡

浸泡有冷浸和温浸之分。含挥发油、苷类及维生素类多的饮片如薄荷、羌活、解表药等以冷浸为宜，以免长时间煎煮有效成分随着水蒸气而挥发掉；含淀粉、蛋白质类等一些高分子成分多的饮片如天花粉、山药、茯苓等用温浸比冷浸更易浸润和膨胀。中药的浸泡，一般的复方汤剂以40~50分钟为宜，夏日可酌减，冬日可酌加。

4. 煎药用水量

传统加水量一般为浸泡后淹没饮片2~3厘米，二次煎药，其液面与饮片表面相平为度。有学者经实验研究得出，砂锅煎药首煎加水量（毫升）=吸蓄量×饮片总量（克）+预期得药量（毫升）+蒸发系数×煎煮时间（分钟）。其中吸蓄量2.0毫升/克；蒸发系数13.1毫升/分钟。一煎与二煎加水量按7：3分配。

5. 煎药火候及时间

按照中兽医药理论，火候一般分武火、中火、文火3种。

时间也分下列3种情况。

（1）解表药类，一般用武火煎煮，第一次煎煮时间15~20分钟，第二次煎煮时间10~15分钟，煎煮时，要加上盖子，迅速收取，以减少芳香挥发性成分的丢失。

（2）一般治疗剂类，煎煮时先武后中，第一次煎煮时间25~30分钟，第二次煎煮时间20~25分钟，以使药力全部煎出。

（3）调理滋补剂类，煎煮时先武后文，第一次煎煮时间35~40分钟，第二次煎煮时间30~35分钟，以使药汁浓厚药力持久。

6. 煎药次数及特殊煎法

煎煮次数一般方剂煎煮2次，滋补药可煎3次。一煎出率大约为30%，二煎为40%~50%，两次合并可得70%~80%，而三煎、四煎仅占20%。

7. 煎药次序

先煎

中药先煎药可分为两类：一是质地坚硬、有效成分不易煎出的矿石类、介壳类及动物骨、甲、角类（如石膏、磁石、龙骨、牡蛎、石决明、龟板、鳖甲等）药物。此类药物必须久煎才能增加药物的溶解度。充分提取药物的有效成分，更好地发挥疗效。二是有毒性的药物，如乌头、生附子、生半夏等。先下水久煎，可降低、缓解其毒性，以保安全用药。一般规定先将这些药物煎半小时以上，再将其他药物加入同煎。矿物、动物贝壳、化石类饮片粉碎度为60目，先煎30分钟，煎出率可达100%。有毒中药，久煎可以使其毒性降低，保证用药安全有效，先煎0.5~1小时，甚至2~3小时。

后下

后下药也可分为两类：一是含芳香性和挥发油较多的药物，如薄荷、砂仁、藿香、佩兰等，久煎会使有效成分挥发耗散、影响疗效，故将其他药物煎煮一定时间后，再将这些药物放入锅中同煎，时间5~10分钟。二是久煎则会破坏其有效成分的药物。如大黄、钩藤、番泻叶等，久煎会使功效改变，应在其他药物煎煮到将要取汁时，再放入煎3分钟即可滤取药汁。

另煎

如人参、西洋参、羚羊角等贵重药物，药量小，若与众药同煎，其药效成分容易被其他药物的大量药渣吸附，造成有效药量减少，故对贵重药物单包另煎，取汁服用。

烊化

是指须烊化的药应加少许水后蒸化。烊化的药物多为精制的胶状物，如阿胶、龟胶、鹿角胶、鳖甲胶、蜂蜜、饴糖等，是由动物的皮、骨、甲、角经特殊加工制成的凝固胶剂。这类药物较为珍贵，如果同其余药物同煎，容易煎糊失效。烊化方法，将胶放入碗中，加水30~50毫升，放在锅中隔水蒸炖，不时用筷子搅拌。胶类药物若混煎，则易黏锅，影响溶出率。

包煎

（1）花粉、孢子类及细小种子类，如松花粉、蒲黄、海金沙、葶苈子、滑石、青黛等，颗粒疏水性强，表面张力大，不能与水充分接触而浮于水面。

（2）含淀粉、黏液质较多的药物，如车前子、秫米等，既容易焦粘锅底，又会使药液浑浊不清，不易煎熬和滤取药汁。

（3）附绒毛药物如旋覆花、枇杷叶等，如果直接煎服，汤液中混有绒毛，可刺激咽喉及消化道，引起恶心、呕吐等。

（4）易使汤液浑浊，如灶心土、五灵脂、蚕砂、柏子仁霜等，能使药渣与提取液分离困难。诸如此类均需包煎。

上述各类药物，在包煎时均须用纱布袋包装后煎煮。但不宜包得过紧，以免影响有效成分的煎出。

8. 汤剂加工过程中的注意事项

（1）饮片不能用开水浸泡，因植物细胞中的蛋白质、淀粉的成分突遇高温会产生凝固现象，有效成分反而不宜煎出。有些芳香性药材，含有挥发油或其他挥发性物质，遇到开水，会受热挥发，不但不应用开水泡，有的还需要后下。

（2）煎药中一定要增加2~3次的搅拌，以克服药物之间的凝胶屏障。

（3）汤药煎好后应及时过滤取汁，如果放凉后再过滤，因药效成分被药渣吸附，而影响药液的品质和疗效。

（4）煎药若发生熬干甚至糊锅现象，由于药性改变只能弃之，不可服用。

第三节　膏剂加工技术

膏方历史悠久，起源于汉，在《黄帝内经》中就有关于膏剂的记载，东汉张仲景《金匮要略》记载的大乌头膏，是内服膏剂的最早记载，在晋代葛洪《时后备急方）中也有油丹熬炼成膏的记载。清代吴尚先《理渝骈文》是第一部完善的膏药专书，写了治病机理、制法、用法等。下卷专载膏药158方，创立了外治的独特疗法。流传至今的有张景岳的两仪膏，经一千六百多年的实践证明，在治疗疾病方面、有着卓越的效果、尤其是在当前新药不断产生，药源性疾病不断增加的情况下，透皮给药更加受到重视。膏剂其制作方法也十分的特别，有歌诀曰"一丹二油，膏药呈稠，三上三下，熬枯去渣，滴水成珠，离火下丹，丹熟造化，冷水地下，其形黑似漆，热则软，凉则硬，贴之即黏，拔之即起"。膏剂系在常温时为固体、半固体或半流体的制品。由于临床应用和制法的不同，可分为：内服膏（膏滋），外贴膏（膏药），外敷膏（油膏）。

一、内服膏（膏滋）

内服膏剂就是所用的药物经过配伍组方后，按照有关方法用水煎煮、去渣后加蜂蜜或糖浓缩成稠厚半流体状制品。

加工方法如下。

1. 药材浸泡

首先将药材放于桶内加水浸泡过夜，加水量为水浸没药材或高于药材2~3厘米，具体根据药材质地轻重或用药部位不同而适当加减。胶类药物先适度敲碎，放入缸或桶中，再根据处方要求加入黄酒或水浸泡过夜。加入黄酒或水的量为浸没质物为度，这样有利于角质软化和除去胶类药物的腥臊味。

2.煎煮

将浸泡的药材置锅内煎煮，再次加水，其水量以淹没过药面2~3寸为度。用武火煎煮，在煮沸后微调小火，最好加盖煎取，这样有利于蒸气回流，有助于有效成分的煎出，也减少热不稳定成分的散失，应多搅拌，使药材均匀溶出。加热煎煮，并随时用开水补充以保持液面高出药面。待第一次煎出后再加入一定量的水（一般为头煎水量的一半）再次加盖煎煮，每次煎煮2~3小时（从沸腾开始计时），除处方另有规定外，一般煎煮三次，至煎液气味淡薄为度。分次过滤去渣，合并煎液。

3.浓缩

将煎液加热浓缩，开始时可用大火蒸发水分，至渐浓再用文火缓缓蒸发，并不断加以搅拌，防止焦化粘于容器底部。浓缩成清膏后，再按处方规定加入一定量的蜂蜜或糖等进行收膏，浓缩至呈稠膏状，并取出少许，置易吸水的纸上观察，以不渗透纸为适度。或按处方规定，先将煎液浓缩至不渗透纸为限度，再加入一定量的蜂蜜或糖等进行收膏。所用蜂蜜应为炼蜜，糖亦需先加入适量水加热溶化、过滤、炼去部分水分，再与清膏混合，继续浓缩成膏。

4.蜜制

将蜂蜜置适宜锅内加热至沸，过筛除去死蜂、浮沫及杂质等，再继续加热至色泽无明显变化，稍有黏性或产生浅黄色有光泽的泡，以手捏之有黏性，但两手指分开无白丝为适度。

5.炒糖

将蔗糖置适宜锅内，直火加热，不断炒拌，直到糖全部融化，色转黄至发泡及微有青白烟即可，此法劳动强度较大，炒糖的标准不易掌握，容易造成焦糊，须注意。

二、外贴膏（膏药）

外贴膏是以植物油炸取药物的有效成分，并加热熬炼，然后兑入黄丹或铅粉化合而成的一种摊布于纸、布、或兽皮上专供外贴的黏性制品。

制作过程如下。

1.基质原料的选择

植物油一般选用芝麻油，因其沸点低，对一般配伍药物的破坏小，熬炼时泡沫较少，不易溢锅，且制成的膏药黏度大，其他植物油一般不常用。

黄丹：又称樟丹、扮丹、东丹、红丹或陶丹。为橘红色的粉末，含四氧化三铅（ Pb_3O_4 ）应在95%以上。含水分者易聚成颗粒，可先过110目筛，再用锅炒后备用，否则下丹后易沉于锅底，与油不能充分反应。

2. 炸料

将处方中一般性药物先切断或捣碎。取芝麻油或其他植物油置锅中加热至170～190℃，先将骨、角等坚实药物放入煎炸，再将其他药物加入，花、叶、果皮等不耐炸的药物最后加入。随时翻动，炸至药物表面呈焦黑色，内部深褐色，油的温度一般不超过240℃，即药物炸枯为度。将油撤离火源，捞出药渣，趁热将油过筛。

3. 炼油

炼油为熬制膏药的重要步骤。去净残滓的油，继续以大火熬炼，待油温升到320～330℃时改用中等火力，保持此温度继续熬炼，至滴水成珠为度（即沾上少许热油滴于冷水中，油滴在水中沉底如珠状，然后浮于水面不散），亦可根据油烟由青变白而浓来判断。必须很好控制炼油的"老与嫩"程度，如热炼过"老"，则膏药质硬黏着力小，贴于皮肤容易脱落；如过"嫩"，则膏药质软，贴于皮肤容易移动，且黏着力强不易剥离。此步还需特别注意掌握温度，防止油溢或温度过高而着火。

4. 下丹

待油炼好后，撤火，趁热用筛将干燥的黄丹或铅粉均匀筛入（除处方另有规定外，一般配制比例为油16两加丹5～7两，冬季宜少，夏季可酌增），并不断搅拌，使油与丹充分化合。黄丹由红色变为黑色，并放出大量浓烟，温度至320～330℃，立即撤火，得黑色油膏。

验检药膏老嫩标准为：将膏药滴入冷水中，如粘手而撕之不易断丝为"嫩"，如为撕之脆断为"老"。可以老嫩配合以调节之。

5. 去火毒

趁热将膏药以细流倒入冷水中，并用木棒不断搅拌，待浓烟散尽，分成小坨，放冷水中浸泡二周左右，每日换水去火毒。

6. 摊膏药

将去火毒的膏药反复捏压，去净内部水分，置锅内用文火熔化，如处方中有强烈芳香性药物或矿物类、树脂类及其他贵重的药物，如麝香、樟脑、轻粉、雄黄、朱砂、血竭、乳香、没药、沉香、肉桂等时，可按处方规定另研细粉，加入温度在50～60℃熔化的膏药中，搅拌混合均匀。然后按处方规定的重量摊布于纸、布或兽皮（狗皮或羊皮）等规定的材料上，凉至表面凝固时，折叠对齐，冷却后包装。

7. 加工注意事项

膏药在熬炼过程中容易引起火灾，并产生大量浓烟及刺激性气体，因此应在室外熬炼，并备有防火设备。

三、外敷膏（油膏）

用植物油、蜂蜡或其他适宜物质作为基质，也有将处方中部分药物用油炸枯去滓后熔入蜂蜡作基质，再加入药物细粉调匀制成的柔软半固体状专供外用的制品。制作方法注意包括下面两种。

1. 研合法

将药物细粉与适量的基质置乳钵内，研磨均匀，至呈柔软膏状即可。药物若为流浸膏应先加热蒸去多余的溶媒，使呈糖浆状再与基质混匀。若为浸膏应先加适量溶媒研成糊状，再加基质混匀。若为量小的毒剧药或结晶性药物时，因与基质不易混匀，应先加少量水溶解后再用适量羊毛脂吸收，然后与基质混匀。

2. 熔合法

先将基质熔化，乘热加入药细物粉，搅拌混合均匀。处方中如有强烈芳香性药物如麝香、冰片等，应待基质冷至45℃以下时加入，不断搅拌，使之混匀。或按处方规定将部分药物用油炸枯去滓，熔入蜂腊作为基质，再与其他药物细粉调匀。

四、膏剂加工过程需要的其他辅助条件

1. 制膏锅

制膏要用铜锅熬制。铜锅由于表面光滑，膏不易在锅表面凝结，不会减少药中胶的量，故凝结好。而且紫铜锅容易擦洗，越擦越亮，比较符合制膏的卫生要求。

2. 搅拌用具

制膏时应选用竹片材质的搅拌片，因其不易磨损，也不易对锅造成损害。

3. 盛装容器

制膏过程需要较大的带盖不锈钢桶或者带盖的缸，便于中药材和煎出药液的盛取；如果盛黄酒或清水泡胶时，较小不锈钢带盖罐或瓷罐即可。

五、中药浸膏及流浸膏的制作

中药浸膏的制作是指药材用适宜的溶剂浸出（或煎出）有效成分，浓缩，调整浓度至规定标准而制成的粉状或膏状制剂。除另有规定外，浸膏剂每1克相当于原药材2~5克，生药用适当溶剂浸出并经调整一定浓度的膏状制剂。中药浸膏有干浸膏和稠浸膏两类。

中药流浸膏的制作系指药材用适宜的溶剂提取有效成分，蒸去部分溶剂，调整浓度至每1毫升相当于原药材1克的制剂。流浸膏剂，除另有规定外，多用渗漉法制备，其制备工艺流程为：浸渍→渗漉→浓缩→调整含量→成品。

中药加水10倍量，煎煮1小时，过滤，药渣再加水八倍量，煎煮30分钟，过滤，合并煎液，加热挥发去多余水分。待有一定黏度的时候取白砂糖适量，加少量水，加热溶解，然后加到刚才的药膏里，继续加热到当膏液点在纸上不洇的时候就可以了，服用的时候取一点加水稀释即可。

流浸膏质量要求：

流浸膏剂应符合该制剂含药量规定；

成品中至少含20%以上的乙醇；

应装于棕色避光容器内，贮存过程中，若产生沉淀分层现象，可按下列方法处理：

①可以滤过或倾泻除去沉淀，测定含量，适当调整后，使符合规定标准，仍可使用。

②乙醇含量应符合规定限度，如果发生沉淀的原因是由于乙醇含量降低所引起的，应先调整乙醇含量，然后再按上述处理沉淀方法处理。例如：甘草浸膏制作流浸膏的过程，即取甘草浸膏300~400克，加水适量，不断搅拌，并加热使溶化，滤过，在滤液中缓缓加入85%乙醇，随加随搅拌，直至溶液中含乙醇量达65%左右，静置过夜，仔细取出上清液，沉淀再加65%的乙醇，充分搅拌，静置过夜，取出上清液，沉淀再用65%乙醇提取一次，合并三次提取液，滤过，回收乙醇，测定甘草酸含量后，加水与乙醇适量，使甘草酸和乙醇量均符合规定时，再加浓氨试液适量调节pH值，静置，使澄清，取出上清液，滤过，即得。

（附）传统黑膏药的制作加工

一、器具与药材

天平，450℃温度计一支，铁勺，铁铲各一把（用于打油下药和铲膏药），过滤器一具，消毒纱布数块，细铁筛子和铁漏勺各一个（用于捞油渣和过滤药油），铁锅二个，并带盖（口径一尺左右），盛药的细瓷盆一个，水缸一个，磨碎机一台或碾子，药碾槽一具（原来碾药末），较大鬃刷子一把，搅膏药用的桑、柳或槐等木质的木棍数根，要2~3尺，粗8~9厘米，燃料用煤炭或木柴均可，一般古法常用桑、、槐等木作燃料，炉灶台上安置有前后两个锅，后锅煎药和油用，前锅用于熬膏药。

植物油：香油最好，如果没有香油，胡麻油、花生油、大豆油和菜籽油也可以替代，古法中也有常加桐油者。同时也可使用桐油、石蜡与黄丹混合制膏的方法，以减少植物食油的用量。

黄丹：其化学成分主要是Pb_3O_4，以红色为最好。

所用药物分为群药和细料，具体应按照处方配制要求，依法炮制备用。

二、熬制膏药加工操作方法

用油煎取药物有效成分

（1）将油按配料用量，一般1付药料用油7500毫升，入锅内加热熬至60℃左右后，按处方要求将应加入的药物按顺序陆续下锅，也有先将药物完全浸泡油内，然后加火熬药。但后者不如前者，因为药物各有不同的耐热力，同时煎熬很难掌握火候，细小的药易于枯焦而变性。

（2）根据处方要求，将所用药物秤准，配齐，分批加入油中熬煎（漳丹和细料除外），先将大根、茎、骨肉、坚果之类放入油中，其次下枝、梗、种子等，最后下细小籽种、花叶之类。有些树脂和松香、乳香、没药等因在高温下易着火燃烧，所以常在膏药将成时，熄火等油微凉时才下锅，以免发生意外。具有香气并且易串味的药物及珍贵细料如麝香、冰片、珍珠、藏红花不能同油共熬，必须碾成细粉在膏成摊贴时掺入膏药内，或在膏成冷后掺入揉匀备用。

（3）下药后如有漂浮在油面的药物，需用漏勺压沉，数分钟后将诸药翻搅一次再压沉，如此后复数次，即"三上三下"，使诸药均能煎透以达到更好地提取药物有效成分。这一操作注意只能熬至诸药焦枯（但不可枯而变炭），即使诸药外表熬至呈深褐色内部焦黄色为度。这时用漏勺将药渣捞出，把药渣与药油分离净尽。这一过程一般用时约20—30分钟，去药渣时油的温度约在200~250℃。但也可根据药料的不同、煎透的难易度，灵活掌握温度的时间，总之，火力不宜太大，以防药料焦枯变质，所以历来常以"微火"煎炸。去渣后，将药油继续煎熬约10分钟。

（4）将熬成的药油倾入瓷盆内，等沉淀后再进行过滤，以保证膏药质量柔细。将滤过的药油复入锅内，以先小火后大火的火力继续加热，不停地搅动。这一过程需5~6小时，这一操作是熬制膏药的关键。如油熬制时不到适宜的火候则膏药质软松，贴后受热流动不能固着患部；如熬油火候太过，不但出膏少，更主要的是使膏药质硬，黏着力小，容易脱落或者造成废品。熬油恰到好处的标志是所谓"滴水成珠"，即以搅棒蘸油，滴于冷水中，油滴在水中不散开并凝聚成一团呈饼状味最佳；如油滴散开，说明油还未煎好即"太嫩"，须再熬，这时要用大火。炼油3~5分钟（此时的温度一般在300~360℃），立即将锅离火，趁热下漳丹，不停地搅动。熬油时，还可以凭借发生的烟色来判断成否，油熬至沸，发青色烟，但烟很淡，当青烟由淡变浓并呈灰白色时再熬，则烟又渐渐由青烟变白色并还有清香药味，此时表示油快要熬成，时间1~2分钟，须精心操作，并要不停地搅动，以免油在高温时发生燃烧。

（5）下丹时将丹置在细筛内，一人持筛缓缓弹动，使丹均匀撒在油中，一人用木棍迅速搅拌，使丹与药油充分发生作用，以防丹浮油面或结粒沉于锅底。下丹时间，一般

5~10分钟，用丹剂量的标准，因膏药种类、季节不同而不同。夏季一般每500毫升油用漳丹250克左右，冬季用110克左右，秋春两季用200克左右为宜，如因丹不纯可酌情增加，如夏季可用至300克。下丹后，丹与药油在高温下迅速发生化学变化，油立刻起沫沸腾。此时必须不住地搅动或酌情喷点冷水，则油沫自落。否则会使药油外溢，发生火患，造成浪费，甚至造成灾害。由于丹与油发生化学变化，使油由黄褐色稀浆变成黑褐色的稠膏，并逐渐变成黑亮的膏药，在这一系列的变化中，放出大量具有刺激性的浓烟（青烟）。此时应迅速搅动，让烟与热尽可能飞散，不然会燃烧，使膏药变质。当烟由青色变成白色时，并有膏药的香味放出，表示膏药已成。这时倒入少量冷水入膏药中，则发生爆响声，烟大出，更须继续并加强搅动3~5分钟，以除去烟毒，然后离火。

（6）检查膏药"老嫩"适中的方法。

①滴水成珠：将膏油滴入水中成珠不散、膏色黑亮，表示火候适中；灰色表示未成需再熬。

②滴冷水中，冷后黏手发软拉不成丝者，表示太嫩，如象豆腐渣似的则为太老。火候适中，为捏之不黏而有力，色黑润而有光泽。

（7）去火毒，膏药熬成后，倾入备好的冷水盆中，倾倒时将水朝一个方向搅转，使膏药倾入后，集聚成整团，浸泡3~7天，并每日换新水以除去火毒，这是制作膏药的最后环节，如果不去火毒会对患者的皮肤造成伤害或导致疾病更加严重。

（8）摊涂膏药，有些特殊的膏药还需要在成膏后进行特殊处理。取膏药团置于容器中，在水浴或文火上熔化，将特殊的细料兑入，搅匀，用竹签取一定量的膏药摊涂在牛皮纸或膏药布上即可，麝香等特别贵重的药可最后撒上。

（9）拔过火毒的膏药不能放潮湿地方或太阳下曝晒，应放入敷有滑石粉的瓷罐中，用盐泥密封，可很长时间保存也不会变质。

三、熬制膏药过程注意事项

1. 储备

熬制前应先作好一切准备工作，用具完备，摆放位置合理，便于操作顺手。

2. 次序

药物煎熬时要有先后次序，因药物的质地和性质千差万别，不能一概而论就一同入油熬炸。如同时下锅炸熬，其结果将使脆嫩薄片枯焦，而坚硬的未煎透，不能充分发挥药物应有的效能，以致影响膏药的疗效。原则上，硬质药物如硬壳的、树根、骨肉之类先下，果及果肉之类次下，花、叶之类药物最后下。芳香类易挥发的药物或脂类，不能直接入沸油中熬炸，否则，前者将受高温而大量挥发，后者易着火而致燃烧。所以后两类药物要研成细料，膏药基质熬成后掺入。另外，加工后为防止药物有效成分挥发或失效，应妥善保存。制作细料和过滤树脂时有残渣要除掉，所有细料越细越好，上述二类药物处理不好对膏药的韧性和黏性有很大影响，贴于患部起不到应有的作用。

3. 膏药的质量优劣与所用油和漳丹有直接关系

质量不好的油熬制成的膏药呈红色，如油中含有高分子的脂肪酸，像菜籽油熬出的膏药，涂在皮肤表面时容易引起干裂，故应采用低分子脂肪酸的油如香油、花生油等。另外低分子脂肪酸的油，沸点较低不易破坏药物的有效成分，同时还可缩短下丹的时间，加热和下丹时泡沫较少，便于观察锅内的变化，并可避免发生意外。胡麻油虽不如香油好，但价格低廉副作用较小，在实际生产中经常使用。如果所用漳丹质量较差，熬膏药时则所需时间较长，有时不易熬成，熬成的膏药呈灰白色而无光泽。如果漳丹太差事先可用水飞法除去杂质。方法是先将漳丹浸于水中用较大力量搅动，使杂质漂浮水面然后倾去，再把漳丹晒干，炒至焦黑，用细筛筛过待用。如果是黄丹太粗或含水分也可炒后再进行细筛，或在熬膏时酌情增加用量。

4. 熬成的膏药，黑而有光泽者为上品

熬制时须注意油、丹及火候外，不可复火再熬。临时使用膏药，下丹多少要注意季节，一般春夏季节应当增加丹的用量，因天气热膏药易软化，冬秋季节可酌情减少用量。下丹的火候大体可分为两种：

（1）大火。因下丹是油与丹的化学变化过程，是含有脂肪酸的油和四氧化三铅发生复杂反应后生成高级脂肪酸铅盐的过程。因此，大火（武火）能力促进这一反应的进行，相应的使下丹的时间缩短。

（2）小火（文火）。因下丹时，油的沸腾会高出原来的油面，如果锅小火大，则油沸溢锅外，会造成浪费或引起意外。所以小锅下丹时要小火，徐徐撒匀，充分搅拌，以保证油和丹的化合作用。

这两种火候各有所长和不足之处，采用时可按需要条件及操作者习惯选用，如果当锅内油外溢时，可用少量冷水喷之，则沸涨自落（喷洒少量冷水对膏药质量并无影响，因锅内温度达300~360℃，水会很快蒸发），下丹时要不住手搅，这可防止油沸外溢，也可防止窝烟，影响膏药的质量和色泽，故有"膏药黑之功在于熬，亮之功在于搅"的说法。下丹时锅内温度很高，木棍搅动很快，棍头因高温摩擦容易着火引起锅内燃烧，故需小心操作，万一发生着火，千万不可惊慌失措用水去灭火，应速加盖以隔绝空气，则火自息。

5. 膏药熬制中掌握"老"与"嫩"的纯度是很重要的一环

熬的"太老"则脆而硬，没有黏性，"太嫩"则黏性太大并有弹性，不易固定贴于患处，

容易移动，而且难揭下。所以膏药的"老嫩"一定要适中，火候适中制成膏药贴之易黏，揭之易落。如果膏药熬得"太嫩"，可加火再熬，"太老"可酌加"嫩油"，但万不可加生油，如加入生油则会使膏药黏性减弱，不堪使用。

6. 熬膏药在房内要有防火设备，如灭火器等

7. 熬膏药处要注意通风

以防烟毒。操作时，操作者要戴石棉手套和口罩，防止膏药放出烟毒刺激人体，造成伤害。

第四节　丸剂加工技术

成书于约公元前3世纪末战国时代的我国最早的医方《五十二病方》一书中已出现字"丸剂"的名称，公元前87年《史记》太仓公传中载也有"半夏丸"之名。汉代名医张仲景（公元142至公元219年）应用蜂蜜、糖、淀粉及动物胶汁作为丸药的赋形剂。梁代名医陶弘景（公元452至公元536年）提出丸剂应用理论："疾有宜服丸者，服散者，服汤者，服酒者，服膏煎者，亦兼参用所病之源以为其制耳"。《千金方》对炼蜜方法作了科学规定，并增补了用动物汁（牛胆汁等）、鸡蛋白、苦酒（醋）作赋形剂叙述。以后又有应用鹅脂（晋代《肘后方》）、药汁（唐代《外台秘要》）、糯米糊（宋代《鸡峰普济方》、神曲糊（宋代《济生方》）、汤浸蒸饼（元代《脾胃论》）等作赋形剂，增加了丸剂的种类。被称为我国第一部中成药专著的《太平惠民和剂局方》，一书载有汤、煎、圆、散、粉、膏、丹、砂、锭等多种剂型共788方，其中圆即丸（古籍方书中将丸改为"圆"或"元"者均因避君讳，语意通用）290方，占36%，数量为各剂型之首，明代缪希雍《炮炙大法》也同样指出"丸者缓也，作成圆粒也，不能速去病，舒缓而治之也"，这一时期对丸剂与临床治病的关系等理论作了精辟的论述。

丸剂与汤剂相比较，其优点是：药物有效利用率高、释药缓慢、作用持久，适于慢性病的调理，能延缓毒剧刺激性药物的被吸收，减少毒副作用，生产技术和设备相对简单，携带、运输方便等。

一、水丸加工技术

水丸，又称水泛丸，系将药物细粉用冷开水（或按处方规定用药汁、蜜水、黄酒、醋等）借人工或机械泛制成的小球形丸剂。水丸按大小和重量不同可分为下列三种：

小丸：每两为300~500粒。

细小丸：每两为600~1500粒。

极小丸：每两为5 000~10 000粒。

1. 制丸辅料

在制作水丸过程中，按照丸药功用不同，需要不同的辅料，主要有：水、酒、醋，有些药物在制作水丸时，由于药材本身的特性还需要自身的药汁。

水本身虽无黏性，但能湿润溶解药物中的黏液质、糖、淀粉等，湿润后产生黏性，即可泛润成丸。

酒具有活血通络，以及降低药物寒性的作用，所以舒筋活血之类的处方，常用酒做赋形剂泛丸。酒包括黄酒、白酒。

醋能够散瘀活血，消肿止痛，入肝经散瘀止痛的处方多用醋做为赋形剂。

如果处方中存在纤维丰富的药材，质地坚硬的矿物、树脂类、浸膏类、黏性大难成粉的药材可以其药汁为黏合剂。

2. 制作步骤

水丸的制作可分为：起模、泛丸、选丸、干燥、包衣及打光等步骤。

在制作水丸之前，应事先将所用的中药材粉碎，过筛，制成药粉。

（1）起模（也称起母）。人工操作可采用药匾、瓷盆或其他适宜的容器，机械操作可采用泛丸罐。先取冷开水（或按处方规定的辅料）以棕刷蘸取或以喷雾器喷少许于药匾的一边或泛丸罐中，并使之分散均匀，随即撒入少量药粉，摆动或转动工具，使药粉全部湿润并均匀黏附。另用一干燥棕刷缓缓将药粉刷下，使形成细小潮湿颗粒（成块者以手搓散）。再加入少量药粉旋转，使颗粒加大滚圆。然后再刷水或喷水，并将颗粒旋转使之湿润，再加入药粉旋转，如此反复操作，并随时筛选，使成大如小米，均匀一致的丸模，旋转光滑即可。由于原料的性质不同，药粉与水量须适当掌握。丸剂中如含有燥性药物（如茯苓、半夏、天南星、煅牡蛎及炒炭药等）较多时，由于黏性小不易成粒或即使成粒也不易增大，故水量需多加些。但如含有黏性药物（如熟地黄、麦门冬、黄柏、党参等）较多时，由于黏性大容易黏结不易起模，所以水量应酌量减少。起模用的药粉量一般占总量的2%~5%。

（2）泛丸（也称成型）。将起模所制的小丸放入药粉中，继续按上法反复操作，使丸模逐渐增大，摇动泛制成丸。这个过程也就是将小模放入大量药粉中，像滚雪球那样使其增大。并随时筛选，使均匀一致，直至丸粒大小符合要求为止。再充分摆动或旋转，使之光滑。注意控制丸子的大小，加水、加药量要均匀，经常分档，大的或者小的可以调成稀糊泛入。芳香性、刺激性的药粉可以泛入中层。

（3）盖面。盖面是指将已经加大、合格、筛选均匀的药丸，选用适当的材料操作至成品大小，使丸剂的表面致密、光洁、色泽一致。常用方法：干粉盖面、清水盖面、清浆盖面（补加相关内容）。

（4）干燥。制成的水丸应及时晒干或烘干（不超过60℃），并注意加以翻动。含有一般芳香性药物的丸剂，可置通风处阴干或低温（不超过45℃）烘干。但含有强烈芳香性药物的丸剂，只宜置通风处阴干。

（5）包衣及打光。中药丸剂往往以其处方的部分组分为包衣材料包成药物衣，这与片剂包衣不同，片剂包衣成分是作为辅料而应用，处方中固有药料的一部分包覆于丸剂的表面，服用后药衣首先被吸收，有利迅速奏效，特别是药理作用比较明显的药料更有意义。

按处方规定进行包衣或打光。包衣所用的衣粉应要求具有相当的细度，如朱砂、滑石要求过110目筛；雄黄、赭石、通过140目筛，红曲、青黛、百草霜、珍珠母通过130目筛，礞石通过粗马尾罗即可。水丸包衣如无特别规定时，一般用冷开水做黏合剂，亦可按处方规定使用适量的其他黏合剂如糯米面、桃胶等，制成一定滇度的稠糊使用。水丸包衣法与泛丸法类似，即将干透的水丸放入泛丸罐内，使罐充分旋转，用冷开水（或处方规定的其他黏合剂）湿消，加入处方规定的包衣用药料，使包衣均匀，再按水丸干燥法进行干燥。需打光的水丸，可用布袋借人工摆动或用打光机旋转，使表面明亮。最后达到丸粒应大小均匀，色泽一致，表面光圆、平整、无粗糙杖。上衣打光的丸剂应具光泽，不应透油渗色，以手轻握不应脱壳。

贮藏：水丸宜密闭贮存，防止受潮。

二、蜜丸的加工技术

蜜丸系将药物粉末用炼制的蜂蜜为黏合剂制成的圆球形丸剂，一般重五分至三钱不等大小的规格。

蜜丸的制作可分为：炼蜜、合药、制丸、包衣、包装等步骤。

1. 炼蜜

蜂蜜的选择及炼制的程度是制备蜜丸的重要关键。由于蜂蜜的来源、产地及加工方法不同，其质量亦不一致。一般以稠如凝脂、气味纯正、洁净而杂质少者为佳。炼蜜的目的是除去蜂蜜中杂质，蒸去部分水分，增强其黏合力。炼蜜的好坏不仅影响丸块的可塑性，并影响蜜丸的保存时间。其方法是，小量生产用铜锅或铝锅直火加热，大量生产可用蒸汽夹层锅或减压蒸发罐等来炼制，根据季节及所制蜜丸内药物的性质炼制成"嫩蜜"、"炼蜜"或"老蜜"。然后乘热用筛过滤，去其杂质。

所谓嫩蜜就是将蜂蜜加热至沸腾，温度达110~114℃约10分钟即可。适用于含有较多油脂、淀粉、黏液质、糖类及含动物组织的方剂。

所谓炼蜜是将嫩蜜继续加热，温度达115~117℃，约15分钟，至无显著蒸汽溢出，中间翻腾起红黄色泡沫，取出少许用手捻之有黏性拉黄丝而不产生白丝为度。适用于含纤维、淀粉、糖类及含部分油脂的方剂。

所谓老蜜是经较长时间炼制至蜂蜜呈棕红色，有红色光泽，用手捻之甚粘手，能拉出白丝，温度达118~122℃，由于老蜜黏合力强，适用于含矿物及纤维特多的方剂。

2. 合药

将药物粉末置于搅拌器或其他容器内，加入一定量炼好的蜂蜜，乘热充分搅拌混合，至全部滋润，色泽一致，软硬适中，能随意塑型即可。蜜的用量根据品种及季节不同而定。凡含糖类或油脂丰富的以及矿物性药物，用蜜较少，如天王补心丹、六味地黄丸等。质松而纤维多的药物则用蜜较多，如藿香正气丸等。夏季用蜜量少，冬季用蜜量多。一般用蜜为药物重量的50%~120%。加工时应依具体品种特点规定用蜜量。合药时，蜂蜜一般宜乘热加入（蜜温不低于90℃），但含有较多量的胶质（如鹿角胶、龟板胶等）、树脂（如乳香等）及芳香性的药物（如麝香、冰片、荷薄等）需待蜜半冷后，再与药粉混合。

3. 制丸

制丸是蜜丸成型的主要工序。包括搓条、分割丸条及搓圆等过程。可用规格与丸重相适应的搓丸板或其他制丸器具，首先将丸块搓成细腻、粗细均匀的丸条，最后进行分割、搓成圆球形丸。

注意事项：

（1）在制丸时，为避免丸块黏附工具，所用器具可涂擦润滑剂少许，其润滑剂组成为：芝麻油一斤，加黄腊三两（夏季可加黄腊至四两）使用时不得在药丸干燥后再涂润滑剂。

（2）清洁搓丸板用的拭布水分不得过多，以防止丸剂表面发霉。

（3）需干操的药丸，应控制温度不超过40℃，3~4小时。含芳香性药粉应在35℃以下。

4. 包衣（也称上衣）

须上朱砂或金箔衣者，应按处方规定上衣。朱砂上衣后并应在适当容器中滚动使表面光滑。每斤蜜丸除另有规定外，一般大蜜丸每斤用朱砂极细粉三钱、小蜜丸用四钱上衣，务使均匀一致。

5. 包装

可采用蜡皮、蜡纸盒、蜡纸筒等将蜜丸装入严密封固，以防止药效散失及丸剂引湿发霉变质，并便于贮运。

6. 贮存

蜜丸宜密闭，贮于阴凉干燥处。

三、糊丸加工技术

糊丸是用米糊或面糊做为黏合剂制成的小球形丸剂。糊丸崩解时间较水丸和蜜丸为慢，除处方另有规定者外，一般丸重每两为200-400粒。由于方剂中含有刺激性较强的或有剧毒药物，要求在体内徐徐吸收，常制备成糊丸，内服后可延长药效，又能减少药物对胃肠道的刺激。

按处方不同的规定，糊丸所用的黏合剂有米糊（包括用粳米、糯米或黄米粉制成的糊）、面糊（小麦面制成的糊）、神曲糊（由神曲研为细粉制成的糊）。此外，尚有用黄酒、醋或药汁制成的糊，称为酒糊、醋糊或药汁糊。

糊丸的制作可分为：制糊、合药、样条、成丸、干燥等步骤。

1. 制糊

将制糊的原料（除另有规定外一般为总量的30%）置锅中，加适量水（或酒、醋、药汁）搅拌均匀，用文火缓缓加热，不断搅拌，至完全糊化为度。

蒸饼糊是将糯米粉或黄米粉用水和匀制饼，置笼屉内蒸熟，用时加适量水捣研成糊。

2. 合药

操作过程基本与蜜丸制作相同。将药物粉末置搅拌器或其他容器内，加入一定量炼好的蜂蜜，乘热充分搅拌混合，至全部滋润，色泽一致，软硬适中，能随意塑型即可。

3. 搓条

操作同蜜丸。

4. 成丸

操作同蜜丸。

5. 干燥

制成的糊丸须先阴干至六、七成干时，再行风干或低温干燥。特殊品种须完全阴干，以免碎裂。含有强烈芳香性药物的丸剂亦须阴干。

6. 如处方中规定须包衣或包衣后打光者，其操作与水丸相同。

7. 贮存

糊丸宜密闭贮存，防止受潮。

四、蜡丸加工技术

蜡丸是用纯净的蜂蜡为黏合剂制成的圆球形丸剂。通常丸重一钱或为小丸，其崩解时间最慢，可使所含药物作用徐缓释放，延长疗效，蜡丸的加工过程可分为：蜂蜡精制、熔蜡合药、制丸等步骤（图3-1）。

步骤一　加水　　　　　　　　　步骤二　合团

步骤三　摇转　　　　　　　　　步骤四　成丸

图 3-1　蜡丸制作过程

1. 蜂蜡精制

由于多数购买的蜂蜡多含有杂质，加工前应进行精制。精制时可先取适量水与蜂蜡混合，加热熔化，搅拌后静置，使杂质沉淀，待冷疑后取出，刮去蜡坨底部之杂质备用。

精制过的蜂蜡应呈浅黄色块状，质较软而有油腻感，闻时带有蜂蜜样香气，味淡纯正，在光亮处透视无杂质。固体石蜡或含有石蜡的掺合品，不得供制蜡丸用。

2. 熔蜡合药

将处方规定量的蜂蜡加热熔化，待至60℃左右，加入混合好的药粉，及时搅拌混合成丸块。

3. 制丸（包括搓条、成丸）

操作与制蜜丸方法相同，但须趁热制丸，注意保温，操作力求迅速，并控制小量配制，以避免蜂蜡凝固影响制丸。

4. 贮存

蜡丸宜密闭贮于阴凉处，防止受热。

五、浓缩丸加工技术

浓缩丸又称药膏丸、浸膏丸，系指药材或部分药材提取的清膏或浸膏，与处方中其余药材细粉或适宜的赋形剂制成的丸剂。

浓缩丸是丸剂中较好的一种剂型。其特点是减少了体积，增强了疗效，服用、携带及贮存均较方便，如六味地黄丸，药典规定大、小蜜丸一次服9克，其中含药材4.5克，制成浓缩丸，仅服2.6克，服量为蜜丸的1/4。既符合医用药特点，又适应大量生产，并可节约辅料。

浓缩丸制作前，应结合处方，对方剂中的药料应进行分析，根据药材的性质和疗效，决定哪些药材制膏，哪些药材磨粉，恰当的处理，使之既能缩小体积，又能增强疗效。

一般来说，处方中含淀粉质较多的药材，贵重细料药，量少或作用强烈的药材，质地一般而易碎的药材，宜粉碎成细粉，作为浸膏的吸收剂。质坚硬，黏性大，体积大，纤维质多的药材，宜制膏。

制膏的方法，以不损失有效成分为准，应按照药材的质地和临床所需要的有效成分的性质，采用不同方法进行提取。膏的稠度应视粉末多少而定，一般以用完为宜。太稀，体积大或用不完会影响剂量的准确，太稠，费人力物力，混合时难以操作。

取处方中部分药材煎出液或提取液浓缩成膏作黏合剂，蜜丸型须另加适量炼蜜，与另一部分药材细粉混合均匀，制成丸块，制丸条，分粒，搓圆。

附：

1. 近代制丸加工技术

在传统丸剂制作技术基础上，为了适应社会发展的要求，对制丸工艺进行改进，改进后的加工主要是制丸机完成，由加料斗、推进器、自控轮、导轮、制丸轮及喷头组成。操作时，将已混均匀的丸块投入锥形料斗中，以不溢出料斗又不低于料斗锥部高度的1/3为宜，避免药条致密程度，在螺旋推进器的挤压下推出丸条（型号不同，丸条数不同），在导轮控制下，丸条同步进入以相对方向转动的制丸刀轮中，由于制丸刀轮的径向和轴向运动，使丸条切割和搓圆。近代制丸加工的特点就是制成的丸粒圆整、均匀、丸重差异小，溶散时限能符合国家药典规定，产量高，避免污染。

2. 丸剂的包衣

（1）丸剂包衣的目的主要有：

①掩盖恶臭、异味，使丸面平滑美观，便于吞服。

②防止主药氧化变质或挥发。

③防止吸湿及虫蛀。

④根据医疗的需要，将处方中一部分药物作为包衣材料包于丸剂的表面，在服用后首先起作用。

⑤包肠溶衣后，可使丸剂安全通过胃而至肠内再溶散。

（2）丸剂包衣的种类甚多，主要归纳为以下几类。

药物包衣：药物包衣是指包衣材料是丸剂处方的组成部分，有明显的药理作用。包衣既可首先发挥药效又可保护丸粒、增加美观。中药丸剂包衣的多属此类。常见的有：

①朱砂衣，如痧药、七珍丸、梅花点舌丸等。

②甘草衣，如羊胆丸等。

③黄柏衣，如四妙丸等。

④雄黄衣，如痢气丹、化虫丸等。

⑤青黛衣，如当归龙荟丸、千金止带丸等。

⑥百草霜衣，如六神丸、麝香保心丸等。

⑦滑石衣，如分清五苓丸、防风通圣丸、茵陈五苓丸等。

⑧其他，如礞石衣（礞石滚痰丸）、红曲衣（烂积丸）、牡蛎衣（海马保肾丸）、金箔衣（局方至宝丹）等。

丸剂的保护衣：选取处方以外，不具明显药理作用，且性质稳定的物质作为包衣材料，使主药与外界隔绝起保护作用。这一类主要有：

①糖衣：如安神补心丸、安神丸等。

②薄膜衣：如应用无毒的医用高分子材料丙烯酸甲酯和甲基丙烯酸甲酯等为原料，将蜜丸包薄膜衣。又如以干酪素为原料将蜜丸包薄膜衣等。

（3）肠溶衣。选用适宜的材料将丸剂包衣后使之在胃液中不溶散而在肠液中溶散。丸剂肠溶衣主要材料如虫胶、苯二甲酸醋酸纤维素等。

（4）包衣原材料的制备。

①包衣材料应在包衣前制成极细粉，才能容易黏着和使丸面光滑。

②"素丸"要求：带包衣的丸粒谷称"素丸"。丸粒包衣过程中需长时间撞动摩擦，故"素丸"中除蜜丸外应充分干燥，使之有一定的硬度，以免包衣时碎裂变形，或在包衣后干燥时衣层发生皱缩或脱壳。

蜜丸当其表面呈润湿状态时具有一定的黏性，撒布包衣药粉经撞动滚转即能黏着于丸成为表面。其他"素丸"包衣时尚需用适宜的黏合剂，使丸粒表面均匀润湿后方能黏着衣粉。常用的黏合剂如10%~20%阿拉伯胶浆或桃胶浆、10%~12%的糯米粉糊、单糖浆及胶糖浆混合浆等。

3. 包衣的方法举例

以朱砂药物衣为例简述如下。

蜜丸包朱砂衣，将蜜丸置于适宜的容器中，用力使容器往复摇动，逐步加入朱砂极细粉，使均匀撒布于丸剂表面，利用蜜丸表面的滋润性将朱砂极细粉黏着而成衣。朱砂的用量一般为干丸重量的5%~17%，视丸粒的大小而不同，小蜜丸因其总表面积较大而用量比较多，但也不宜过多，以免不易全部黏着在丸面上，而且容易脱落。若朱砂在处方中的含量超过包衣用量时，应将多余部分与其他组分掺合在丸块中。

水丸包朱砂衣者为最多。包衣时将干燥丸剂置包衣锅或匾中，加黏合剂适量进行转动、摇摆、撞击等操作，当丸粒表面均匀润湿后，缓缓撒入朱砂极细粉。如此反复操作5~6次，至将全部丸粒包严，规定量的朱砂包完。取出丸剂低温干燥（一般风干即可）。再放入包衣锅内，并加入适量虫蜡粉，转动包衣锅，让丸粒互相撞击摩擦，使丸粒表面光亮，即可取出分装。朱砂极细粉的用量一般为干丸重量的10%左右（图3-2）。

步骤一　涂撒包衣料　　　　　　　　　　步骤二　摇转粘贴包衣料

图 3-2　丸剂包衣步骤

第五节　酒剂的加工技术

酒剂又名药酒，古称酒醴，系用白酒浸提药材而制得的澄明液体制剂。所用白酒含乙醇量为50%~60%。酒剂，为了矫味，常酌加适量的冰糖或蜂蜜。酒本身有行血活络的功效，易于吸收和发散，因此酒剂通常主用于风寒湿，具有祛风活血、止痛散瘀的功能。古代医者用酒把药材制成酒剂并用于防治疾病，是历史最为悠久的传统剂型之一，它曾在我国医药史上处于重要的地位，至今仍在医疗保健中发挥重要作用。古代有"酒为百药之长"的说法，所用的酒包括米酒、高粱酒和苦酒（醋）以及含糖酒（醛酸）等。从现有资料看，我国最古的药酒酿制方出现在马王堆出土的帛书《养生方》和《杂疗方》中，可以辨识的药酒方共有6个：

① 用麦冬（即颠棘）配合秫米等酿制的药酒（原题："以颠棘为酱方"治"老不起"）；

② 用黍米、糯米等制成的药酒（"为醴方"治"老不起"）；

③ 用美酒和麦（不详为何药）等制成的药酒。

④ 用石膏、藁本、牛膝等药酿制的药酒。

⑤ 用漆和乌喙（乌头）等药物酿制的药酒。

⑥ 用漆、节（王竹）、黍、稻、乌喙等酿制的药酒。

先秦时期，中医的发展已到了可观的程度，《黄帝内经》对酒在医学上的作用做过专题论述，其中所载的"鸡矢醴"是以含糖分的酒液浸泡药材而成。汉代，随着中药方剂的发展，药酒便渐渐成为其中的一个部分，其表现是临床应用的针对性大大加强，所以其疗效也得到进一步提高，如《史记·扁鹊仓公列传》收载了西汉名医淳于意的25个与药酒有关的病案。东汉时的《伤寒论》记载的炙甘草汤，是以水和酒煎煮药材，苦酒汤则是以醋煎煮药材。隋唐时期，是药酒使用较为广泛的时期，记载最丰富的要数孙思邈的《千金方》，其中共有药酒方80余首，是我国现存医著中，最早对药酒的专题论述。此外，《千金方》对药及酒剂的毒副作用，已有一定认识。至公元1330年《饮膳正要》记载了用蒸馏法工艺制酒，而得到乙醇浓度更高的酒，这样又进一步提高了药酒的质量。蒸馏法的问世，给提取药物的挥发性成分提供了条件。自明代以后，随之出现了"露"剂。如银花露、夏枯草露、枇杷露等。这是用水蒸气蒸馏含有挥发油成分药材而制成的一种剂型。相当于今日的芳香水剂。

中医学认为，酒，乃水谷之气，味辛、甘，性大热，气味香醇，入心、肝二经，能升能散，宜引药势，且活血络、祛风散寒，有健脾胃消冷积、矫臭矫味之功。现代医学也认为：酒能扩张血管，增加脑血流量，刺激中枢神经系统、血液循环系统、消化系统等。酒制中药是根据医疗、调剂、制剂需要而建立的炮制方法之一。中药炮制所用的酒，传统是指黄酒，其用量为药材量的10%～30%。但因其杂质较多，目前临床多采用符合国家药典质量标准的白酒为溶媒，且药材的多种有效成分皆易溶于白酒中，用于治疗风寒湿痹，祛风活血，散风止痛的方剂，制成酒剂应用效果更佳。

民国时期，由于战乱频繁，药酒研制工作和其他各行业一样，也受到一定影响，进展不大。新中国成立以后，由于政府对中医中药事业的发展十分重视，建立了不少中医医院、中医药院校、开办药厂，发展中药事业，使药酒的研制工作呈现出新的局面。药酒酿制，不仅继承了传统制作经验，还吸取了现代科学技术，使药酒生产趋向于标准化。

中兽医药所用酒剂可通过热浸法、冷浸法、渗漉法、回流热浸法、酿制法等多种提取方法制备。一般来说，所用酒剂的用法、浓度及制备、浸渍温度及时间，或渗漉速度，成品含酒量等，均因品种而异，尚无统一规定（图3-3）。

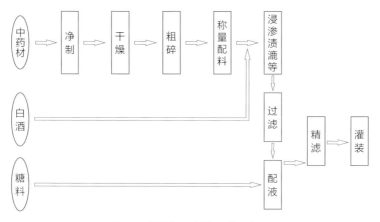

图 3-3　酒剂加工制作工艺示意图

一、冷浸法

冷浸法是将加工炮制后的药材碎片或粗粉，置瓷坛或其他容器中，加入适量的白酒（一般为药材量的8~10倍，也可根据处方酌情加减），密闭浸渍，每日搅拌1~2次，一周后，改为每周搅拌1次，共浸渍25~30天，注意避光，若为冬季则时间需略长。取上清液，压榨药渣，榨出液于上清液合并，适量添加糖或蜂蜜，搅拌溶解密封，静置数天，滤过，即得。如需要连续浸制，则无须压榨再加新酒浸制即可。

二、热浸法

是将药材切碎或粉碎后，置于有盖容器中，加入处方规定量白酒，用水浴或蒸汽加热，待酒微沸后，立即取下，倒入另一有盖容器中，或将酒与药材煎煮一定时间后，再放冷，贮存浸泡15天左右，接下来步骤同冷浸法。如需要连续浸制，则无须压榨再加新酒浸制即可。热浸法其优点为可加快浸取速度，在加热时到药酒表面有泡沫立刻停止加热，以防酒的挥发，趁热密封。

三、渗漉法

渗漉法是将药材粗粉置渗漉器中，将白酒连续不断的从渗漉器上部加入，渗漉液不断地从下部流出，从而浸提出有效成分（图3-4）。

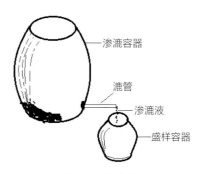

图 3-4　渗漉法

四、回流热浸法

回流热浸法是将药材饮片装入容器中，添加溶剂浸没药材饮片表面，浸泡一定时间后，采用回流浸提至规定时间，将回流液滤出后，再添加新溶剂反复回流，合并回流液，采用蒸馏法回收溶剂，即得。

五、酿制法

先将药材与水同煎，滤渍取汁。取糯米煮饭，即将糯米饭、药汁、酒曲混合搅拌置容器内加盖密封，静置4~6天即成。《千金要方》中的登仙酒，《太平圣惠方》中的商陆酒、五枝酒、乌鸡酒等均用此法。因其制作工艺简单，浓度低，又有糯米固护胃气，可达到扶正祛邪之功效。

第六节　胶剂的加工技术

一、胶剂概述

胶剂是指用动物皮、骨、甲、角等为原料，用水煎取胶质，浓缩成干胶状的内服制剂。其主要成分是动物水解蛋白类物质，并加入一定量的糖、油脂、及酒（黄酒）等辅料。一般都切成小方块或长方块。我国应用胶剂治疗疾病，已有悠久的历史。《神农本草经》载有"白胶"和"阿胶"，在广大群众中享有较高的信誉，至今仍在广泛使用。胶剂多供内服，其功能为补血、止血、祛风以及妇科调经等，以治疗虚劳、羸瘦、吐血、衄血、崩漏、腰腿酸软等症。

常用的胶剂，按其原料来源不同，大致可分为以下几种：皮胶类，角胶类，骨胶类，甲胶类，其他胶类等。

皮胶类系用动物的皮为原料经熬炼制成。常用的有驴皮及牛皮，古代文献记载，唐代以前的阿胶，系以牛皮做之，之后开始选用驴皮。现在以驴皮为原料者习称阿胶；以猪皮为原料者称新阿胶，而用牛皮为原料的则称为黄明胶。如驴皮以皮张大、毛色灰黑、质地肥厚、伤少无病、尤以冬季宰杀者为佳，名为"冬板"；其他皮张小、皮薄色杂的"春秋板"次之，夏季剥取的驴皮为"伏板"，质最差。黄明胶所用的黄牛皮以毛色黄、皮厚张大、无病的北方黄牛为佳。制新阿胶的猪皮，以质地肥厚、新鲜者为宜。

角胶类主要指鹿角胶，其原料为雄鹿骨化的角。鹿角胶应呈白色半透明状，但目前制备鹿角胶时往往掺入一定量的阿胶，因而呈黑褐色。熬胶所剩的角渣，也供药用，称为鹿角霜。鹿角分砍角与脱角两种，"砍角"质重，表面呈灰黄色或灰褐色，质地坚硬有光泽，角中含有血质，角尖对光照视呈粉红色者为佳。春季鹿自脱之角称"脱角"，质轻、表面灰色，无光泽。以砍角为佳，脱角次之，野外自然脱落之角，经受风霜侵蚀，质白有裂纹者最次，称为"脱角霜"，不宜采用。

骨胶类系以动物的骨骼熬炼而成，有虎骨胶、豹骨胶、狗骨胶等，后二者皆为虎骨胶之代用品。以东北虎为优，因其骨骼粗大，质地坚实；华南虎骨骼轻小，次之。一般以质润色黄之新品为佳，以虎之胫骨为最佳，陈久者产胶量低。

甲胶类以乌龟或其近缘动物之背甲或腹板熬炼而成，如龟板胶、鳖甲胶等。龟板为龟的腹甲，以板大质厚、颜色鲜明者为佳，称"血板"，而以产于洞庭湖一带者最为著名，俗称"汉板"，对光照之，微呈透明、色粉红，又称"血片"。鳖甲也以个大、质厚、未经水煮者为佳。

二、胶剂的加工制作

1. 胶剂制作原料

胶剂的制备，一般可分为原料和辅料的选择，原料的处理，煎取胶汁，滤过去渣，澄清，浓缩收胶，凝胶切块，干燥与包装等步骤。

辅料：胶剂根据治疗需要，常加入糖、油、酒等辅料。辅料既有矫味及辅助成型加作用，亦有一定的医疗辅助作用，辅料的优劣，也直接关系到胶剂的质量。

冰糖以色白洁净无杂质者为佳。加入冰糖能矫味，且能增加胶剂的硬度和透明度。如无冰糖，也可以白糖代替。

酒多用黄酒，以绍兴酒为佳，无黄酒时也可以白酒代替。胶剂加酒主要为矫臭矫味，绍兴酒气味芳香，能改善胶剂的气味。

油类制胶用油，常用花生油、豆油、麻油三种。以纯净新鲜者为佳，已酸败者不得使用。油类能降低胶之黏性，便于切胶，且在浓缩收胶时，锅内气泡也容易逸散。熬炼虎骨胶时，有专用虎骨油为润滑剂的。

阿胶，某些胶剂在熬炼时，常掺和小量阿胶，可增加黏度，使之易于凝固成形，并协助发挥疗效。

明矾，以白色纯净者为佳，用明矾主要是沉淀胶液中的泥土等杂质，以保证胶块成形后，具有洁净的澄明度。

水，熬胶用水有一定选择。阿胶原出于山东"东平郡"，用"阿井"之水制胶而得名。现代生产胶剂，一般应选择纯净、硬度较低的淡水，或用离子交换树脂处理过的水来熬炼胶汁。

2. 胶剂制作过程

原料处理：胶剂的原料如动物的皮、骨、角、甲、肉等，附着的一些毛、脂肪、筋、膜、血及其他不洁之物，必须经过处理，才能煎胶。如动物皮类，须经浸泡数日，每天换水一次，待皮质柔软后，用刀刮去腐肉、脂肪、筋膜及毛。工厂大量生产可用蛋白分解酶除毛，洗刷除去泥沙，也可用热碱水除去油脂，然后切成小块，置于锅内开水烫洗数分钟，待皮块膨胀卷缩后，再行熬胶。骨角类原料，可用清水浸洗除去腐肉筋膜，每天换水一次，取出后可用碱水洗除油脂，再以水洗净，便可熬胶。虎骨多附筋肉，可先将原料放入沸水中稍煮捞出，用刀刮净筋肉。角中常有血质，用清水反复冲洗干净，供熬胶用。

煎取胶液熬胶：原料经处理后，置锅中加水以直火加热，或置夹层蒸汽锅中加热煎取胶汁。水量一般以浸没原料为度。如直火加热，锅中应有一层多孔的假底或竹帘，以免原料因锅底温度过高而焦化。煎胶所用火力不宜太大，一般以保持锅内煎液微沸即可。夹层锅蒸汽加热，能使原料受热均匀，可避免焦化。无论直火加热或蒸汽加热，都应随时补充因蒸发所失去的水分，以免因水不足而影响胶汁的煎出。为了把原料中的胶汁尽可能煎出，除保持温度和足够水分外，煎煮时间也极为重要。煎煮时间随原料而异，除特殊规定外，一般以8~48小时，反复3~7次，至煎出液中胶质甚少为止。每次煎出的胶汁，应趁热过滤，否则冷却后胶凝黏度增大而过滤困难。胶液过滤并经澄清后，才能浓缩。由于胶汁黏性较大，其中所含杂质不易沉降，常用沉降法或沉降、滤过二法合用。一般在胶液中加入适量明矾水（每100克原料加入明矾60~90克），经搅拌静置数小时，待细小杂质沉降后，分取上层澄清胶液，或用细筛或丝棉滤过后，再置锅中以文火进行浓缩。

浓缩收胶：如以直火加热时不宜过大，并应不断搅拌，如有泡沫产生，应及时除去。随着水分的蒸发，胶液黏度愈来愈大，这时应防止胶汁焦化。胶液浓缩至糖浆状后取出，静置24小时，待沉淀下降后倾出上清液，再置锅中继续浓缩至一定程度，即可加入糖，搅拌至完全溶解后继续浓缩，使胶液浓缩至接近出胶，即开始"挂旗"时，搅拌加入黄酒。此时火力更要减弱，并强力搅拌，以促进水分蒸发并防止焦化。此时，锅底将产生较大气泡，如馒头状，俗称"发锅"。挑起胶液则黏附棒上呈片状，而不坠落（也叫"挂旗"），胶液浓缩至无水蒸气逸出为度，但各种胶剂浓缩程度不同。如鹿角胶应防止"过老"，否则成品色泽不够光亮，易碎裂；而龟板胶浓缩稠度应大于驴皮胶、鹿角胶、虎骨胶等，否则不易凝成胶块。因此，浓缩程度要适当，水分过多，成品在干燥过程中常出现四面高、中间低的塌顶现象。胶汁炼成后可加入油类，并强力搅拌使其分散均匀，以免出现小油泡。

凝胶与切胶：胶剂熬成后，趁热倾入已涂有油的凝胶盘内使其胶凝，即将胶汁凝固成块状。胶凝前将胶盘洗净，揩干，涂少量麻油，倾入热胶汁后置于8~12℃的环境中，经12~24小时，即可凝成胶块。胶汁凝固后即可切成小片状，称为"开片"。手工操作时要求刀口平，一刀切成，以防出现重复刀口痕迹，大量生产时可用机器切胶。

干燥与包装：胶片切成后，置于有干燥防尘设备的晾胶室内，放在胶床上，也可用竹帘分层置于干燥室内，使其在微风阴凉的条件下干燥。一般每48小时或3~5天将胶片翻动一次，使两面水分均匀散发，以免成品发生弯曲现象。数日之后，待胶面干燥至一定程度，便装入木箱内，密闭闷之，使胶片内部分水分向外扩散，称为"闷胶"，也有称之为"伏胶"的。2~3天后，将胶片取出并用布拭去表面水分，然后再放入竹帘上晾之。数日之后，又将胶片置于木箱中密闭2~3天，如此反复操作2~3次，即可达到干燥的目的。也可用纸包好置于石灰干燥箱中干燥，这样可以适当缩短干燥时间。另外，也可用烘房设备通风干燥的。胶片充分干燥后，用微湿毛巾拭其表面，使之光泽，用朱砂或金箔印上品名，装盒。胶剂应贮存于密闭容器，置于阴凉干燥处，防止受潮、受热、发霉、软化、黏结及变质等；但也不可过分干燥，以免胶片碎裂。

第七节　丹剂的加工技术

丹药在我国已有两千多年的历史。在冶炼过程中，它最早地发现并应用许多化学原理，为祖国医药应用化学药品奠定了基础。早在《周礼》中就有"疡医掌肿疡、溃疡、金疡、折疡之祝药削杀之剂，凡疗疡以五毒攻之"的记载。郑玄（东汉高密人）注"止病日疗，攻、治也，五毒、五药之有毒者，今医方有五毒之药，做之，置石胆、丹砂、雄黄、磁石其中，烧之三日三夜，其烟上著，点鸡羽扫取之，以注创，恶肉破骨则尽出"。春秋战国时期，仙丹是用汞及某些矿物药经高温条件烧炼成的不同结晶的无机化合物，初载于《遂家书中》，在战国末期，《淮南子》和《淮南子万毕术》二书记载了丹砂、汞、铅等炼丹的原料。到了东汉，炼丹术进一步发展，当时最有名的炼丹家魏伯阳撰著的《周易参同契》中记载了许多炼丹的方法，是世界上现存的最早的有关炼丹著作，作为炼丹的理论基础，基本记载了汞和铅的一些化学性质、化学反应、提炼方法等。晋代名医葛洪以炼丹术著称于世，写成了《抱朴子内篇》十二卷，可以认为是集汉、魏以来的炼丹术之大成。在此书中提到的化学药物有汞、硫、铅、雄黄、雌黄、胆石、硝石、赤石脂、矾石、磁石、云母、卤盐等20余种药物用雄黄或雌黄加热提纯硫而发现硫的升华现象，天然硫酸铜渗液、涂于铁器表面生成红色铜，发现了化学反应中金属置换反应、丹砂加热可分解出汞。而汞与硫化合后、生成硫化汞，发现了化学反应的可逆性。从而使炼丹术本身积累了许多化学知识。

梁代陶宏景著有《合丹法式》等书。唐朝时，炼丹术得到空前的发展，在炼丹的原料上增加了白砒、硇砂等、能够炼制轻粉、红升丹、白降丹等药物。这三种药物至今被外科所应用，唐以前这段时间大多数是内服用。宋元以后丹剂才逐渐用到外科医疗上来。在治疗疮疖、痈疽、疔、痰、以及骨髓炎等病中丹剂发挥了其独特快速的治疗目的，但在使用上要注意其剂量和部位，以免引起中毒。

至明清两代，丹药已成为中医外科的重要药品。《外科理例》中有"耳，以白降丹戒蘸药，插入腐肉内，化尽自愈"的介绍。这说明到明代降丹不只是用以治疗痈、疽、瘰、疬，而且扩大到治疗耳科疾病。目前丹药常用于淋巴结核、骨髓炎、恶性肿瘤、瘰疬、痈、疖、疔、流痰、瘘管、鼠疮、乳痈、神经性皮炎等，具有比较好的疗效。但是由于丹剂具有一定的毒性，制备过程比较复杂，在临床的使用有减少的趋势。由于传统的丹剂，均为含汞材料的丹药，所以，丹剂也就是汞类丹药。

一、丹剂的分类

一般来说，汞类丹药分为氯化汞、硫化汞类和氧化汞类。

氯化汞类丹药又包括：轻粉、粉霜、白降丹。

轻粉，又名水银粉、水银蜡、水粉等，主要含氯化亚汞。炼制轻粉主要用汞、白矾、食盐，生成升华物轻粉。

粉霜，又名水银霜、白雪、白灵砂等，主要是氯化亚汞，也有认为含氯化汞，用水银、明矾、食盐、火硝炼制而得。

白降丹，也称降丹，为氯化汞和氯化亚汞的混合物，其炼制所用原料为水银、火硝、白矾、朱砂、硼砂、食盐和绿矾。其处方中各药品的配伍比例在各家文献中都有差异。

硫化汞类丹药包括：灵砂和银朱。均系汞的硫化物粗制品。灵砂用朱砂炼制而成，银朱又名猩红、心红，今为人工制成的赤色硫化汞。

氧化汞类药包括：升药、红升丹。

升药，又称三仙丹、灵药、三白丹等，为粗制氧化汞。三仙丹用水银、明矾、火硝炼制而成，经加热炼制后，碗内周围的红色升华物为红升，碗中央的黄色升华物为黄升。

红升丹，又名大红升丹，利用各种无机矿物，经高温炼制的一种氧化汞类制剂，其纯度比三仙丹低。其处方中各药品的配伍比例在不同文献中都有差异。

二、丹剂的制作

丹剂系以升华或熔合等方法制成，亦有用一般混合方法制成者。可配制为丸、散或锭等剂型，根据医疗上的需要，供内服或外用。丹剂除用一般混合方法制成的丸、散及锭外，按传统学惯均称为"丹"，丹剂的制作，可参照各剂型制法，其中用物理、化学方法制成的丹多属矿物类药物，其制法可分为：升华法、熔合法二种。

1. 升华法

将处方规定的矿物类药物，置坩埚（阳城罐或其他素烧瓷器）或铁锅中，上覆盖瓷碗或铁盏，碗底上面放湿大米数粒，再加砖两块压在上面，用六一泥（黄泥六分加食盐一分混合而成）封固；也可以将药粉置锅内，加热熔化，待显蜂窝状，水气逸出，及时离火，再均匀洒入水银，覆盖丹碗。以文火加热升炼，至药物全部升华，加武火炼至碗底米呈老黄色后改用文火炼米呈焦黑色即停火，或达到处方规定时间，停火，放冷。刮下红色、橘红色有光泽的升华物粉末，露天放置数日，去火毒，研为细粉或极细粉，过筛，包装密闭避光保存。要求各药材剂量准确，品质纯净。

具体制作方法如下：

将硝矾二物先放锅中炒干水气，然后取起备用，如事前已炒好硝、煅好矾，则可省去这一临时手续。

将硝、矾和其他各药混和，再研至极细（细的目的是在增加药与药的接触面，使其在烧炼时可以加速化学反应），堆于锅中，用竹片刮平，面积不易超过碗口。

将锅端至已生好火的炉上进行烧胎（也叫结胎）工作，初则锅中药物融化，继而烧至药无活动现象时为止。如在炒硝矾时，将青矾同时炒干以去水分，则此时可不用烧胎这一工作。但也可不预炒硝矾，而把全部药物放入锅中来一次烧胎工作，效果也是一样。不过锅中水分过多，在烧炼时要防范到锅中蒸汽冲开丹碗。

将丹碗就火上烤热，随用生姜片乘热在碗的内外擦一遍，这样可使在高热时不致碗裂走丹，但这是对未用过的新碗而言，若是烧炼过多次的老丹碗，则不必多此一举。

将丹碗覆盖于已结好胎的锅内，碗与锅的接触处，当以浸湿盐水的棉纸塞紧周围，并在上面再覆盖一层棉纸，不能留有缝隙，使将来在烧炼时走气。随以煅石膏末用水调成糊状厚涂碗口周围，等石膏硬化时，再掩盖河沙（如石膏不便也可改用盐泥），但须留出碗底，并于碗底放大米一摄，或浸湿棉球一只，以测锅中火候。随即压上秤锤，或者砖石，防备在烧炼时锅中蒸汽冲开丹碗走丹。如果在烧炼时有了泄气的话，那就只有40%～50%的成药，或者甚至无丹可获。有时不慎也可把丹烧成绿色、黑色、蓝色、烟煤样的东西，这些都是坏丹，无药用价值，只有报废。

开始先烧文火约一柱香（各处香有长短粗细的不同，是25～30分钟），完时再用武火烧一柱香时间，最后又用文火一柱香，三香完时，即提开秤锤或砖石，观察碗底大米是否已焦，如米已焦黑，即为火候适度之征。

锅冷之后，可除去锅中河沙、石膏（或盐泥）、纸灰，随用小扫帚扫尽余灰（手势宜轻，切忌触动丹碗，致丹药坠下），轻轻揭开丹碗，即可见到有赤色的丹药升于碗上，可用小刀刮下，研细贮瓶备用。

升丹必须贮入有色瓶中（瓷瓶更好）保存，不可使强光透射及热气熏蒸，否则便会析出水银变成黑色，失去药效，而成废物。

2. 熔合法

将处方规定的矿物类药物，置铁锅或密闭容器中，用文武火加热使药物互相作用生成新的化合物或熔合物。如用不密闭的铁锅制备，应用铲不断搅拌，直至与处方规定色泽与形态相符为度。取出放冷，研为细粉。按处方规定，或再与其他药物粉末混合。制为丸或其他规定的剂型，即得。

具体制作方法如下：

将全部药物（水银除外）先分别研细，然后将各药合而为一，并将水银加入再研，研至不见水银星珠时为度。

将研细之药盛于阳城罐内，并用竹片刮平，放到生火炉上，以文火缓缓烧之，使罐内物熔融。在这时一定要注意观察火候是否均匀，并需用竹竿探侧火候老嫩，嫩者插之粘竿，老者插之不软。如罐内有白烟起时，可用竹刀扒塞之，白烟即会熄灭，如见黄烟起时，即马上将罐移开火炉。并观察罐内药物是否凝固而呈草绿色，保证药与罐壁紧密接合而无缝隙，这步工作最要仔细，火太大则老、则干，胎不团结，烧炼时药必坠下（是名堕胎）；不干则嫩，烧时药必下流，胎结不起（是名流产）。有这两种偏向时，都无丹可获。看结胎老嫩法：坚者可稍偏于火，软者须等到罐中黄烟起时才移开火炉。

用大瓷盘子一个，将结胎丹罐覆盖上，以盐泥或煅石膏加水稠成稀糊状，封固罐口周围待用。

用大木盆一只，盛满清水，将已封固好的丹罐瓷盘放于清水盆中（须注意到不使水漫入盘中、浸坏封口），再用河沙围护罐的四围，罐内装有若干药，即露出装药的若干部分，最后再用屋瓦数片仰铺于沙的四周，承受炭火。

将烧红木炭先取数块放于丹罐底部，用微火慢烧，烧约20分钟时，再添烧炭围于罐的四周，以文火烧之（文火比微火稍强），二柱香完，三注香开始时，则需要武火（无火焰的火谓之文火，有火焰的火谓之武火），有时可视情况用扇微微扇之以助火力，至二柱半香时，即停止加炭加火，尽剩余之炭养之，候三柱香完时，听其自然冷却。

将冷后的丹罐除去河沙及封口物，轻轻揭开丹罐，即见有色白如雪的丹药降于盘中及丹罐口部内壁，是即"白降丹"。可用小刀将丹慢慢刮下收贮，此丹也是越陈越佳，故可多炼一些，存储起来，以备不时之需。

贮藏：制为散剂的应以瓷瓶或玻璃瓶包装，密闭贮于凉暗干燥处。制为丸、锭的，可参照各该制剂贮藏项下的规定贮存。

3. 丹剂制作的注意事项

（1）封口。炼丹的关键，就是封固罐口，要是口封得不好，就会在升炼过程中"走丹"（就是泄气），走了丹那就无丹可获。一般封口材料，有用六一泥的，有用瑕石膏的，有用盐泥的，有用罐子泥的，有用石膏同食盐混合物的，各有使用习惯。

（2）打法。丹药方剂虽多，而打法则不出升、降两途。但升降方法却有多中类型，有过桥打法，有两罐并立中有桥梁通气打法，有两罐横放串打法，有一罐之中隔作三四层打法，有一罐之中先降后升或先升后降打法，有在罐中盛水使丹溶入水中打法，从这些方面，可似看出我国医学的炼丹方法是怎样的丰富多彩。

（3）火候。火候是烧炼丹药的重要部分，要是掌握不好，就不会得到好的收获，因此烧炼丹药必须以掌握火候为原则。常见老于此道的前辈，在炼丹时，偶一疏忽，却遭受到不应得的失败。炼丹的用火方法不一，有俱用文火到底者，有俱用武火到底者，有用文中之文，武中之武到底者，有用半罐火者，有用蒙头内外俱红火者，这些不同方法，正是他们各人不同经验，同时也体会出传统炼丹方法的不拘一格。

（4）颜色。升者红而降者白，是一般人都知道的大体情况，但也有升而白者、黑者、青者、如针状者，这可说是一种特殊情形，然必以红升、白降为合乎常规。

（5）工具准备。在未开始炼丹前，必须将各种需要工具和应用材料准备妥当，才可动工，不致临时慌张，或缺少东西，造成损失。现将应备务事简介如下：火炉：铁、瓦、泥质均可，以火膛较深者为合用，作为炼丹时的丹炉。

小铁锅：以麻水生铁铸成者为佳，熟铁锅不合用，锅口道径约一尺二寸，两边须有便于提抓的两耳，作为升丹时的丹锅。

细瓷碗：碗口直径五、六寸，以质厚，口平者为合用，过薄者不耐高热，作为升丹的丹碗。

棉纸捻：数条，作为丹碗塞缝用。

棉纸条：数条，约一寸宽，长不拘，作为塞纸条后掩护捻条用。

煅石膏：一斤许，作碗口纸条部封口用，如不用石膏，也可改用盐泥。

细河沙：二三斤，作掩护丹碗用，用时如过于干燥，可稍喷水润湿，以减丹碗温度，河砂还有一个优点，就是到达一定温度后，即可稳定下来，不致骤高骤低，故化学实验室中利用这一优点来作为砂浴。

木炭：十斤许，作炼丹时的燃料用，升丹则以泡炭为佳，取其有焰，降丹则以杠炭为好，取其耐燃。

火钳：一把，作夹取炭用。

扇子：一把，作煽火用。

铁秤捶：一只，以重二三斤者为合用，无秤锤时也可改用砖石，作压丹碗用。

丹罐：二个，以阳城罐为佳，如无阳城罐时，则以各地生产的无釉陶罐代之，如用锅升时，也可不备此物，但降丹仍然需要。

木盆：一只，作炼降丹时贮冷水用。

大瓷盘或碗：一只，作降丹时承丹罐用。

竹刀：一柄，作降丹结胎时扒药用。

铁长叶刀：一柄，作铲丹药用。

小扫帚：一把，作扫丹锅泥沙用。

小棕刷：一只，作扫取丹药用。

小秤：一具，作量药用。

乳臼：一套，作研药用。

大米：一撮，作测量火候用。

（6）药物原料。水银、火硝、明矾、皂矾、雄黄、朱砂、分量多少，随其需要而定。硝、矾二物，因其所含水分太多，在结胎时容易暴涨而妨碍操作，最好是预先将白矾煅成枯矾，将火硝炒至干燥备用，故古人有"硝要炒燥，矾要煅枯"的提示。有用酒烧白矾一法，以去水分的。其余的皂矾、雄黄、朱砂等物也要事前研成粉末备用。

（附1）升丹的炼制加工技术实例

处方：水银30克　火硝30克　白矾30克　青矾30克　朱砂15克　雄黄15克

炼法：

（1）将硝、矾先同研细，再同其他药物混合，研至极细，堆于锅内中心，用竹片刮平，面积不宜超过碗口。

（2）将锅端至生好火的炉上，进行烧炼操作，有的药工则叫做焊底。

（3）将丹碗覆于已烧好胎的锅内，碗口与锅的接触处，应以浸湿盐水的纸捻条塞紧，并在面上再盖以纸条一层，不容稍有缝隙，以免将来在烧炼时冲开丹碗走气，随以煅石膏末加盐水调成糊状厚涂碗口周围，候石膏硬化时再盖上河沙（如无石膏，也可用盐泥），须留出碗底，并于碗底放大米一撮以测火候，随即压上一块大鹅卵石，防备在烧炼时锅中蒸汽冲开丹碗走丹。

（4）开始先烧文火30分钟，后改用武火30分钟，最后又改用文火30分钟，文火完时即拿开鹅卵石，看碗底大米是否已焦。如米已焦黑，即是火候适度之证；如米未焦黑，则可再延长一点时间。火候到时，则除去炉中炽炭待冷，或将锅离开火炉待冷。

（5）锅冷后，可除去锅中河沙，轻轻揭开丹碗，即可看到鲜明赤色的丹药升于碗上，可用小刀轻轻刮下，1~2小时，即取起丹碗，或用木棒从碗底敲之，丹即全部落下，贮于有色瓶中。

升在碗中的丹药颜色，因它的部位而不同，近碗口边缘部的，是红升丹；碗中央部的，是黄升丹，而且红黄两色的分界线划分得十分显著而整齐（有时也有不十分清楚的）。这一原理，是因为碗口与锅接触处所受的热力较大，故色要红些，碗底则离锅较远，且露于外，故色黄些。

（6）丹药必须贮于有色瓶（瓷瓶更好）中保存，不可置强光透射及热气熏蒸，否则便会析出水银，使丹药变成黑色，损失药效。

（7）在收丹时，则可将红黄两种丹药分别刮下贮存，红者为红升丹，黄者为黄升丹，同是一样原料，同样操作，而红升却比黄升的分量重得多，故红多黄少的一料药收获量比较多，黄多红少的一料药收获量却相反，要是技术掌握好的，可得水银量100%。

（附2）降丹的炼制加工技术实例

处方：水银1两，火消2两，明白矾3两，绿皂矾1两，青盐1两，白砒1两或5钱，硼砂5钱，朱砂3钱，明雄黄3钱，黑铅1两。

制法：先将铅入铁勺，火上化熔，离火，入水银，冷后取下，研为细末。朱砂、雄黄、白砒、硼砂共研为细末。再混合诸药，共研细末。

将炼丹罐放炭火上，缓缓下药，用细竹签搅动，待所有药物熔化，继续搅动，使药物混合物由稠变干，以白烟飞尽为度。

用竹签将药摊抹于罐中，注意使罐底以至周围贴实粘匀。至药完全变干，将炼丹罐从火上移开，盖好罐盖置于火上继续进行加热，以药物不掉着为最佳，称为坐胎，上述过程如果白烟未尽，或粘药不匀时，则盖罐后继续加火，药物就会脱落。所以炼此丹，以坐胎成功与否最为关键。

取空炼丹罐套在装有药物的炼丹罐下面，用铁丝上下拴住罐耳，用盐水和赤石脂做成泥浆，固封罐口，阴干，再夹烧红的炭火烘烤罐口的泥，使无潮湿及缝隙。选择一块干净的地，挖坑，内置干净水一盆，将套合罐坐于水盆内，水深为下面罐的一半即可，切勿使水浸过封口之泥。再用干净的砖瓦，在罐的周围密封此坑，与下面罐之口平齐为止，上罐四面立放薄砖4片，砖与罐之间又放碎砖4块，以便架炭也，切记砖勿挨罐。

准备水碗、干净竹筷、线香、香炉、炭炉。先用烧红的木炭2节，加于上面一个罐的顶部，等待香燃尽2寸左右，再加燃烧的炭1层于罐顶周围，在等香燃尽约2寸，又加炭火，注意必须轻手不响为妙。随时观察木炭有无燃烧情况，速即轻轻补充炭火。如果罐口有走气之处，速即轻手以泥补封。

继续加热，等待3炷香燃尽后，轻手渐渐去炭。等完全冷却后，轻手扫净炭灰，取起双罐，放置于桌子上，轻手刮吹罐口泥土，移去上面的罐，看见所炼的丹在下面的罐中，呈银白色。如果罐中无潮气，则所得丹为干丹；若罐中有潮湿之气，则丹下面为水。

所以取罐时要正拿正放。

此丹在使用时比较疼，如丹有水，则不要立即取出，加入生石膏末1两左右，搅拌混入丹中，再用盏灯盏瓶底盖住罐口，置炉上以小火煅1炷香时间，打开，完全冷却，再刮取丹药，保存，这个过程又叫回生法，用此法处理后，用之可减少其痛疼。

（附3）漳丹的炼制加工技术实例

漳丹又作樟丹，铅丹。作为药，用途很广。李时珍对这种药的主要功效，概括得很好：樟丹体重性沉，能坠痰去怯，故治惊癫狂、吐逆反胃有奇效；能消积杀虫，故汉疳疾、下痢、疟疾有实绩；能解热、拔毒、长肉、去瘀，故治恶疮肿毒及入膏药，是外科必用的药物。由铅、硫磺、硝石等混合炼制而成。

漳丹的炼制方法较为简单，不同古书籍记载的方法稍有不同。

1. 炒铅法

（1）取上述原料，放于铁杯中，置于火上进行炒，用较长的钝剑形铁篦搅动，最后炒成液体，逐步成为黄沙装，此物应为黄丹，为第一步氧化产物。

（2）将上述黄丹进行澄洗，以洗去可溶的硫酸盐等副产物，在盛如铁杯中，仍然用铁篦搅动烧炒，使其变为赤红色，此为第二步，氧化成铅丹，经过连续三天三夜后，丹赤即成。注意加热时不得用猛火，这是因为，铅丹于500℃会分解，所以猛火炒不出铅丹。（图3-5）

图 3-5 铅丹

2. 硝磺法

（1）原料。铅一斤、硫二两（此处一斤应为十六两）、硝一两。

（2）炼制过程。先在铁制锅中放入铅，加热将其熔化成汁。然后用少许醋加入其中，叫做醋点。烧至滚沸时，再放入硫一小块，紧接着放入少许的硝石。继续加热，完全滚沸后，再点醋，按照前面的方法，放入下少许硫黄和硝，加热直至烧干，黄色完全褪去为止，炒为末，成黄丹（即铅丹）。

与炒铅法比较，硝磺法有了较大的改进，先进之处在于加了氧化剂，大大加快了反应速度。另从战国到东汉逐步成书的《神农本草》已列出铅丹条目，西汉末年成书的《黄帝九鼎神丹经》提到用铅白制铅丹的方法："胡粉烧之，令如金色"。该书还详细介绍了在土釜中（因为铜等金属易与铅互熔成合金，故用土釜）烧炼金属铅成铅丹的方法。

第八节　颗粒剂的加工技术

颗粒剂是将中药材煎煮液或提取液，经浓缩干燥或与适当的辅料混合而制成的颗粒状或粉状制剂，因其使用时多用水冲服，故也称冲剂。一般可分为可溶性颗粒剂、混悬型颗粒剂、泡腾性颗粒剂、肠溶性、缓释性、控释性制剂。颗粒剂是在汤剂的基础上发展起来的的一种新剂型，其主要特点是可以直接吞服，也可以冲入水中饮入，应用和携带比较方便，溶出和吸收速度较快。中药颗粒剂由于经过提取分离，可以显著降低无效杂质的含量，更能达到高效、速效、长效、稳效、专效，便于储存、携带、使用、生产、运输和剂量小、毒性小、副作用小的特点。

颗粒剂加工制备与片剂相似，但不需压片而是直接将颗粒装袋。主要流程为：物料前处理→制软材→制湿颗粒→湿颗粒干燥→整粒与分级→质量检查→装袋（图3-6）。物

物料
旋转滚筒

浓缩后进料

滚动粉碎

筛分颗粒

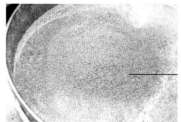

成品

图 3-6　颗粒剂制作过程

料前处理主要包括，选择药材与其他材料－拣选去杂质－加入溶剂提取；制软材是传统湿法制粒的关键技术，系将药物与适当的辅料，如淀粉、乳糖、蔗糖混合后，加入用水或有机溶剂溶解的黏合剂溶液进行混合，然后将具有黏性的软材捏合达到"握之成团，捏之即散"的程度。软材的质量直接影响药物溶出的快慢。湿颗粒的制备常采用挤出制粒法。将软材用机械挤压通过筛网，即可制得湿颗粒。湿颗粒干燥，除了流化、喷雾制粒以外，其他方法制得的颗粒均需要采用适当的方法进行干燥，常用的干燥方法有：烘箱干燥、真空干燥、沸腾干燥，干燥后的颗粒可能发生粘连，甚至结块，因此对干燥后的颗粒应该给予适当的整理，将粘连的颗粒分开使得颗粒均匀，一般采用过筛的方法。

一、物料前处理

因中药含有效成分的不同及对颗粒剂溶解性的要求不同，应采用不同的方法进行提取。多数药物用煎煮法提取，也有用渗漉法、浸渍法及回流法提取。

1. 煎煮法

系将药材加水煎煮取汁的过程。一般操作流程如下：取药材，适当地切碎或粉碎，置适宜煎煮容器中，加适量水使浸没药材，浸泡适宜时间后，加热至沸，浸出一定时间，分离煎出液，药渣依法煎出2~3次，收集各煎出液，离心分离或沉降滤过后，低温浓缩至规定浓度。稠膏的比重一般热测（80~90℃），比重为1.30~1.35克/毫升。

为了减少颗粒剂的服用量和引湿性，常采用水煮醇沉淀法，即将水煎煮液蒸发至一定浓度（一般比重为1:1左右），冷后加入1~2倍的乙醇，充分混匀，放置过夜，使其沉淀，次日取其上清液，必要时进行滤过，沉淀物用少量50%~60%乙醇洗净，洗液与滤液合并，减压回收乙醇后，待浓缩至一定浓度时移置放冷处（或加一定量水混匀）静置一定时间，使沉淀完全，虑过，滤液低温蒸发至稠膏状。

煎煮法适用于有效成分能溶于水，且对湿、热均较稳定的药材。煎煮法为目前颗粒剂生产中最常用方法，除醇溶性药物外，所有颗粒剂药物的提取和制稠膏均用此法。

2. 浸渍法

系将药材用适当的溶剂在常温或温热条件下浸泡，使有效成分浸出的一种方法。其操作方法如下：将药材粉碎成粗末或切成饮片，置于有盖容器中，加入规定量的溶剂后密封，搅拌或振荡，浸渍3~5天或规定时间，使有效成分充分浸出，倾取上清液，滤过，压榨残液渣，合并滤液和压榨液，静止24小时，滤过即得。

浸渍法适宜于带黏性、无组织结构、新鲜及易于膨胀的药材的浸取，尤其适用于有效成分遇热易挥发或易破坏的药材。但是具有操作用期长，浸出溶剂用量较大，且往往有效成分浸出效率差，不易完全提出等缺点。

3. 渗漉法

系将经过适宜加工后的药材粉末装于渗漉器内，浸出溶剂从渗漉器上部添加，溶剂渗过药材层往下流动过程中浸出的方法。

其一般操作方法如下：进行渗漉前，先将药材粉末放在有盖容器内，再加入药材量60%～70%的浸出溶剂均匀润湿后，密闭，放置15分钟至数小时，使药材充分膨胀以免在渗漉筒内膨胀。取适量脱脂棉，用浸出液湿润后，轻轻垫铺在渗漉筒的底部，然后将已润湿膨胀的药粉分次装入渗漉筒中，每次投入后均匀压平，松紧程度根据药材及浸出溶剂而定。装完后用滤纸或纱布将上面覆盖，并加一些玻璃珠或石块之类的重物，以防加溶剂时药粉浮起；操作时，先打开渗漉筒浸出液出口之活塞，从上部缓缓加入溶剂至高出药粉数厘米，加盖放置浸渍24～48小时，使溶剂充分渗透扩散。渗漉时，溶剂渗入药材的细胞中溶解大量的可溶性物质之后，浓度增高，比重增大而向下移动，上层的浸出溶剂或较稀浸出溶媒置换其位置，造成良好的细胞壁内外浓度差。渗漉法浸出效果及提取程度均优于浸渍法。

二、浓缩、干燥技术

传统的浓缩方法，主要是通过继续加热以蒸发提取物中多余的水分和其他溶媒。随着社会科技的发展，远古的方法效率较低，不能适应临床需求，因此，人们在传统医学理论和传统药学理论的基础上，遵循药物及制剂传统加工方法的宗旨，结合现代技术，创新和采用了比较先进的方法。常用于中药浸膏的浓缩或干燥的新技术有：薄膜浓缩、反渗透法和喷雾干燥、离心喷雾干燥、微波干燥及远红外干燥技术等。现举例说明喷雾干燥与冷冻干燥技术的在中药颗粒剂制备中的应用。

1. 喷雾干燥与干法制粒工艺

该法是将药材浸出液经喷雾干燥制成于浸膏粉，加入辅料。先预压成粗片，然后粉碎成颗粒的一种新工艺。它实现了瞬间干燥，防止了有效成分损失，同时保证了颗粒和性状的均一性，使颗粒具有较稳定的崩解性和溶散性，从而克服了湿法造粒工艺的溶媒残留、变色、储存不稳定等缺点。

2. 冷冻浓缩与冷冻干燥技术

冷冻浓缩技术是使药液于－20℃～－5℃低温冷冻，通过不断搅拌使结出冰块成为微粒，然后以离心机除去冰屑而得到浓缩的浸膏。此种超低温浓缩可达到有效成分的高保留率。如桂枝芍药汤中的有效成分桂皮醛，采用冷冻浓缩法可保留该成分为一般真空加热浓缩法的50倍之多。但反潮性强，成本较高。

三、制粒成型

中药颗粒剂制粒的程序一般是将浓缩到一定比重范围的浸膏按比例与辅料捏合，必要时加适量的润湿剂，整粒，干燥。成型技术可分为3种：干法成型、湿法成型和直接成型。

1. 干法成型

系在干燥浸膏粉末中加入适宜的辅料（如干黏合剂），混匀后，加压成逐步整到符合要求的粒度。若采用一步整粒，收率差，若采用压片机和粉碎机（振荡式）组合而成，则成型率也较低，如小青龙汤的颗粒成型率只有30%～40%，如用现代技术自动生产的制粒设备系统，生产小青龙汤的颗粒，成型率为65%～70%，且每批颗粒的质量相差无几，溶出性一致。干法成型不受溶媒和温度的影响，易于制备成型，质量稳定，比湿法制粒简易，崩解性与溶出性好。但要有固定的设备等基础设施。

2. 湿法成型

系利用干燥浸膏粉末本身含有多量的黏液质、多糖类等物质为黏合剂，与适宜辅料（如赋形剂等）混匀后，必要时在80℃以下热风干燥除去少量水分，然后加润湿剂（常用90%乙醇）制成软材，用挤压式造粒机或高速离也切碎机等制成湿粒。湿粒干燥一般使用通气式干燥机、平行流干燥机或减压干燥机（减压干燥时的真空度一般为2.67～13.3千帕），最后整粒的机械有振荡器和按筒式成粒器，也可用造粒机整粒。湿法成型必须优选辅料，处方合理才能使质量稳定，确保颗粒剂的崩解性与溶出性。

3. 直接成型

系由湿法成型演变而来，特点是炼合成软材，造粒与干燥三道工序同时进行，即流化造粒。

四、颗粒干燥

湿粒制成后，应尽可能迅速干燥，放置过久湿粒易结块或变质。干燥温度一般以60～80℃为宜。注意干燥温度应逐渐升高，否则颗粒的表面干燥易结成一层硬膜而影响内部水分的蒸发，而且颗粒中的糖粉骤遇高温时能熔化，使颗粒坚硬，糖粉与其共存时，温度稍高即结成黏块。颗粒的干燥程度可通过测定含水量进行控制，一般应控制在2%以内。生产中凭经验掌握，即用手紧捏干粒，当在手放松后颗粒不应黏结成团，手掌也不应有细粉残留，无潮湿感觉即可。干燥设备的类型较多，生产上常用的有烘箱或烘房、沸腾干燥装置、振动式远红外干燥机等。传统的干燥主要有烘干或采用烘房进行干燥，这里主要介绍前两中干燥方法。

1. 烘箱或烘房

该方法与传统方法基本相似，院里完全相同，只是采用工具有所发展。采用气流干燥设备，将湿颗粒堆放于烘盘上，厚度以不超过2厘米为宜。烘盘置于搁架上或烘车搁架上，集中送入干燥箱内干燥。这种干燥方法对被干燥物料的性质要求不严，适应性较广，但是这种干燥方法有许多缺点，主要体现在以下2点：（1）在干燥过程中，被干燥的颗粒处于静态，受热面小，因而包裹于颗粒内的水分难以蒸发，干燥时间长，效率低，浪费能源。（2）颗粒受热不匀，容易因受热时间过长或过热而引起成分的破坏。

2. 沸腾干燥

又名流化床干燥，沸腾干燥是流化技术在干燥上的一个新发展。沸腾干燥的原理：是利用热空气流使湿颗粒悬浮，呈流态，如"沸腾状"，物料的跳动大大地增加了蒸发面，热空气在湿颗粒间通过，在动态下进行热交换，带走水气，达到干燥的目的。负压抽气法沸腾干燥，能使水蒸气快速排出，厢式负压沸腾干燥床即为此类干燥设备。沸腾干燥主要用于颗粒性物料的干燥，如颗粒剂、片剂等颗粒干燥。沸腾干燥效率高，干燥速度快，产量大，干燥均匀，干保温度低，操作方便，适丁同品种的连续大量生产。沸腾干燥法的干颗粒中，细颗粒比例高，但细粉比例不高，有时干颗粒不够坚实完整。此外干燥室内不易清洗，尤其是有色制剂颗粒干燥时给清洁工作带来困难。

五、整粒

湿粒用各种干燥设备干燥后，可能有结块粘连等，须再通过摇摆式颗粒机，过一号筛（12~14目），使大颗粒磨碎，再通过四号筛（60目）除去细小颗粒和细粉，筛下的细小颗粒和细粉可重新制粒，或并入下次同一批药粉中，混匀制粒。

颗粒剂处方中若含芳香挥发性成分，一般易溶于适量乙醇中，可用雾化器均匀地喷洒在干燥的颗粒上，然后密封放置一定时间，等穿透均匀吸收后方可进行包装。

六、颗粒剂制备过程注意事项

1. 药材原料

制备颗粒剂所选用药材不但注重地道药材，区分药材的真伪、质量优劣，而且要根据药材的特性分析其是否适宜此剂型。

2. 药材煎煮次数与时间

大生产中颗粒剂，一般采用两次煎煮，以免煎煮次数越多，能源、工时消耗越大

3. 清膏的比重

药材经水煎煮，去渣浓缩后得清膏。经实践证明，清膏比重越大，和糖粉混合制粒或压块崩解时限越长。

4. 颗粒的烘干温度与时间

颗粒干燥温度应逐渐升高，否则颗粒的表面干燥后不仅会结成一层硬膜而影响内部水分的蒸发，而且颗粒中的糖粉因骤遇高温能熔化，使颗粒变坚硬而影响崩解。干燥温度一般控制为60~80℃为宜。

5. 颗拉的含水量

颗粒的含水量与机压时冲剂的成型质量及药品在贮藏期间质量变化有密切关系。含水量过高，生产块状冲剂易黏冲，贮存间易变质。含水量过少，则不宜成块。颗粒含水量以控制在3%~5%为宜。

6. 颗粒的均匀度

颗粒均匀度对颗粒剂的外观质量有较大影响。颗粒型的冲剂一般选用14－18目筛制成额粒，于70℃以下烘干，再用10~12目筛整粒即可。

七、颗粒剂制备需要的辅料

1. 稀释剂（填充剂）

传统的稀释剂主要有蔗糖、糊精和淀粉，但蔗糖有吸湿性、糖尿病、肥胖症、高血压、冠心病、龋齿等患者不宜长期服用，糊精和淀粉的冲溶性不甚理想。为更好的寻找适合颗粒剂制备的辅料，经过药学工作者努力研究，开发了许多性能优良的稀释剂。如乳糖，它易溶于水，性质稳定，无吸湿性，与大多数药物不起化学反应，对主药含量测定的影响较小。甘露醇、木糖醇、甲壳胺、双岐糖抗病毒颗粒的辅料糊精改为甘露醇后，在冷热水中均可溶解，经临床观察发现改变辅料不影响疗效，对需控制糖摄入的患者增加了一种选择。

2. 润湿剂与黏合剂

此类辅料能使药物细粉湿润、黏合，以便制成合格的颗粒，在使用时应考虑其种类、浓度及药粉的混合均匀度等因素。如乙醇为半极性润湿剂，当原料含浸膏较多时，用水润湿易结块，故常用不同浓度的乙醇作润湿剂。

3. 崩解剂

因中药浸膏黏度较大，为提高中药颗粒剂特别是无糖型颗粒剂的崩解度和释放度，常需加入淀粉作崩解剂。目前较优的崩解剂主要有：CMS－Na离子型淀粉，微晶纤维素，$NaHCO_3$有机酸混合物。

4. 包合剂

包合剂是新型辅料，可包合挥发油及苦味成分，变液体医药物为固体粉末，可降低或消除药物的异味和苦味，减少毒副作用和刺激性，提高溶解度和稳定性。包合剂主要

有 α－环糊精（α－CD）、β－环糊精（β－CD）等。

八、颗粒剂的质量要求

外观：颗粒剂应干燥、均匀、色泽一致，无吸潮、软化、结块、潮解等现象。

粒度：检查方法：取单剂量包装的颗粒剂5包或多剂量包装颗粒剂1包，称定重量，置药筛，轻轻筛动3分钟，不能通过1号筛（2000微米）粗粒和能通过4号筛（250微米）的细粒的总量不能超过8%。

水分：对于颗粒剂，取供试品，照水分测定法（附录Ⅸ 小时）测定。除另有规定外，不得过5.0%。块状冲剂，取供试品，破碎成直径约3毫米的颗粒，照水分测定法（附录Ⅸ小时）测定。除另有规定外，不得过3.0%。总体来说，干燥失重不得超过2%。

溶化性：取供试颗粒10克，加热水200毫升，搅拌5分钟，可溶性颗粒剂应全部溶化或可允许有轻微浑浊，但不得有焦屑等异物；混悬性颗粒剂应能混悬均匀；泡腾性颗粒剂遇水时应立即产生二氧化碳气体，并呈泡腾状。

第九节　片剂的加工技术

中草药片剂是在传统制剂的基础上发展起来的。中草药现有不少的丸散已改为片剂。片剂具有服用方便，剂量准确、便于携带运输、适合于机器大生产等优点。糖衣片还可以掩盖药物的臭味、苦味，肠溶衣片可以防止药物被胃酸破坏，使在肠道崩解吸收发挥治疗作用。

一、制备工艺

根据处方不同，应选择不同的工艺设备。如果处方中主要是一些用量较小或价格昂贵的中药材（如鹿茸、人参、牛黄等），一般采用全粉末压片法；如果处方中的中药均为有效成分已明确、且有较好的提取工艺，则采用提取中药有效成分压片法。实际生产一般中药处方是由多味药组成，且多数中药真正起作用的成分难以提纯，因此基本是制成浸膏片。

在制备中药浸膏片前，应对处方中不同中药进行分析处理。粉性较强和贵重药物宜打成细粉，如鹿茸、人参、山药、半夏、牛黄、贝母、大黄、泽泻等，含挥发性有效成分的中药应先提取挥发油再提取其他成分，如薄荷、银花、石昌蒲、香附、柴胡、鱼腥草等，黏性较大及含纤维较多的中药宜采用提取浓缩成膏的方法，如红枣、熟地、肉从蓉、枸杞子、白茅根等，还有些水煮易糊化或有效成分不溶于水的中药，则应采用有机溶剂提取法。选择打成细粉的中药应根据中药半浸膏片需粉量来定，但原则应是：首选贵重药物打成粉，其次选粉性强、易成型、易打粉且成片后能符合崩解时限要求的药物宜打粉。

在制片中，半浸膏片制片的粉量与浸膏之比是非常重要的，如果膏多、粉少则因软材黏性过大而不易制粒，同样，如膏少、粉多则软材过干而制粒难以成型，且细粉较多影响压片，同时造成不必要的片数增多（片重一定时）。我们认为粉膏比在1：1.4左右为佳，当然，如果细粉吸湿性强、膏比重较小或经过沉淀处理等情况，粉量可相对减少些，反之则粉量宜多些，一般粉膏比控制在1.0~1.8适宜。从处方总量角度考虑，细粉宜在处方量的15%左右，不过具体应视出膏率及收膏比重来定，出膏率较高的，粉量宜相应增多，反之，如采用醇沉工艺，膏率低，粉量则宜相应减少。

二、原料加工

1. 配料

按处方选用净选、炮制合格的药材。

2. 粉碎

为了有利于药材中有效成分的提取，各种药材在提取前须按一定规格粉碎后，方可使用。制备中草药片剂往往在处方中选用几味药材做赋形剂。一般说来，药材含淀粉较多或成分不稳定（加热易破坏）或含挥发性成分，或用料极少的细料，可研成细粉备用，做赋形剂。备用粉最好过120目筛（或100目以上筛），否则制不好颗粒，片子含量不准，易碎，不美观。反之，对处方中含纤维多、加热不易破坏的药材可进行提取。

三、提取

中药浸膏的提取收膏工艺是缩减中药体积的第一步，亦是关系制成成药后是否有疗效的关键。根据中草药所含有效成分的性质，选用适当的溶媒和提取方法，以达到去粗取精，减少剂量，提高疗效的目的。常用的提取方法有热浸法、煮提法、水提醇沉淀法、渗漏法、回流法等。

目前，中药的提取主要采用水提浓缩、水提醇沉和醇提水沉等方法，同时亦使用酸提碱沉法等针对性提取法。在没有确证单剂量醇提或醇沉法所得成品与汤剂具有同等疗效时，一般不采用醇提或醇沉法。为了尽可能地除去杂质而不损失有效成分，采用水提离心沉淀和水提水沉，再对沉淀物以醇水交替洗涤等方法更为妥当。提取的方法常用的主要有水提离心法和水提水沉法。

1. 水提离心法

药料（饮片或粗粉）水煎二次，每次1小时，合并滤液、纱布过滤，滤液薄膜浓缩至

1：1，离心沉淀，3000转/分，5分钟，收集上清液，沉淀用其2倍量的60%乙醇洗涤1~2次，收集醇液，沉淀继续用其2倍量的水洗涤1~2次，过滤，收集滤液，弃去沉淀。将此过程中三次所收集的液体进行薄膜浓缩和平底锅进行浓缩，在比重达到1.30时进行收膏。

2. 水提水沉法

药料（饮片或粗粉），水煎二次，每次1小时，合并滤液、纱布过滤，滤液薄膜浓缩至3：1，加二倍量水，搅拌，静置48小时左右，过滤，收集滤液，沉淀用其2倍量的60%乙醇洗涤1~2次，收集醇液，弃去沉淀，将此过程中二次所收集的液体进行薄膜浓缩和平底锅进行浓缩，在比重达到1.30时进行收膏。

四、制颗粒

制粒时一般需要加入赋形剂才能制好颗粒，以压制成符合质量要求的片剂。赋形剂又称辅料，包括黏合剂、填充剂、崩解剂和润滑剂等，中草药本身体积较大一般不需加填充剂。对崩解剂也经常用浸膏和原药细粉制成，本身遇水缓缓崩解，一般不需另加崩解剂。

1. 赋形剂

（1）黏合剂。黏合剂与湿润剂都是为了将药粉黏合制成颗粒而加的。对本身有黏合力的药物粉末，只要加入合适的液体如水、乙醇即可制粒。对本身没有黏性的药粉，要用本身有黏性的液体如胶浆、蜂蜜、淀粉浆、药物浸膏等。

（2）润滑剂。压片时为了减少颗粒与冲模壁间的摩擦，避免颗粒黏冲模和增加流动性，使压出的片剂重量准确，光滑美观，须在干燥颗粒中加入润滑剂。最常用的是硬脂酸镁和滑石粉，硬脂酸镁常用量为0.3%~1%，滑石粉常用量为2%~5%。我们也常常把硬脂酸镁和滑石粉混合应用，比例为1：7。混合后再按3%加到颗粒内。

2. 制颗粒方法

（1）一次制粒法。取定量的经提炼制备的稠膏与药粉混合，加适量的赋形剂，搅拌均匀后，过20目筛制成细粒，60℃左右干燥。从干颗粒中筛出小量细粉与挥发油或挥发性强的药物充分混合，加入适量的润滑剂即得。在一次制粒中可分以下几种情况：

① 用处方中全部药粉湿法制粒：一些处方中的药物不需提取，可直接用细粉加黏合剂或湿润剂制粒。如：穿心莲片，可用细粉加入60%乙醇制粒；胃痛片（煅牡蛎1500克，枯矾2000克，甘草1500克，木香250克，香附500克，颠茄配70毫升），用10%的淀粉浆制粒。由于淀粉浆中的水分能在药物粉末中均匀分布，并且具有黏合作用，所以应用较广泛，其浓度一般为8%~15%，以10%的较常用。

在用淀粉浆制粒中存在的问题较多。一是淀粉浆浓度过大，不易和药物粉末混合均匀，二是制的淀粉浆不匀，有的像"疙瘩汤"。加上这样的淀粉浆是制不好颗粒的。制淀粉浆时，先将淀粉用适量的冷水和匀（必要时可用纱布过滤一遍），再加入适量的沸水，随加随搅拌，使成乳状，再乘热加入药粉中搅匀，制粒。

② 用部分药物细粉和流浸膏制粒。根据处方，将部分药物粉为细粉，部分药物制成稠浸膏，两部分混合制粒若提取的数量较大可用二次制粒法。

（2）二次制粒法。

① 制大颗粒：取经过提炼制备的稠膏和留用的赋形药粉（或淀粉、糊精等）混合，80℃以下烘干。

② 制小颗粒：将干燥的大颗粒或原生药粉碎成细粉过80~100目筛，使其混合均匀。再用水或不同浓度的乙醇作湿润剂制成细粒，70℃以下干燥。再用筛整粒。从干颗粒中筛出小量细粉与挥发油或挥发性强的药材充分混合，再逐次与全部颗拉混合，加入适量润滑剂即得。若浓缩稠膏部分较大，最好采用二次制粒法（因浓缩稠膏多而黏，不易和匀，制出的颗粒不匀，打出的片有斑点。）

3. 制颗粒的具体操作步骤

（1）制软材。将均匀混合之药粉加入适量的湿润剂或黏合剂混合均匀，使之成为手握之成团，压之则散的湿润软材。

（2）制粒。手工制粒时，将上述软材握成团放在筛网上（一般可用20目左右筛），用手轻轻压过筛孔，落下时以无长条和块状物为宜。有长条状、块状物则表示软材过湿。过湿，制粒干燥后整粒时麻烦，即使过了筛也因颗粒太硬，压出的片有斑点，不美观。有较多细粉时则表示软材过于干燥，如细粉过多可产生松片现象。

（3）干燥。颗粒制成后，要及时晒干（或根据药物或辅料的性质，选择适当的温度进行烘干）。烘干时一般以60~80℃为宜。温度宜逐渐升高，以免湿颗粒在高温下，表面先干燥硬结，内部水分不易挥散或发生糊化、熔化现象。颗粒含水量过多，压片虽易压紧，但易黏冲模；水分过少，则不易压紧而产生松片现象，故应掌握水分含量。一般应控制在3%~5%。颗粒干燥后，应注意存放，防止吸潮。

（4）整粒。颗粒干燥后，药片直径10~12毫米的，过16目左右筛为宜，8毫米以下的，过23~24目筛为宜，过筛后除去过大的颗粒，再加工使其合格。若细粉过多，可过80目筛，收集筛下之细粉再制粒加到原颗粒中。颗粒制好后加上润滑剂即可压片。

（5）压片。中药片剂的压片工艺与西药片类似。

① 制生药粉末细度大于100目，以免颗粒弹性增强，对抗黏合剂作用。

② 在不超过崩解时限的前提下，选择黏性强的黏合剂和适量湿润剂。

③ 生药粉末总量控制在颗粒1/3左右，黏性则较好，过多生药粉末，不仅降低黏性，

而且颗粒中含的细粉就会相应增多，影响压片。

④ 颗粒的含水量不低于2.5%，控制在2.5%~5.0%，过高则易黏冲。

（6）中药片剂包衣。中药片子的包衣主要是减少服用苦味、掩盖不良气味和防止吸潮。

中药传统的包衣方法，常用处方中某味药为材料，如殊砂衣、雄黄衣、青黛衣等，不带色的除滑石衣外，有礞石衣、牡蛎细粉衣等。包衣用的色素，多采用的天然色素有红花色素等，包衣的方法，传统的方法是粉层包衣法，后来多用粉浆包衣法。

（7）包片时的注意事宜。

片芯硬度：片芯应有一定硬度，以防滚动时破碎，但不过分强调硬度，因为生药粉片弹性较大，吸湿后易膨胀，压力过大，解除压力后膨胀率相对亦大，所以易引起包衣片开裂。

包衣材料：包衣材料用量不适应，导致其在片子表面分布不均匀，片子就包不平，混浆衣层的质量好坏，还取决于包衣材料的配比。

干燥：要使包衣过程中片剂达到层层干燥，又不能使风力过大，否则易造成磨边和衣层剥落。

片芯棱角：传统工艺一般认为棱角越小、越利于包衣，但实践证明，片芯棱角厚度在1~1.5毫米之间则有利于包片。

五、片剂的赋形剂

赋形剂系指除主药以外的一切附加物料的总称，亦称辅料。片剂药物原则上应该具备以下性质：容易流动；有一定的黏着性；不黏贴冲头和模圈；遇体液迅速崩解、溶解、吸收而产生应有的疗效。但在实际生产中上很少有药物具备这些性能，因此，必须另加物料或适当处理使之达到上述要求。片剂赋形剂一般包括稀释剂和吸收剂、润湿剂和黏合剂、崩解剂及润滑剂等。

1. 稀释剂与吸收剂

稀释剂和吸收剂统称为填充剂。凡主药剂量小于0.1克制片困难者、中药片剂中含浸膏量多或浸膏黏性太大时均需加稀释剂，便于制片。常用的稀释剂与吸收剂：淀粉（以玉米淀粉较为常用）、糊精、糖粉、乳糖。

2. 使用这两类赋形的目的

是为了将药物粉润湿、黏合制成颗粒以便于压片。常用的润湿剂与黏合剂：水（润湿剂）、乙醇（润湿剂）、淀粉浆（为最常用的黏合剂）、糖浆、饴糖、炼蜜、液状葡萄糖。

3. 崩解剂

崩解剂系指加入片剂中能促使片剂在胃肠液中迅速崩解成小粒子的辅料。常用的崩解剂主要有：干燥淀粉，本品为最常用的崩解剂；羧甲基淀粉钠，本品为优良的崩解剂；羟丙基纤维素。

4.润滑剂

药物颗（或粉）粒在压片前必须加入一定量的具有润滑作用的物料，以增加颗（或粉）粒的流动性，减少颗（或粉）粒与冲模之间的摩擦力，以利于将片剂推出模孔，使片剂的剂量准确，片面光洁美观，此类物料一般称为润滑剂。生产中常用的润滑剂：

（1）水不溶性润滑剂。硬脂酸镁、滑石粉、硬脂酸、高熔点蜡、氢化植物油。

（2）水溶性润滑剂。硼酸、苯甲酸钠、氯化钠。

附 中药片剂加工经验

1.浸膏与药材细扮混合制粒

在浸膏量较多时，可用乙醇作湿润剂，乙醇的浓度需根据浸膏性质而定。一般如用水提取制得的浸膏（水浸膏），以乙醇作湿润剂。因水浸膏含蛋白质、黏液质、果胶等较多，这些物质在95%乙醇中不溶或略溶，制粒时黏性较小，制出颗粒易合乎要求。醇浸膏中含树脂较多，用95%乙醇作湿润剂，往往黏性太强，不易制粒，用50%~60%的乙醇作湿润剂，较易成功。

2.中草药浸膏制片比较困难

因中草药浸膏在粉碎时易吸湿受潮，在浓缩成膏时又因温度逐渐升高，可能破坏某些有效成分，降低或损失疗效。为解决这一问题，在没有特殊设备的情况下，应采用药材细粉或淀粉吸收提取液等方法。即把提取的浓缩液（每毫升相当药材1.2~2.0克）分成数份，用药材细粉（过五号筛）或淀粉吸收，在60℃以下烘干，再吸收，如此反复，直到全部药液被吸收，烘干，粉碎过四号筛，制颗粒，压片，效果良好。

3.中草药原药材细粉制片

如果处方中含水溶性黏性成分较多时，可直接用水蒸气湿润，稍凉，制颗垃、压片，如黑参片（内含玄参、天冬、麦冬）。如果处方中有较多树脂类成分，可不制颗粒，直接用药材粉末加适量滑润剂，压片，如乳没片（内含乳香、没药、牛黄等）。

第十节　胶囊剂的加工技术

一、胶囊剂简介

胶囊剂系指将药物填装于空心硬质胶囊中或密封于弹性软质胶囊中而制成的固体制剂，构成上述空心硬质胶囊壳或弹性软质胶囊壳的材料是明胶、甘油、水以及其他的药用材料，但各成分的比例不尽相同，制备方法也不同。

胶囊剂具有如下一些特点：

（1）能掩盖药物不良臭味或提高药物稳定性。这是因为药物装在胶囊壳中与外界隔离，避开了水分、空气、光线的影响，对具不良臭味或不稳定的药物有一定程度上的遮蔽、保护与稳定作用。

（2）药物的生物利用度较高：胶囊剂中的药物是以粉末或颗粒状态直接填装于囊壳中，不受压力等因素的影响，所以在胃肠道中迅速分散、溶出和吸收，其生物利用度将高于丸剂、片剂等剂型。一般胶囊的崩解时间是30分钟以内，片剂、丸剂是1小时以内。

（3）可弥补其他固体剂型的不足。含油量高的药物或液态药物难以制成丸剂、片剂等，但可制成胶囊剂。

（4）可延缓药物的释放和定位释药。可将药物按需要制成缓释颗粒装入胶囊中，达到缓释延效作用。

根据囊壳的差别，通常将胶囊剂分为硬胶囊、软胶囊（亦称为胶丸）和肠溶胶囊剂三大类：

（1）硬胶囊剂是将一定量的药物（或药材提取物）及适当的辅料（也可不加辅料）制成均匀的粉末或颗粒，填装于空心硬胶囊中而制成。

（2）软胶囊剂是将一定量的药物（或药材提取物）溶于适当辅料中，再用压制法（或滴制法）使之密封于球形或橄榄形的软质胶囊中。

（3）肠溶胶囊剂实际上就是硬胶囊剂或软胶囊剂中的一种，只是在囊壳中加入了特殊的药用高分子材料或经特殊处理，所以它在胃液中不溶解，仅在肠液中崩解溶化而释放出活性成分，达到一种肠溶的效果，故而称为肠溶胶囊剂。

二、胶囊剂的制备

1. 硬胶囊剂的制备

硬胶囊剂的制备一般分为空胶囊的制备和填充物料的制备、填充、封口等工艺过程。

（1）空胶囊的制备。明胶是空胶囊的主要成囊材料，是由骨、皮水解而制得的。以骨骼为原料制得的骨明胶，质地坚硬，性脆且透明度差；以猪皮为原料制得的猪皮明胶，富有可塑性，透明度好。为兼顾囊壳的强度和塑性，采用骨、皮混合胶较为理想。为增加韧性与可塑性，一般加入增塑剂，如甘油、山梨醇、CMC－Na、HPC、油酸酰胺磺酸钠等；为减小流动性、增加胶冻力，可加入增稠剂琼脂等；对光敏感药物，可加遮光剂二氧化钛（2%~3%）；为美观和便于识别，加食用色素等着色剂；为防止霉变，可加防腐剂尼泊金等。

空胶囊制备工艺。空胶囊系由囊体和囊帽组成，其主要制备流程如下：溶胶→蘸胶（制坯）→干燥→拔壳→切割→整理。

空胶囊的规格与质量。空胶囊的质量与规格均有明确规定，空胶囊共有8种规格，但常用的为0~5号，随着号数由小到大，容积由大到小。

（2）填充物料的制备、填充与封口。物料的处理与填充。若纯药物粉碎至适宜粒度就能满足硬胶囊剂的填充要求，即可直接填充，但多数药物由于流动性差等方面的原因，均需加一定的稀释剂、润滑剂等辅料才能满足填充（或临床用药）的要求。一般可加入蔗糖、乳糖、微晶纤维素、改性淀粉、二氧化硅、硬脂酸镁、滑石粉、HPC等改善物料的流动性或避免分层。也可加入辅料制成颗粒后进行填充。

胶囊规格的选择与套合、封口。应根据药物的填充量选择空胶囊的规格。首先按药物的规定剂量所占容积来选择最小空胶囊，可根据经验试装后决定，但常用的方法是先测定待填充物料的堆密度，然后根据应装剂量计算该物料容积，以决定应选胶囊的号数。将药物填充于囊体后，即可套合胶囊帽。目前多使用锁口式胶囊，密闭性良好，不必封口；使用非锁口式胶囊（平口套合）时需封口，封口材料常用不同浓度的明胶液，如明胶20%、水40%、乙醇40%的混合液等。

2. 软胶囊剂的制备

（1）影响软胶囊成形的因素。软胶囊是软质囊材包裹液态物料而成，因此囊壁和囊芯液对软胶囊成形的影响较大。

囊壁组成的影响；囊壁具有可塑性与弹性是软胶囊剂的特点，也是软胶囊剂成形的基础，它由明胶、增塑剂、水三者所构成，其重量比例通常是干明胶：干增塑剂：水=1：0.5：1。若增塑剂用量过低（或过高），则囊壁会过硬（或过软）；常用的增塑剂有甘油、山梨醇或两者的混合物。

药物性质与液体介质的影响：由于软质囊材以明胶为主，因此对蛋白质性质无影响的药物和附加剂才能填充，而且填充物多为液体。值得注意的是：液体药物若含5%水或为水溶性、挥发性、小分子有机物，如乙醇、酮、酸、酯等，能使囊材软化或溶解；醛可使明胶变性等，这些均不宜制成软胶囊。液态药物pH值以2.5~7.5为宜，否则易使明胶水解或变性，导致泄漏或影响崩解和溶出，可选用磷酸盐、乳酸盐等缓冲液调整。

药物为混悬液时对胶囊大小的影响：软胶囊剂常用固体药物粉末混悬在油性或非油性（PE克400等）液体介质中包制而成，圆型和卵型者可包制5.5~7.8毫升。为便于成形，一般要求尽可能小一些。为求得适宜的软胶囊大小，可用"基质吸附率"来计算（即1克固体药物制成的混悬液时所需液体基质的克数）。

（2）软胶囊剂的制备方法。常用滴制法和压制法制备软胶囊。

滴制法：滴制法由具双层滴头的滴丸机完成。

压制法：压制法是将胶液制成厚薄均匀的胶片，再将药液置于两个胶片之间，用钢板模或旋转模压制软胶囊的一种方法。

3.肠溶胶囊剂的制备

肠溶胶囊的制备有两种方法，一种是明胶与甲醛作用生成甲醛明胶，使明胶无游离氨基存在，失去与酸结合能力，只能在肠液中溶解。但此种处理法受甲醛浓度、处理时间、成品贮存时间等因素影响较大，使其肠溶性极不稳定。另一类方法是在明胶壳表面包被肠溶衣料，如用PVP作底衣层，然后用蜂蜡等作外层包衣，也可用丙烯酸Ⅱ号、CAP等溶液包衣等，其肠溶性较为稳定。

三、胶囊剂的质置检查

1.外观

胶囊外观应整洁，不得有黏结、变形或破裂现象，并应无异臭。硬胶囊剂的内容物应干燥、松紧适度、混合均匀。

2.水分

硬胶囊剂内容物的水分，除另有规定外，不得超过9.0%。

3.装量

差异取供试品20粒，分别精密称定重量，倾出内容物（不得损失囊壳），硬胶囊剂囊壳用小刷或其他适宜的用具拭净（软胶囊剂囊壳用乙醚等溶剂洗净，置通风处使溶剂挥散尽），再分别精密称定囊壳重量，求出每粒胶囊内容物的装量与20粒的平均装量。每粒装量与平均装量相比较，超出装量差异限度的不得多于2粒，并不得有一粒超出限度1倍（平均装量为0.3克以下，装量差异限度为±10.0%；0.3克或0.3克以上，装量差异限度为±7.5%）。

4.松紧度

取本品10粒，用拇指和食指轻捏胶囊两端，旋转拔开，不得有黏结、变形或破裂，然后装满滑石粉，将帽、体套合，逐粒在1米的高度处直坠于厚度为2厘米的木板上，应不漏粉；如有少量漏粉，不得超过2粒。如超过，应另取10粒复试，均应符合规定。

5.脆碎度

取本品50粒，置表面皿中，移入盛有硝酸镁饱和溶液的干燥器内，置25℃±1℃恒温24小时，取出，立即分别逐粒放入直立在木板（厚度2厘米）上的玻璃管内（内径为24毫米，长为200毫米）内，将圆柱形砝码（材质为聚四氟乙烯，直径为22毫米、重20克±0.1克）从玻璃管口处自由落下，视胶囊是否破裂，如有破裂，不得超过15粒。

6. 崩解时限

取本品6粒，装满滑石粉，照崩解时限检查法，胶囊剂项下的方法检查，各粒均应在10分钟内全部溶化或崩解。如有1粒不能全部溶化或崩解，应另取6粒复试，均应符合规定。

第十一节　酊剂的加工技术

酊剂是将中药用规定浓度的乙醇提取加工而成的澄清液体制剂，也可由流浸膏用酒精稀释而成，酊剂具有含有效成分高、用量小、作用快、又能防腐等特点。如马钱子酊、复方龙胆酊。酊剂与酒剂的区别，酊剂系指药物用规定浓度的乙醇浸出或溶解而制成的澄清液体制剂，亦可用流浸膏稀释制成，供内服或外用。酊剂的浓度随药材性质而异，除另有规定外，含毒性药的酊剂每100毫升相当于原药材10克，有效成分明确者，应根据其半成品的含量加以调整，使符合相应品种项下的规定。酊剂又称药酒，古称酒醴。是将药物用白酒或黄酒浸泡，或加温隔水炖煮，去渣取液供内服或外用。

酊剂制作方法简单，不需要加热，适用于含挥发性成分及不耐热成分。酊剂有如下配制加工方法。

1. 溶解法

将药物直接溶解于不同浓度乙醇的方法。此法适用于中药成分提纯品、中药浸膏及化学药品制备酊剂。

2. 稀释法

以流浸膏为原料，加入规定浓度的乙醇稀释到所需要量，混合后静置至澄明，吸取上清液，残液过滤后即得。

3. 浸渍法

一般用冷浸法制备酊剂，用规定浓度的乙醇为溶媒，按冷浸法浸渍3~5天，收集浸液，静置24小时，过滤即得。

4. 渗漉法

用溶剂适量渗漉，至流出液达到规定量后，静置，过滤即得。若原料为有毒药品，应测定渗漉液中有效成分的浓度，再加溶剂调节，使之符合规定标准。

（附）大蒜酊剂配制方法

原材料：用去皮蒜头和75%的医用酒精。

加工配制方法：

（1）先将蒜头洗净，后置钵内充分捣烂为泥。

（2）蒜头泥和酒精按体积1：1配比，混合后搅拌均匀，装入密封的容器内浸泡12～15小时。

（3）用双层灭菌沙布过滤，滤液即成大蒜酊，装瓶备用。

（4）做注射用时，再将大蒜配用102型中速定性滤纸过滤一遍，即可作注射用的大蒜注射液。

第十二节　锭剂的加工技术

中药锭剂是将药物粉末用黏性浆液和匀而制成。可以口服或磨涂敷患处。例如太乙紫金锭、蟾酥锭等。把药物研成极细粉末，加适当黏合剂制成圆锥、长方形等不同形状的固体制剂。制备锭剂，用各该品种制法项下规定的黏合剂或利用药材本身的黏性合坨，以捏搓法或模制法成型，整修，阴干。

1. 搓捏法

将处方中药物先粉碎为细粉，用糯米糊、蜂蜜或处方规定的其他黏合剂混合均匀，援条、分割、按规定重量及形状搓捏成型，干燥即得，糯米糊制法及炼蜜按糊丸及蜜丸制法项下方法进行。

2. 模制法

将药物研为细粉，加入处方规定的黏合剂，混合均匀。先压制成大块薄片，分切成适当大小后，置入锭模中，加模盖压制成一定形状的药锭，剪齐边撇，干燥，即得。或用压锭机按规定形状及重量压制成锭，或按处方规定用金济包衣后干燥，即得。

3. 干燥方法

一般控制在80℃以下干燥，含挥发成分药丸应控制在60℃以下干燥。注意：长时间高温干燥可能影响水丸的溶解速度，宜采用间歇干燥方法。

4. 储存方法

密闭，贮存于阴凉干燥处

第十三节　曲剂的加工技术

曲剂是药物剂型之一。将药末与面粉混合掺匀，使之不干不湿，经发酵后切块而成，多入脾胃而助消化。《尚书·说命》记载公元前12世纪时商王武丁和大臣傅说的对话中就有"若作酒醴，尔维曲"，其中"曲"是指含酵母的酒曲，是发芽的谷物，就是将糖化和发酵法合在一起。《本草经疏》中曰："古人用曲，即造酒之曲，其气味甘温，性专消导，行脾胃滞气，散脏腑风冷。"说明了中药临床应用之曲是在酿酒业发展的基础上而出现的，曲与酒相维系。后来人们通过在酒曲的基础上加入其他药物而制成专供药用的各类曲剂。如六神曲、半夏曲等。

1. 曲剂制作方法

首先是制作药曲。药物在一定的温度和湿度条件下，由于霉菌和酶的催化分解作用，使药物发泡、生衣而制成药曲。

其次，进行药物发酵。具体可根据不同品种，将药物采用不同的方法进行加工处理，加入药曲，充分混合，再置温度、湿度适宜的环境中进行发酵。一般温度在30～37℃，相对湿度70%～80%，并借助于微生物和酶的作用。发酵后，气味芳香，无霉气，曲块表面布满黄衣，内部生有斑点。

发酵制曲法的关键在于温度和湿度的把握，这对其发酵的速度影响很大。温度过低或过分干燥，发酵会慢甚至不能发酵；温度过高，则会杀死霉菌，不能发酵。通过发酵使药物改变原有的性能，产生新的治疗作用，以扩大用药品种。

2. 常见曲剂及其加工方法

（1）六曲。又叫六神曲、神曲。主要由面粉、杏仁泥、赤小豆、辣蓼草、青蒿、苍耳子等药物粉碎成粉末，混合后经发酵制成的加工成品，是一种酵母制剂，味甘、辛，性温。临床上主要用于消食和胃，对饮食积滞、消化不良有较好的作用，炒焦用于消化不良引起的腹泻有良效。此外对丸剂中有金石药品，难以消化吸收者，可用神曲糊丸，以利于药物的消化吸收，如服磁朱丸时加服一些神曲，有增加药效的作用。六神曲也是中药临床上最常用的一种曲。

（2）建曲。又叫范志曲。它是在六神曲的方剂的基础上，加木香、青皮、枳实、荆芥、防风、羌活、厚朴、白术等药品加工制成。其制备不需发酵，性味复杂。消食之中并有解表作用，适用于感冒风寒，食滞胸闷等证。常用于食滞不化兼感风寒者。

（3）采云曲。是以六曲为基础，再加桔梗、白术、紫苏、陈皮等二十多种药品加工制成的，性味作用与建曲相似，对于夏秋暑热伤中引起的食滞消化不良作用较好。

（4）半夏曲。是将生半夏、法半夏各半研成粉末，每500克药粉用生姜400克洗净捣碎绞汁，用面粉200克，和温开水调成稀糊，倒入半夏粉中揉搓成团，发酵后以木制模型压制成小块，晾干而成。本品温燥作用大减，功能止咳、化痰，对于咳嗽痰多、苔腻呕恶具有良好疗效。

（5）霞天曲。用黄牛肉熬成胶加入贝母粉加工制成。能健脾胃、消痰饮。对于脾胃虚弱、消化不良引起的湿痰过多和体肥痰多而大便易溏者最为适宜。

（6）沉香曲。用沉香、木香、檀香、砂仁、蔻仁等20多种药材研成粉再加1/4的面粉，搅和压制而成。功能为疏导化滞，疏肝和胃。适用于肝胃气滞、胸闷脘胀、胁肋作痛、吞涎呕吐等证。

第十四节　雪剂的加工技术

雪剂是传统中成药的一种古老的剂型。因为这一剂型在制作过程中会呈现出一种雪花样的结晶，故剂名称之为"雪"。雪剂源于何时、出于何人之手已不可考。有文可查的，应首推唐代名医孙思邈的《备急千金要方》，其中"有人热不已，皆服石所致，种种服饵，不能制止，惟朴硝煎可以定之"。孙氏又著《千金翼方》时，便搜集到紫雪、玄霜、金石凌等方剂。从这些方剂的药物组成和功能主治看，雪剂似乎全是由"朴硝煎"演变而来的。据此可知，雪剂在唐代以前，就已经流传于世了。而做为雪剂的雏形"朴硝煎"的起始年代定然还要遥远。秦汉之际，封建帝工和豪富有妄求滋补，乱用药石的"服饵"之风。雪剂的发明可能与治疗误中金石之毒有关，炼制金石与雪剂或出于方士之手。

古时属于雪剂的中成药有多种，由组成的原料药物及成雪后的颜色的不同而有紫雪、红雪、碧雪等名称。此外，雪剂之中还包括有"霜"和"凌"等。雪、霜和凌，大多是以滑石、石膏、寒水石、磁石、朴硝等寒凉的药物组成，用于治疗一切积热、火毒立能奏效，顾名思义雪剂又有"热者寒之"的意思。流传至今的紫雪就是其中之一。但具体制作方法不详。

紫雪，方出宋代《和剂局方》，由石膏、升麻、寒水石、丁香、滑石、芒硝、磁石、硝石、玄参、犀角、木香、羚羊角、沉香、麝香、朱砂和甘草等药材组成，是一味镇惊通窍、温病解热之剂，属治疗温热病的急救中成药。

据文献记载，在制作紫雪丹时，应该使用"金锅"和"银铲"炮制，不能使用其他材质的器皿和根据，同时需在"微火上煎，柳木篦搅不停手"，在这里柳枝的使用更为奇特。据文献分析，该紫雪丹药为一种特殊的急救药方，作为储备药，一定要保证药效的稳定和质量。只所以使用"金锅"、"银铲"，就是为了防止药物与其器具在炼制过程中发生化学反应，使药性改变。柳枝必须用垂柳枝条或棒，使用柳枝是因为柳枝具有解热的功效，在搅拌过程中可以辅助性增强药物的效果。

第十五节　露剂的加工技术

露剂亦称花露，系将药物与水同蒸溜的溜出液，为澄明液体制品。一般供内服用。

制法：将药物适当粉碎后，置入蒸溜器内，用水蒸气蒸溜，收集溜出液至规定量为度。收集溜液用的细口玻璃瓶及瓶塞，应在临用前蒸过，装满后随即加塞密闭，以保持露剂的清洁卫生。

药材用水蒸气蒸馏前，应加水浸泡一定时间，收集的蒸馏液应及时盛装在灭菌的洁净干燥容器中。收集蒸馏液、灌封均应在要求的洁净度环境中进行。在灌封后可再用流通蒸气灭菌。

储藏：露剂应以洁净并经灭菌的玻璃瓶盛装，密闭，盼于阴凉处。存储时间不宜过久。

质量检查：应为澄明液体，不应浑浊或有沉淀，不应有腐臭及酸败等具常气味。

第四章　中兽医部分药材的加工技术

第一节　鹿茸传统加工技术

鹿茸为名贵中药材，具有生精补髓、养血益阳、强筋健骨之功效。目前，除国内消费外，韩国、泰国和日本等一些亚洲国家都有很大的消费市场。鹿茸主要来源于梅花鹿，梅花鹿在动物分类上属哺乳纲、偶蹄目，为珍贵野生动物，已被列入国家一级保护动物。梅花鹿在我国主要分布在东北、华北、华南等地区，以东北地区分布最多，目前多为驯养的东北亚种梅花鹿，野生梅花鹿则已很少见到。鹿茸采收与加工技术关系到鹿茸的质量，关系到其药用价值，养殖效益（图4-1）。

鹿茸必须在其骨化前采收。采收时间一般在鹿茸最有商品价值的生长阶段。每年采1次者，约在7月下旬；每年采两次者，第一次在清明后45～50天，第二次在立秋前后。在采收鹿茸之前，采收人员必须随时观察鹿茸的生长情况和成熟程度，根据鹿的年龄、个体长茸特点等综合情况，适时确定每头鹿的具体采收日期。根据收茸的规格要求不同，采收的鹿茸有梅花鹿二杠茸、三权茸的砍头茸和锯茸，以及马鹿三权茸、四权茸的砍头茸和锯茸。收茸规格要根据市场需求决定，同时还要考虑茸产量，其中二杠茸价格贵，但产量比较低；三权茸虽价格低于二杠茸，但产量高。因此，收茸时要综合考虑鹿茸的长势和产量，以此决定是收二杠茸还是收三权茸。

鲜鹿茸

鹿茸片

图 4-1　鹿茸

梅花鹿：头锯时，以收二杠茸为主；二锯时一般收二杠茸，但如果是头锯可产鲜重0.5千克以上的二杠茸时，二锯可以考虑收三权茸；三锯以上的公鹿以收三权茸为主。

马鹿：一般不收马莲花茸（相当于梅花鹿二杠），主要收三权茸，而个别鹿茸生长较好，可以考虑收四权茸。在收茸时，一定要观察茸的嘴头和茸根情况，如果茸的嘴头粗壮肥嫩，长势旺盛且茸根不呈现黄瓜丁、癞瓜皮形态，可以考虑收大嘴头茸，相反则应收小嘴头茸。

对壮龄公鹿和种公鹿，应收取肥大的三杈茸（梅花鹿）和四杈茸（马鹿）；上冲、多头肥大的畸形茸可以晚收；高寒山区和靠近口岸地方的鹿场应收带血花二杠茸，以便以后收二杠型再生茸；对茸左右生长不齐差三天以上的，要锯取单支茸；头茬茸留茬不要过高（特大茸除外），收再生茸的留茬一定要高于头茬茸的留茬，初角茸的留茬要低于成年鹿头茬茸的留茬。

砍茸一般仅适用于生长6~10年的老鹿、病鹿或死鹿。老鹿一般在6—7月采收，先将鹿头砍下，再将鹿茸连脑盖骨锯下，刮除残肉、筋膜，绷紧脑皮，然后将鹿茸固定于架上，反复用沸水烫（时间6~8小时）。烫后掀起脑皮，将脑骨浸煮1小时，彻底挖净筋肉，再用沸水烫脑皮至七八成熟。

1. 鹿茸采收前准备

专业养鹿场一般由技术员和有经验加工人员共同组成收茸验茸小组，每天对场内鹿茸生长情况进行观察，对收茸时机做到心中有数，以便适时收茸。特别是在收茸时要保证人员的集中，以便在出现意外情况时能够及时采取保护措施。另外，要准备好采茸设备，采用机械保定法收茸的场（户），要对场内的半自动夹板式保定器进行全面检修，使之能处于正常工作状态；收茸之前还要先备好锯茸锯、麻醉药、止血药以及加工鹿茸所需设备，同时也要做好鹿茸加工人员技术培训工作等。

采收鹿茸时应合理保定，方法有器械保定法和药物保定法两种，一般多采用药物保定法。锯茸时间应选择在天气凉爽、环境安静的早饲前，锯茸时要从珍珠盘上2~3厘米处将茸锯掉，速度要快，要防止撞裂茸皮，要求锯口的断面与角盘平行，切勿损伤角盘及掰裂茸皮。锯茸后要立即止血，止血方法有锯前结扎鹿茸基部的止血带法和药物止血法。锯口涂以5%的碘酊，以防止感染。

药物保定方法主要是采用麻醉药将鹿先麻醉，等到锯茸鹿处于昏迷状态时，就能够达到保定的目的了。药物保定锯茸常用静松灵和眠乃宁等麻醉药，用此药以后，当鹿麻醉倒下时，首先要对鹿的舌、眼、呼吸的变化进行观察，防止发生麻醉药中毒死亡。用该药之前值得注意的是：对患有严重实质脏器病变和饱食、剧烈运动后仍处于兴奋状态的，不要使用麻醉药；在空腹条件下应用时，鹿头颈部要垫高，防止瘤胃内容物溢出被误吸入肺；高温季节使用时，要有解药作为安全保障；严寒条件下鹿对药耐受性增大。切记在用药之前要估测鹿体重，一般梅花鹿每千克体重用药量为0.07~0.10千克，马鹿每千克体重用药量为0.65~0.09千克。应按此标准确定用药剂量，切忌1次药量不足后又补充，以免中毒。在用药以前，要先稳住鹿群，防止鹿惊慌乱跑，以免造成不良反应，甚至撞破鹿茸。在保定时，最好的药物注射部位是鹿的颈部和臀部。当鹿倒地的时候，要及时固定头部，防止碰伤鹿茸，同时最好将鹿卧躺在阴凉处。要避免锯茸时鹿流血过多而产生不良反应。锯茸时要将鹿头部垫高，当鹿倒地后不要马上锯茸，应先观察一下鹿心跳是否加快，血液循环是否正常。

2. 鹿茸的加工

采收的鹿茸要及时编号、称重、测尺、登记、加工，以防腐败变质。根据采收和加工方法的不同，鹿茸又可分为排血茸、带血茸与砍头茸3种。

（1）排血茸的加工。首先，进行排血。先洗去茸毛上不洁物，并挤去一部分血液，将锯口部用线绷紧，缝成网状，将注射针头插进茸端，再用打气筒针头注入空气，让茸内血顺着血管从茬口处全部流出。

其次，及时消毒。把鹿茸放在高锰酸钾溶液和碱水中消毒，先将茸上的灰尘和杂质洗掉，然后在鹿茸茬口处用粗线将外皮叉缝合，以防止由于鹿外皮滑离而影响鹿茸的质量。

最后，蘸煮。蘸煮的目的是使茸中残留的淤血流出来。在取茸的时候要注意不能让开水浸入茬口，否则将导致血凝，影响鹿茸质量。蘸煮时，手拿茸的注口处把其放入开水中蘸3秒钟，取出凉一凉再蘸3秒钟，反复进行10分钟后将蘸煮时间延长至5秒钟，反复进行15分钟；再将每次蘸煮时间延长到20秒钟，反复进行30分钟，当鹿茸茬口流出白沫时，嗅之有蛋黄气味为止，说明茸内余血已出净了。然后，将茸摇动着全部浸没入开水中，5秒钟后取出晾半个小时左右，接着再进行清洗，晾干。最后将晾好的鹿茸挂在烘房内烘烤。第一天烘烤温度为35～40℃，第二天为40～45℃，第三天为45～55℃，最高不超过60℃，直至烘干为止。紧接着洗净消毒（不洗茬口处），晾干后即可出售。

（2）带血茸的加工。是将茸内血液的干物质完全保留在茸内的成品茸，要求其带血液充分、均匀、血色鲜。其加工方法是封住锯口、不排血，主要靠连续的水煮和烘烤。

（3）砍头茸的加工烘箱。是将头部进行初步修整、排血、煮炸烘烤及回水，最后进行皮与头骨的修整。除上述传统的鹿茸加工方法外，下面介绍一种新的鹿茸加工方法。需要的设备有冰箱、水浴消毒器和冻干机。将采收的鹿茸水浴消毒后，迅速放入－24℃～－15℃冰箱内冷冻贮藏，可保鲜1~8个月，保鲜的鹿茸色泽鲜艳，鹿茸形态不变，质量好。如要获得冻干茸，可将保鲜的鹿茸放入预冷－40℃～－38℃的冻干机内，冷冻脱水72小时即可。

3. 鹿茸的保存方法

鹿茸作为中药材饮片之一，营养成分比较高，富含氨基酸、胆甾醇肉豆蔻酸酯、胆甾醇油酸酯、胆甾醇棕相酸酯、胆自醇硬脂酸酯、蛋白质、溶血磷脂酰胆碱、肉豆蔻酸和十五烷酸等物质，同时含有不少水分，所以如果外界环境温、湿度稍不适宜，空气中的"霉孢子"就会掉落在其表面，然后会吸收鹿茸里的营养成分和水分，继而开始发芽，菌孢变成菌丝，鹿茸的营养也因此遭到了严重破坏。

鹿茸需长期保存，可放在一个干净的玻璃瓶内，然后投入适量用文火炒至暗黄的糯米，待晾凉后放入，将瓶盖封严，搁置在阴凉通风处。

鹿茸的保存要特别小心，首要的是要注意空气湿度问题，如果空气太潮湿，鹿茸就容易发霉，接着就会生虫。所以首先要把鹿茸放在一个通风的地方，然后用布包一些花椒，放在鹿茸旁边，这样就不会生虫。如果保存得当，三五年内，鹿茸的药效是不会发生变化的。

有一些民间方法对于鹿茸存放具有实用价值。就是把鹿茸用独立密封袋或防潮纸包好之后，埋在米下面，让大米长年四季把它压着，需要用时再取出来，这是因为米是可以很好吸潮的。

第二节　人参传统加工技术

人参为五加科植物人参的干燥根。性平、甘，味微苦，归脾、肺、心经。功能与主治：大补元气，复脉固脱，补脾益肺，生津，安神。用于体虚欲脱，肢冷脉微，脾虚食少，肺虚喘咳，津伤口渴，内热消渴，久病虚羸，惊悸失眠，阳痿宫冷；心力衰竭，心原性休克（图4-2）。

1. 人参采收

一般生长6年采收，于9月中旬至10月中旬采挖。拆除荫棚，顺行挖出参根，挖时防止创伤，抖掉泥土，去掉茎叶，装入箱内，运回加工。要将人参按加工不同品种的质量要求进行挑选分类，边起，边选，边加工。

人参

人参切片

图4-2　人参

2. 加工

将形体好而大、须根全而无病斑的加工成生晒参；体形较大、浆足、无病斑的加工成红参；缺头少尾、浆液不足、质软的加工成糖参。

（1）生晒参的加工。生晒分下须生晒和全须生晒。下须生晒，选体短有病疤；全须生晒，应选体大、形好、须全的参。下须生晒除留主根及大的支根外，其余的全部去掉。全须生晒则不下须，只去掉小主须。将选好的参根，刷洗干净，按大、中、小分级，将参根肩部用线串起，晒5~6小时，装入熏箱用硫黄熏10~12小时，取出晾晒，于40~50℃温度下烘干即成。

（2）红参的加工。选浆足不软、完整、无病斑的参根洗干净，将参根洗刷干净，掐去小毛须和细小的不定根，保留1厘米左右。分别大小倒立装入蒸笼中蒸2~3小时，先武火后文火，至参根呈黄色半透明状为度。待冷却后取出，晾晒3~6小时，再于50~60℃条件下，烘8~14小时，至参根发脆。然后打潮堆闷2~3小时，使参根软化，再烘再晒，反复3~5次，分等、分文贮藏。在干燥过程中剪掉芦头和支根的下段。剪下的支根晒干捆成把，即为红参须。捆成把的小毛须蒸后晒干也成红色，即为弯须。带较长须根者称"边条红参"，主根即红参。

（3）糖参的加工。将选好的参根，刷洗干净，刮去病斑，置沸水中煮15~30分钟。待主根变软，内心稍硬时取出，晒1~2小时，用骨针扎孔后摆放缸内，趁热倒入熬好的糖汁，浸10~12小时后取出，晾晒至不发黏时，再进行第2次孔针灌糖，如此重复3次，用开水淋去参体表面黏附的糖，沥干后硫黄熏4~6小时，再晒干或烤干即成。

3. 人参的储存

人参因含有较多的糖类、黏液质和挥发油等，所以容易出现受潮、泛油、发霉、变色、虫蛀等变质现象。人参的贮藏方法有几种：

（1）常规保存法。对确已干透的参，可用塑料袋密封以隔绝空气，置阴凉处保存即可。

（2）吸湿剂干燥法。在可密闭的缸、筒、盒的底部放适量的干燥剂，如生石灰、木炭等，再将人参用纸包好放入，加盖密闭。

（3）低温保存法。这是较理想的方法。人参在收藏前要晒干，最佳的暴晒时间以上午9时到下午4时之间，但人参不宜长时间暴晒，同时供药用的人参已达到一定的干燥程度。一般只需将人参在午后翻晒1~2小时即可。待其冷却后，用塑料袋包好扎紧袋口，置于电冰箱冷冻室里，就能保存较长时间。

第三节　林蛙传统加工技术

林蛙，主要分布在中国东北山区，包括长白山脉，小兴安岭大部，张广才岭腹地，纯野生动物，亦被称为哈什蟆（哈士蟆）。集药用、食补、美容功能于一体的珍稀两栖类动物。林蛙最有药用价值的部位是林蛙油，东北林蛙以其特有的药用价值与营养价值日益被人们所重视，成为蛙类中经济价值最高的一种。在各地所产的林蛙中，以东北地区的林蛙体格大、产油率高、体制健壮、繁殖率高而成为林蛙中的极品。林蛙富含4种激素、9种维生素、13种微量元素和18种氨基酸，在药用、滋补和美容方面具有很高的应用价值（图4-3）。

林蛙

制林蛙

图 4-3　林蛙

1. 林蛙的采收

（1）林蛙的采收季节。适宜的采收季节是取得优质林蛙油的重要因素。林蛙的捕捞在秋季和冬季均可进行。

秋季捕捞：从9月下旬至11月末，约两个月的时间。这个时期林蛙处于散居冬眠期，可在河流及两岸设法捕捉，此时的林蛙油质量好，林蛙肥胖，经济价值很高，捕捞气温适宜，干制快，是捕捞林蛙的大好时机。

冬季捕捞：从12月至2月止，约3个月的时间，这时林蛙处于群居冬眠期，可在林蛙越冬场集中捕捞。这时林蛙油质量虽然好，但捕捞操作工作量大，且此时气温低，捕捞时应注意林蛙的保温工作，否则会出现劣质的红油。除了秋、冬季节捕捞外，目前还存在清明前后捕捉林蛙的现象，这时捕捞会严重影响林蛙的繁殖，应禁止春季捕捉林蛙。

（2）林蛙采收的年龄。二龄林蛙虽然达到性成熟，但输卵管细小，产油量低；三龄以上的雌蛙输卵管肥厚，质量好，产油量高，因此林蛙油采收的最适蛙龄是3~4年生的雌蛙，体重多在28~40克。

2. 林蛙油的加工方法

林蛙油的加工方法分干制法和鲜剥法两种，常用的加工方法是干制法。

（1）干制法。它包括穿串、干制、软化、剥油四个步骤。

穿串：将捕捉的雌蛙分成大、中、小三级，分别穿串晾晒。穿串时用铁丝或麻绳将林蛙的两鼻孔穿成串，间隔2厘米，每串50~100只不等，平行挂于通风干燥处，要活着穿串，任其自然挣扎死亡，这样蛙油成块，便于取油，质量好，切记不可摔死或用热水烫死，否则会影响取油及油的质量。

干制：干制方法有自然干燥和机械干燥两种。自然干燥又分日晒法和室内干燥法。日晒是将蛙串放在阳光下晒干。在晴天条件下，经六至七天可基本干燥。一般秋季捕捉的林蛙可采用此方法，但遇到阴雨天，需将蛙串移回室内干燥，否则会因卵巢腐烂而出现黑油。为了加速干燥和增加收益，将活蛙串先放于室内一天后，在蛙活着时用剪刀将其两后肢剪下，放出血液，这样会加速干燥1~2天，同时剪下的后肢可出售食用，是味道极美的食品。剪后肢时注意不要剪破腹部，否则会污染林蛙油。室内干燥是用火炕或火炉加温干燥，将蛙串挂于室内空中，保持室温20~25℃，经四天可基本干燥。一般冬季捕捉的林蛙多采用室内干燥法以避免室外冻干而出现冻油等劣质油。人工养殖林蛙产量大，需用干燥室干燥，或用火炕、火炉干燥。如若烘干，必须在空中干燥一天使蛙体体重减轻30%~40%之后，再放在火炕上烘干。

软化：从干燥好的蛙干中取油之前，首先将蛙干从铁丝上取下，放于60~70℃的水中浸泡1~2分钟，捞出后装入湿麻袋里，上面再盖上一层温湿的麻袋闷1小时左右即可剥油。

剥油：剥油的方法有三种，一种是将蛙头自颈部向背面折断连同脊柱一块撕下，从蛙体背面撕开腹部，取出蛙油。另一种是撕下肋骨及脊柱，从背面撕开腹部取出油块，最后一种是将两前肢左右方向朝上掰开，露出腹部，然后用锋利小刀或竹片剖开腹部，去掉内脏及卵巢取出油块。剥油时要注意尽量取净油块，不要弄碎和丢掉细小油块，特别是注意将延伸到肺根附近的小块油取净，并将肝、肾卵粒从油块中挑出。剥出的林蛙油放于通风干燥处3~5天让其充分干燥，也可放于烘干箱内烘干。

（2）鲜剥法。将活蛙装入桶内，用60~70℃的水烫死后迅速捞出，取油时，剥油器具使用前和使用后、剥油场所要仔细彻底消毒，保持环境卫生清洁、湿润。使蛙体腹部朝上，捏住林蛙大腿，用手术刀或剪刀剪开蛙体正中线，剪至胸部再向左右各剪开一横口，用小镊子夹住输卵管，先从下边连接子宫部位剪断，再剪断输卵管背面的系膜，一边剪一边用镊子提输卵管，一直剪到肺根附近，将输卵管全部剪下，再剪另一根，放于室外晒干，但易沾染灰尘，最好放进烘干箱内烘干，这样干燥过程中无污染。在50~55℃条件下经2~4天可彻底干燥。这种取油方法费工，取完油的蛙肉可食用，味道极鲜美。干燥的林蛙油为不规则的块状，大小不一凹凸不平，颜色有金黄色，黄白色或黑色等，具有脂肪样光泽。依林蛙油的色泽、块的大小及含杂质多少等国家收购规格分成四等，用塑料袋包装后，外用木制、铁制、玻璃制的容器盛装，放置于通风干燥处，贮存时注意防潮、发霉和虫蛀，以确保林蛙油质量。

3. 林蛙油保存方法

经过晾晒、干燥后的林蛙油，按照块的大小、油的色泽等进行分类，分别包装。林蛙油可用木制、铁制、玻璃制的容器盛装，容器内衬油纸或白纸，油装入后，有条件的可在箱内放入少量干燥剂，加盖密封。塑料薄膜的包装防潮效果较好。林蛙油要放在干燥的环境贮存，防止潮湿发霉和生虫，夏季容易受鞘翅目拟步行虫科及天牛科昆虫的危害，应设法防除。一般采用白酒喷洒，或将启盖的酒放入林蛙油箱中让其蒸发，封盖箱，达到灭虫之目的，另外用日光晒也能防潮灭虫。总之，控制贮存坏境的温度、湿度，使存放处保持凉爽、干燥、低温、低湿，切忌同时存放潮湿性的物品。同时还应注码堆的底垫和高度，是保管的基本措施。

第四节　白术传统加工技术

白术是一种比较常用的药材，性甘、苦、温、入脾经、胃经。在很多的医学书籍上面都有关于白术的记载。具有补脾，益胃，燥湿，和中，安胎。治脾胃气弱，不思饮食，倦怠少气，虚胀，泄泻，痰饮，水肿，黄疸，湿痹，小便不利，头晕，自汗，胎气不安。还具有抗氧化的作用。而在药理方面，白术又具有利尿，增强身体的造血功能和免疫力等作用。其功用与加工方法不同而有所差异。

一、采收时间

白术的最佳采收期为10月下月至11月上旬（即霜降至立冬），最好是在立冬前2－3天收获。据产地的实践经验，收获白术不宜过早也不宜过迟，过早尚未成熟，根茎鲜嫩不充质，质量差、含水高、折干率低，加工出来的白术干瘪瘦小；过迟则根茎养分被消耗，干品表皮皱缩很大，品质空虚枯瘦，降低产量和质量。采收的标准为茎秆由绿色转为枯黄色或褐色，下部叶枯黄，上部叶已脆硬易折断为最佳。选择晴天土壤干燥时采收将药材挖出除去泥沙，剪去术秆及叶、须根，再将药材进行干燥，鲜根堆放不能太厚，时间不能太长，并要经常翻动，及时加工，以免发热霉烂或油熟。

二、产地加工技术

白术的加工方法有两种：晒干的叫生晒术，用火烘干的叫烘白术。

1. 生晒白术

生晒白术亦称冬术，将鲜品去净泥沙，除掉术秆，晒至足燥为止。在翻动中逐步搓擦去须根，遇雨天要薄薄地堆在通风处，切勿堆的过高或被雨淋。由于白术多产在山区，又是冬天，这时阳光不足，温度也不高，白术不易晒干，要很长时间才能达到干燥要求，并且时间一长，药材易变质，而且加工出的生晒术颜色不好，味不香（挥发油含量低），所以此法一般在产地使用较少（图4-4）。

2. 烘白术

（1）退毛。将处理后的鲜术放在烘灶的竹帘上，厚约1厘米，用半干青柴火烘烤，开始火力宜稍大而均匀，摸之烘帘不烫手，约80℃，1小时后当蒸汽上升白术表皮发热，便可用小火力温度约2小时后，将白术上下翻动1次，使白术须根全部脱落（细须根用东西装好）继续烘5~6小时后，将白术全部倒出，至细根须全部脱落，修除白术秆。

（2）烘燥。再将白术下炕放置3天，使之发汗，再上炕烘烤，并覆盖麻袋，开始火力稍大些，待白术表面稍热些，火力再逐渐下降，温度保持50℃左右，翻动1次/3~4小时，持续烘烤1天，这时白术已七八成干。也可以在退毛术发汗前，直接上炕再接着烘烤，不过需将大小分开，大的放在底下，小的放在上面，再烘8-12小时温度保持60~70℃。1次/6小时，达七八成干出烘，七八成干的称"二复子"。再将"二复子"堆放在室内干燥处10天左右，不宜堆高，待回潮（使内心成分向外溢出，又吸收空气中表皮转软），然后按等级分档重放在炕上覆盖麻袋，微火烘烤。

（3）烤白。用文火60℃左右烘烤，1次/6小时，视白术大小分别烘24~36小时，至翻动时发出咚声时，证明已干透心。在此烘烤阶段，在烘火里加入白术脱落的须使之烘出来的白术色好（黄棕色）、气味芳香。烘白术的关键，是根据干湿度，灵活掌握火候，勤翻动使受热均匀，既要防止高温急干造成烧焦，烘泡（空心），也不能低温火烘，变成油闷霉枯。同时，烘灶设备与鲜术必须相适应，如鲜术过多就须分多个烘灶烘，以免堆

鲜白术

制白术

图 4-4　白术

（来源于 Http://image.so.com/）

放时间长，不能及时烘干而严重影响质量。

烘白术的性状质量判断标准：烘术形似状鸡腿形，表面灰棕色有浅而细的纵皱纹顶端留有茎基，质坚硬不易折断，断面不平坦，淡黄白色，角质样，中央时有裂隙，气香味甜微辛，嚼之略带黏性。

三、炮制加工技术

炮制过程：

1. 生白术

即将白术拣净杂质，用水浸泡润透后捞出，切片，晒干。生白术长于健脾、通便。生白术用于通便时，入煎剂可用到每天30克，常与枳实同用。

2. 炒白术

又名炙白术，先将一份麸皮撒于热锅内，等有烟冒出时，再将十份白术片倒入微炒至淡黄色，取出，筛去麸皮后放凉。炒白术善于燥湿。

3. 焦白术

又名焦术、白术炭，即将白术片置锅内用武火炒至焦黄色，喷淋清水，取出晾干。焦白术以温化寒湿，收敛止泻为优。

4. 灶心土炒白术

取一份灶心土（伏龙肝）研为细粉，置锅内炒热，加入五份白术片，炒至外面挂有土色时取出，筛去泥土，放凉。土炒白术以健脾和胃、止泻止呕为著。

5. 红土炒白术

白术粒，清水洗净，装入容器密封，每天冲水、润透、切厚片、晒干，加入红土锅炒，武火炒至烫手，改用文火炒至透入片心颜色变黄、发出香味，取出筛净红土。

注意事项：土炒白术片容易吸潮，需存放防潮容器或干燥处。

第五节　穿山甲传统加工技术

穿山甲为我国特种药用动物之一，具有较高的药用价值（图4-5）。其鳞甲、肉均可入药。其药用部位主要为其鳞甲，药材名穿山甲，是名贵的中药材；穿山甲肉也供药用，药材名鲮鲤。穿山甲性微寒、味咸，具有消除溃痈、搜风活络、通经下乳、消肿止痛等功效。主治疮痈肿毒，风寒湿痹，月经停闭，乳汁不通，外用止血、止痛。

穿山甲的传统炮制多采用砂烫，令其发泡鼓起以利于煎出和粉碎。方法较为简单：

将砂置于锅内加热至滑利、容易翻动时，投入大小一致的净穿山甲片，迅速翻动至

穿山甲　　　　　　　　　　　　　　制穿山甲

图 4-5　穿山甲

发泡鼓起，边缘向内卷曲，表面呈金黄色时取出，筛去砂，放凉，捣碎备用。也有人在砂烫穿山甲时，砂温在200～220℃，低于200℃则穿山甲不发泡卷曲，高于220℃以上时，则易焦化。

烤制法：取穿山甲，除去杂质，按大小分开，分别放入搪瓷盘中，置烘箱内恒温200～220℃，烘烤3～4分钟即全部发泡卷曲，呈金黄色，迅速取出，放凉，备用。

烘法炮制的优点：（1）提高效率。砂烫穿山甲每锅只能炒制100克左右，药量多时不易翻炒，药物受热不均，常有部分药物焦化，部分不发泡卷曲，出现"夹生片"。而用烘法炮制，每个搪瓷盘可盛药物100克左右，烘箱内1次可放入10～12个搪瓷盘，可提高工效十多倍。（2）提高饮片质量。砂烫时火力不易掌握，影响饮片质量，烘法炮制的温度和烘烤时间容易控制，使药料受热均匀。

临床上用于止血的加工技术

将穿山甲洗净晒干，用植物油炸成黄色（不宜过火），经日晒或自然挥发除去油质，研成细末（越细越干燥效果越好），分装于瓶内，高压灭菌，再入烤箱内干燥即成。用时将出血处沾干，迅速把止血粉均匀地撒在出血部位上（包括动脉出血），轻轻加压包扎。

第六节　大黄传统加工技术

大黄为蓼科植物掌叶大黄、唐古特大黄，或药用大黄的干燥根及根茎。大黄寒味苦，寒可入脾、胃、肝、大肠、心包经，肝经有攻积导滞、泻火凉血、活血化瘀、利胆退黄等多种作用、可用于热结便秘、血热妄行、瘀血结滞、湿热黄疸、结石内阻等多种病症的治疗。

一、大黄采收

大黄采挖生长3年以上植株，一般于种子成熟后采挖，先把地上部分割去，挖开四周泥土，把根从根茎上割下，分别加工。挖出后不用水洗，将外皮刮去，以利水分外泄，大的开成对半，小团型的修成蛋形（图4-6）。

鲜大黄　　　　　　　　　　　　　　　　制大黄

图 4-6　大黄

二、产地加工技术

根茎先刮去外表粗皮，横切成7~10厘米的大块，然后炕或晒干。如用火炕，不能过急，还必须反复取下堆放发汗，才能里外干燥一致，中心不会糖心空枯黑腐，干后撞去未净粗皮即成。也可将根茎切成1厘米厚的薄片，晒干或炕干。粗根刮皮后，切成长10~13厘米长的短节，晒或炕干即成。细根不必刮皮，可晒干作兽药。根茎和根的折干率，一般为30%左右。加工后的大黄规格可分为蛋片吉、苏吉、水根、原大黄四类。

三、大黄加工炮制技术

大黄始载于《山海经》，谓其可"荡涤肠胃，推陈致新"。大黄一药备受历代医家所推崇，素有"人参杀人无过，大黄救人无功"之说。大黄的炮制方法有酒浸、酒炒、醋炒、盐水炒、炒焦、炒炭等。

水制法：先将灰尘洗净，放木桶或盆内，每斤原药用清水4~6两浸润，分二次下，经常上下翻动，如有硬者，再洒上水，润透取出，切直片2厘厚晾干，不宜曝晒。

酒渍法：以降低其寒性，每斤原药用酒3两，制法同上。

酒蒸法：若取其走行小肠膀胱及湿热隆闭，则用蒸法，每斤药用酒3两，酒入药内渍润，每天翻动，待酒吸干取出，放蒸笼内用武火蒸4小时，熄灭、闷12小时，取出晾干，然后将锅内的水浓缩，拌入大黄内吸尽，取出切片晾干。

酒炒法：每斤药片用黄酒3两，酒入药内润片刻，投入锅内拌炒至焦黄色，此法清热利小便。还有用醋制大黄，制法同上。

炒炭法：取大黄片或块，置炒制容器，武火炒至片面焦黑色，内部焦褐色，如有火星时当喷洒水粒，灭尽火，文火炒干，取出晾干。

第七节　附子传统加工技术

附子是毛茛科植物乌头侧根，性辛、味甘、大热、大毒。入十二经。具有回阳救逆、逐风通痹、散寒止痛、温阳行水、温中运脾、助阳实卫等作用。历代医家为了减其毒性，提高临床疗效，在其炮制工艺方法上，进行了不少研究，概括有火炮法、水漂法、水漂加蒸煮法、加入辅料加热法、高压蒸煮法炮制法等。一般在6月下旬至8月上旬采挖，除去母根、须根及泥沙，习称"泥附子"，需立即加工（图4-7）。

一、产地加工方法

取附子用水洗净灰盐，倒入缸内，用清水漂，春冬季5天，夏秋季3天，每天换水2次，按时捞起滤干水，用磁片刮去黑皮，随刮随泡，刮完后，用清水再漂，春冬2~4天，夏秋1~2天，每天换水，到期取出，切一分厚直片。每百斤药用甘草5斤煎水摊冷，倒入缸内，浸1~2天捞起，再用生姜25斤，洗净切成1分厚片，入蒸笼内，一层生姜片一层附片，用武火蒸3小时，取出摊开，立即摊冷后，拣去生姜。又将药片倒入铁丝网内，放在炕箱内，用暗火烘干，以防起泡。如产地已加工的，不再加工，本品不能晒，晒后易碎。

鲜附子

制附子

图4-7　附子

二、炮制加工方法

1. 盐附子

选择个大、均匀的泥附子，洗净，浸入食用胆巴的水溶液中，过夜，再加食盐，继续浸泡，每日取出晒晾，并逐渐延长晒晾时间，直至附子表面出现大量结晶盐粒（盐霸）、体质变硬为止。

2. 黑顺片

取泥附子，大小分档，分别洗净，浸入食用胆巴的水溶液中数日，连同浸液煮至透心，捞出，水漂，纵切成约5毫米的厚片，再用水浸漂，用调色液使附片染成浓茶色，取出，蒸到出现油面、光泽后，烘至半干，再晒干或继续烘干。

3. 白附片

选择大小均匀的泥附子，洗净，浸入食用胆巴的水溶液中数日，连同浸液煮至透心，捞出，剥去外皮，纵切成约3毫米的厚片，用水浸漂，取出，蒸透，晒至半干，以硫黄熏后晒干。

4. 炮附片

取干净河砂，置炒制容器内，用武火加热，炒至灵活状态，加入净附片，不断翻炒，炒至鼓起并微变色，取出，筛去砂，摊晾。

5. 烧制附子

炭火内进行烧烤，至变黑淡不能太过，烧灰存性，取出用盆子盖之，或用冷灰焙去火毒，冷却后细研。

6. 姜制附子

去皮，去脐，生切成数块，用生姜半斤，以水一碗同煮附子，汁尽为度，取附子焙干为末。如果是已加工好的熟附片，则拣去杂质，整理洁净即可。如果是盐附子，则将盐附子洗净，用清水浸12小时，除去皮、脐，顺切成3毫米厚片。再用清水漂3日，每日换水3次，换水时用木棒轻轻搅动。至附子的盐分漂净，捞起，晾至六成干，加入姜汁水（每100千克盐附子，用老生姜10千克榨汁，姜渣加适量水煎取浓汤与姜汁混合），拌匀，润渍约8小时，使吸尽姜汁水，蒸上汽4~6小时至熟透，取出干燥即成。

7. 甘草汤制附子

《景岳全书》："用甘草不拘，大约酌附了多寡，而用甘草煎极浓汤，先浸数日，剥去皮脐，切为四块，又添浓甘草场再浸二三日，捻之软透，乃咀为片，入锅内文火炒至将干，庶得生、熟匀等，口嚼尚有辣味足其度也。"取黑附子瓣，择净砂石杂质，大小个分开。将锅内放入清水，取净甘草倒入锅内，加热熬煮，将煮液掏出过滤，再加入清水熬煮至透，捞出残渣去掉，取两次甘草煮液混合倒入锅内加热至沸。再取泡好黑附子瓣置锅内与甘草汤同煮，随时翻动，煮2~3小时至透，切开，口尝稍有麻辣感为度，捞出晾个至六七成干，推润至内外软硬适宜为度。切1毫米片，摊开烘干或晒干，筛去碎末择净杂质即得。净黑附子瓣每100千克，用甘草6千克。

8. 煮制附子

取产地加工的黑附瓣（黑顺片）置锅内，加水煮约1小时或用水浸泡1~2小时，取出稍晒后，再闷至内外湿度一致，切片。

9. 淡附片

（1）取净盐附子，用清水浸漂，每日换水2~3次，至盐分漂尽，与甘草、黑豆加水共煮至透心，切开后口尝无麻舌感时，取出，除去甘草、黑豆，切薄片，干燥。筛去碎屑。盐附子每100千克，用甘草5千克，黑豆10千克。

（2）豆腐煮。将原药（盐附子）洗净，漂2~3日（漂时夏天防腐，冬天防冻），每日换水1~2次，捞起，对切开，再漂1~2日，每日换水2~3次，去尽成味，取出。用豆腐同煮，至口嚼无麻感，取出摊凉（防裂），除去豆腐，晒至半干，切极薄片，干燥，筛去灰屑。盐附子每100千克，用豆腐10千克。

（3）矾水煮。取盐附子，用水浸漂，每日换水2~3次，至盐分漂尽，置锅内与白矾加水煮透，至切开后初尝无麻辣味，久嚼稍有麻舌感为度。取出，切为两瓣，置锅内加水煮约2小时，煮透取出，晾晒，反复闷润至透，切片晒干。盐附子每100千克，用白矾20千克。

10. 胆炙附片

先将附片放入锅内炒热，边炒边洒胆汁水，炒至均匀吸透，水干呈黄褐色取出。附片每100千克，加猪胆汁1千克，兑沸水5千克（忌用生水）。

第八节　肉苁蓉传统加工技术

肉苁蓉属于国家一类野生珍稀植物保护物种，是一种寄生在沙漠树木梭梭根部的寄生植物，被视为"沙漠人参"，具有极高的药用价值，是中国传统的名贵中药材。肉苁蓉味甘、性温，具有补肾壮阳、填精补髓、养血润燥、悦色延年等功效。肉苁蓉药食两用，长期食用可增加体力、增强耐力以及抵抗疲劳，同时又可以增强人类及动物的性能力及生育力。肉苁蓉在历史上就被西域各国作为上贡朝廷的珍品，也是历代补肾壮阳类处方中使用频度最高的补益药物之一。

一、肉苁蓉的采收

4—5月，当肉苁蓉顶端的花絮刚出土，还没有开花，此时采收最好。因为开花会消耗花茎的营养，所以已经开花的肉苁蓉一般留作种用（图4-8）。

采收时，用铁锹在距已出土花絮20厘米处向下垂直挖掘，在挖到40—60厘米深

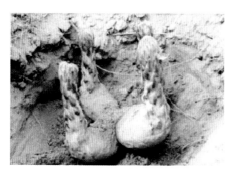

鲜肉苁蓉 　　　　　　　　　　制肉苁蓉

图 4-8　肉苁蓉

后，用手将周围的沙土逐渐拨除，这时就可以看见肉苁蓉的肉质茎。接着，再用一头尖的竹片，将靠近肉苁蓉肉质茎周围的沙土轻轻地拨开，直到找到芽盘，然后一只手扶住肉质茎，另一只手用竹片迅速切下。由于金属会导致整个寄生株的腐烂，所以寄生株要避免与金属物质接触。采收后，要迅速回填坑穴，覆土后踩实。同时，还要保护好芽盘上的不定芽。翌年，这些不定芽又能生长出肉苁蓉，如果寄生根和芽盘得到很好的保护，则至少可以生长5~7年。

二、产地加工处理

剔除有虫咬、霉变的肉苁蓉，并把它们集中起来统一处理，同时拣去杂质。然后将合格的肉苁蓉原料根据长短、粗细进行分级。根据加工产品的要求，通常将它们分成三个等级。一级品长度40~80厘米，外观平直、肉质肥厚、鳞细，颜色呈灰褐色至黑褐色，一级品可加工成肉苁蓉原药。二级品长度20~30厘米，粗细均匀，二级品可加工成肉苁蓉切片。最后剩下一些个头短小、粗细不规则的肉苁蓉为三级品，三级品是加工肉苁蓉茶的好原料。

不能及时加工的原材料，要平摊在木头架子上，注意要单层存放，存放原材料的仓库要求通风良好，避免阳光直晒。

三、肉苁蓉切片的加工

1. 切片

肉苁蓉切片要求美观、整齐、无破碎，且厚度均匀，切片厚度2.5毫米，误差要小于1毫米。传统的切片采用手工方法，现在可以使用剁刀式切料机来完成切片工作。先将切料机的切制厚度调整好，然后将清洗过的肉苁蓉整齐地码放在切料机的进料带上。在切料机的出口处摆上一个不锈钢托盘，接住切好的料片。准备工作完成后开动切料机，手可以用力推着原材料，这样切制会更加顺利。由于切料机的刀头十分锋利，而且切制频率非常快，所以原材料的码放一定要均匀连贯，尽量减少因供料不及时造成空切现象；当不锈钢盘装到1/2时，就要进行更换。然后逐一码放在不锈钢架上，装满一车后送入干燥车间。

2. 干燥

肉苁蓉切片的干燥同样使用电热式干燥箱完成，温度55~65℃，持续干燥8小时。用手轻轻掰开切片，切片容易折断而且芯部没有潮湿，切片即加工完成。

四、炮制加工方法

肉苁蓉《雷公炮炙论》："以棕刷刷去沙土、浮甲尽，劈破中心，去白膜一重。"《普济方》："去皱皮。"《校注医醇賸义》："漂淡。"具体方法：取腺药材，除去杂质，大小分档，洗净，稍浸泡，闷润至内无干心时，晒至内外湿度一致，切2~4毫米的厚片，干燥。或将盐肉苁蓉（盐大芸）除去杂质，大小分档，置多量清水中，每日换水2~3次，至尝之无咸味时，取出，晒至半干，润至软硬适度，切厚片，干燥。

酒苁蓉《雷公炮炙论》："凡使用，先须酒浸，并刷草了，却蒸，从午至酉，出，又用酥炙得所。"《太平圣惠方》："酒浸一宿，锉去皱皮，炙令干。"《博济方》："酒浸三日细切焙。""水洗三两遍，用无灰酒浸两日后，更入烧酒，同煎三五沸来湿切碎。"《局方》："如缓急要用，即酒浸煮过研如膏。"《济生方》："酒蒸。"《普济方》："酒拌炒。"《医宗必读》："酒蒸焙。"具体制作方法：取肉苁蓉片，加入黄酒拌匀，置密闭容器内，密封，隔水加热至酒被吸尽，表面呈黑色或灰黄色，取出，干燥。肉苁蓉每100千克，用黄酒30千克。

黑豆制肉苁蓉：取盐肉苁蓉用米泔水浸泡3日，每日换水1次，去尽咸味，刮去表面鳞片，切1~5厘米厚的片。取黑豆炒香，分成3份，每次取1份掺水和肉苁蓉用微火煮干，取出晒至半干，再蒸透后晒干，另取黑豆1份同煮，蒸晒，反复3次，晒干即可。肉苁蓉每100千克用黑豆10千克。

第九节　当归传统加工技术

当归，中药名。为伞形科植物当归的干燥根。主产甘肃东南部，以岷县产量多，质量好。具有补血活血，调经止痛，润肠通便之功效。常用于血虚萎黄，眩晕心悸，月经不调，经闭痛经，虚寒腹痛，风湿痹痛，跌扑损伤，痈疽疮疡，肠燥便秘。酒当归活血通经。用于经闭痛经，风湿痹痛，跌扑损伤（图4-9）。

鲜当归　　　　　　　　　　　　　　　制当归

图 4-9　当归

一、当归的采收

人工栽培的当归宜在当地的10月下旬植株枯黄时采挖，秋季直播的宜在第2年枯黄时采挖。采挖的时间不宜过早也不可过迟。过早根肉营养物质积累不充分，根条不充实，产量低，质量差。过迟因气温下降，土壤冻结，挖时易把根弄断。在挖前半个月左右，割除地上的叶片，使其在阳光下曝晒，加快根部成熟。采挖时小心把全根挖起，抖去泥土。

二、产地加工方法

1. 晾晒

当归采收后，不能堆置，应选择高燥通风处，及时摊开，晾晒几天，直到侧根失水变软，残留叶柄干缩为止。切忌在阳光下暴晒，以免起油变红。晾晒期间，每天翻动1—2次，并注意检查，如刀有霉烂，及时剔除。

2. 扎把

晾晒好的当归，将其侧根用手理顺，切除残留叶柄，大的2~3支，小的4~6支扎成小把，每把鲜重约0.5千克。

3. 烘烤

选干燥通风室或特制的熏棚，内设高1.3~1.7厘米木架，上铺竹帘，将当归把堆放上面，以平放3层、立放1层、厚30~50厘米为宜，也可将扎好的把子，装入长方形竹筐内，然后将竹筐整齐并排在棚架上，便于上棚翻动和下棚操作。用蚕豆秆、湿树枝或湿草作燃料，用水喷湿，生火燃炽发烟雾，给当归上色，忌用明火。约2天后，待表皮呈现金黄色或淡褐色时，再用柴火徐徐加热烘干。有的地方用煤火加热烘干，这样做不妥当。因为煤在燃烧时产生的烟雾中含有多种有毒物质，其中包括一些蒽类、菲类等稠环化合物，在这些物质中有的还有致癌的可能，它们会在熏制过程中或多或少地污染药材；同时，用煤熏制的当归不仅色泽不好，其内在质量也要受到影响，所以熏制当归还是以不用煤为妥。

室内温度控制在30℃以上、70℃以下，约经8天，全部干度达70%～80%即可停火，待其自干。当归加工不能阴干或太阳晒。阴干质轻，皮肉发青；日晒、土炕焙或火烧烤易枯硬如柴，皮色变红，失去油性，降低质量。

三、炮制加工

将当归装入麻袋内，撞去灰尘，取出后用冷水洗当归上半身，投入缸内，加盖湿布，每天翻动，如有硬结选出，喷水再润，全部润透，取出切片或刨成2厘米厚片，撒入簸箕内，上盖白纸按平晒干。或在二、四、八月间天气回潮，将当归放入潮湿地上，经常翻动，使其回潮均匀，取出刷去灰尘，切片或刨成2厘米厚片，晒法同上。

若取其止血，则炒炭，将锅烧热，投入药片炒至微黑色，取出放地下摊冷。

若取其活血散瘀，则用酒炒，每斤药片用酒2两，撒入药内拌匀，稍润片刻、投入锅内炒至微黄色。

若取其健脾止泻，则用土炒，每斤药片用黄土粉4两，投入锅内炒热，再将药片放锅内拌炒，至黄色，取出筛去土，摊冷收藏。

装缸内或木箱内按紧，加盖防潮及走油。4—8月是生虫季节，应放硫磺箱内保存。

第十节　金银花传统加工技术

金银花为忍冬科、忍冬属、多年生、半常绿木质滕本植物，别名二花、双花等，是我国名贵的中药材，性甘味寒入肺胃、心、脾经。为清体表发热面上焦热重者的主药。由于其清热解毒效果显著，并有降血压延缓衰老等作用，因此被誉为中药抗生素，长生不老药，金银花的生产和开发也开始越来越为人们所关注。金银花的采收和加工是生产环节的最后两道"工序"，也是"高产、高效、质量、安全"的最后保证。近年来为了提高金银花的综合效益，在传统加工技术的基础上，对传统的加工方法、工艺不断改进和创新，创造出了金银花最佳采收方法和"烤房四段变温烘干技术"，在生产中发挥重大作用（图4-10）。

一、采收

金银花的优良品种，春季栽植者当年即可结花，秋冬季栽植者次年结花，所以金银

鲜金银花   制金银花

图 4-10 金银花

花一经栽植，就要考虑花蕾采收和加工问题，准备好采收花蕾的容器和建造花蕾加工烤房。金银花单花从萌蕾到开放需13~20天，春季长些，夏秋季气温较高，花蕾发育较快，发育时间短些。当花蕾长到应有长度的1/2时发育加快，花蕾颜色开始由青变白，如不及时采收，就要开放。

金银花从现蕾到开放、凋谢，可分为以下几个时期：米蕾期、幼蕾期、青蕾期、白蕾前期（上白下青）、白蕾期（上下全白）、银花期（初开放）、金花期（开放1、2天到凋谢前）、凋萎期。青蕾期以前采收干物质少，药用价值低，产量、质量均受影响；银花期以后采收，干物质含量高，但药用成分下降，产量虽高但质量差。白蕾前期和白蕾期采收（即含苞未放的花蕾），干物质较多，药用成分、产量、质量均高，但白蕾期采收容易错过采收时机，因此，最佳采收期是白蕾前期，即群众所称二白针期。

金银花采收最佳时间是：清晨和上午，此时采收花蕾不易开放，养分足、气味浓、颜色好。下午采收应在太阳落山以前结束，因为金银花的开放受光照制约，太阳落后成熟花蕾就要开放，影响质量。采收时要只采成熟花蕾和接近成熟的花蕾，不带幼蕾，不带叶子，采后放入条编或竹编的篮子内，集中的时候不可堆成大堆，应摊开放置，放置时间不可太长，最长不要超过4小时。

二、产地加工技术

1. 晾晒法

采收的花蕾，若采用晾晒法，以在水泥或石板晒场晒花最佳，将采收的金银花及时摊在场地，晒花层要薄，厚度2-3厘米，晒时中途不可翻动。晒干的花，其手感以轻捏会碎为准。晴好的天气当天即可晒好，当天未能晒干的花，晚间应遮盖或架起，次日再晒。采花后如遇阴雨，可把花筐放入室内，或在席上摊晾。

2.烘干法

一般在30~35℃初烘2小时，随后温度可升至40℃左右。经5~10小时后，恒温45~50℃，继续烘10小时，鲜花水分大部分排出，再将室温升高至55℃，使花速干。一般烘12~20小时即可全部干燥。注意不能超过20小时，以避免花色变黑，质量下降；烘干时不能翻动，否则容易变黑；未干时不能停烘，否则会发热变质。干制后的花要及时用几层塑料袋包装扎紧，以免返潮。

以上生产加工过程中主要应用明火烘干法。此法不受天气影响，干燥花蕾质量好，为群众所普遍采用。但"明火烘干法"缺点是二氧化硫等有害物质的污染严重。

三、金银花炮制加工技术

金银花药用品包括生药、炒药、炭药三种。

1.生药

生药是把鲜金银花经过日晒、阴干等方法而获得的干品。金银花生药味甘微苦，性寒，善清利上焦和肌表之毒邪。可用于温病初期，生药金银花常与连翘、薄荷、淡豆豉、荆芥等同用，以加强疏散清热功效。

2.炒药

是把金银花置锅内，用文火炒至深黄色为度。炒药味甘微苦，性寒偏平，其清热解毒的功效是善走中焦和气分，多用于温病中期。常与黄芩、石膏、芦根、竹茹、栀子等同用，具有清解内毒、透邪外出、和胃止呕的功效。可用于邪热内盛而见发热烦躁、胸膈痞闷、口渴干呕、舌红苔燥及脉象洪数等。

3.金银花炭

是用武火清炒（但火力不宜过大），将金银花炒至焦黄或稍黑，贮存备用。炭药味甘微苦涩，性微寒，重在清下焦及血分之热毒，主要用于治疗痢疾等。常与黄连、木香、赤芍、马齿苋、蒲公英等药合用，能起到清肠解毒、活血化瘀之功。

第十一节　板蓝根传统加工技术

板蓝根为十字花科植物菘蓝的干燥根，通常在秋季进行采挖，炮制后可入药。板蓝根分为北板蓝根和南板蓝根，北板蓝根来源为十字花科植物菘蓝的根，南板蓝根为爵床科植物马蓝的根茎及根。其性寒，味先微甜后苦涩，入肝、胃经。具有清热解毒、预防感冒、利咽之功效。温毒发斑；高热头痛；大头瘟疫；舌绛紫暗，烂喉丹痧；丹毒；疟

板蓝根全株　　　　　　　　　　　　板蓝根

图 4-11　板蓝根

腮；喉痹；疮肿、痈肿；水痘；麻疹；肝炎；流行性感冒，流脑，乙脑，肺炎，神昏吐衄，咽肿，火眼，疮疹；可防治流行性乙型脑炎、急慢性肝炎、流行性腮腺炎、骨髓炎等。传统板蓝根炮制加工方法比较单一，但一直沿用至今（图4-11）。

1. 板蓝根采收

人工种植的板蓝根由于播种期不同，采收时间各有差异，如果秋播的大青叶种子，于第二年5月开花，5—6月种子逐渐成熟，10月下旬挖取板蓝根，刨根时在畦子一侧挖50~60厘米的深沟，顺沟刨收，勿伤根。刨出后去掉泥土，晒干六七成，捆成小捆，再进行晾晒至干为止。北板蓝根一般来说在秋季11月份初将根挖出，去净叶和泥土，用手顺直、晒至七八成干时，捆成小把、再晒干。

一般来说，12月的含量最高，因此，在初霜后的12月中下旬采收，可获取药效成分含量高、质量好的板蓝根药材。故这段时间选几日晴天，进行板蓝根的采收。首先用镰刀贴地面2~3厘米处割下叶片，不要伤到芦头，捡起割下的叶片，然后从畦头开始挖根，用锹或镐深刨，一株一株挖起，拣一株挖一株，挖出完整的根。注意不要将根挖断，以免降低根的质量。

2. 板蓝根炮制加工技术

板蓝根的初加工：将挖取的板蓝根去净泥土、芦头、茎叶，摊放在芦席上晒至七八成干（晒的过程中要经常翻动），然后扎成小捆，晒至全干，打包或装袋储藏。以根长直、粗壮、坚实而粉性足者为佳。晒的过程中严防雨淋、发生霉变，降低板蓝根的产量。

炮制加工：将原药除去杂质、芦头，抢水洗净，润软，切成厚2—3毫米顶头片，干燥。板蓝根软化时的温度不应低于60℃，因为酶在30℃左右时活性最强，易使成分酶解和失效，浸润时间30分钟和加水量为药材的2倍。最好采用蒸法软化或沸水浸透，切片，干燥为宜。

第十二节　甘草传统加工技术

甘草为豆科、甘草属多年生草本，根与根状茎粗壮，是一种补益中草药。对人体很好的一种药，药用部位是根及根茎，药材性状根呈圆柱形，长25~100厘米，直径0.6~3.5厘米。外皮松紧不一，表面红棕色或灰棕色。根茎呈圆柱形，表面有芽痕，断面中部有髓。气微，味甜而特殊，入十二经。功能生用，主治清热解毒、祛痰止咳、脘腹等实用补气和中。喜阴暗潮湿，日照长气温低的干燥气候。甘草多生长在干旱、半干旱的荒漠草原、沙漠边缘和黄土丘陵地带。根和根状茎供药用（图4-12）。

甘草　　　　　　　　　　　　　　　甘草切片

图 4-12　甘草

1. 甘草的采收

甘草主产于中国北方，以内蒙古、甘肃等地所产者为著名。甘草一般生长1~2年即可收获，在秋季9月下旬至10月初采收以秋季茎叶枯萎后为最好，此时收获的甘草根质坚体重、粉性大、甜味浓。直播法种植的甘草，3~4年为最佳采挖期，育苗移栽和根茎繁殖的2~3年采收为佳。采收时必须深挖，不可刨断或伤根皮，挖出后去掉残茎、泥土，忌用水洗，趁鲜分出主根和侧根，去掉芦头、毛须、支杈，晒至半干，捆成小把，再晒至全干。

2. 甘草初加工

甘草可加工成皮甘草和粉甘草。皮甘草即将挖出的根及根茎去净泥土，趁鲜去掉茎头、须根，晒至大半干时，将条顺直，分级，扎成小把的晒干品。以外皮细紧、有皱沟，红棕色，质坚实，粉性足，断面黄白色者为佳。粉甘草即去皮甘草是以外表平坦、淡黄色、纤维性、有纵皱纹者为佳。

将干燥的甘草放在蒸笼或高压锅内，加热到根条发软时取出，将主根用刀斜切成瓜子片，即为通常的甘草饮片，可以直接入药房配药使用。

3. 甘草炮制技术

汉代金匮玉函经有炙焦为末、微炒方法的记载。南北朝刘宋时代《雷公炮炙论》有火炮令内外赤黄、及用酒浸蒸后炙酥为度的方法。唐代千金方记载有炙制和千金翼方的蜜煎。宋代博济增加了炒存性、苏沈良方有纸裹醋浸煨、猪胆汁制、盐制、油制、蜜炒等炮制方法。元明时期基本上沿用前代的方法，并在本草纲目增加了酥制、姜汁炒酒炒等方法。清代的得配本草又增加了粳米拌炒和乌药汁炒等法。现在的主要炮制方法是蜜炙。

蜜炙甘草最早见于唐代的千金翼方，其上有蜜煎甘草涂之的记载。此外，有些文献还记载有不同的方法和要求，如宋代的《太平惠民和剂局方》曰：蜜炒，明代的炮制大法则要求切片用蜜水拌炒。此外，明代的先醒斋医学广笔迹、清代的成方切用都提到了去皮蜜炙。在炮制作用方面，元代汤液本草记述生用大泻热火，炙之则温能补上焦中焦下焦元气，宋代本草衍义亦有入药须微炙，不尔亦微凉，生则味不佳的记载。

蜜炙甘草方法1：先将蜂蜜置锅中炼成中蜜，改用文火加甘草片拌炒均匀，3~5分钟，出锅，置烤房或烘箱60℃烘至不黏手时取。放凉，该法所得蜜炙甘草不易焦糊，质佳。最佳工艺条件是加入25%的蜂蜜，闷润透心后，在60℃烘60分钟。

蜜炙甘草方法2：先用少量清水拌匀一瓶蜂蜜，然后倒入甘草饮片中去混匀，放置4~5小时，待蜂蜜完全被甘草饮片所吸收，充分渗透到甘草饮片中去，然后再用铁锅以文火炒至甘草饮片表面呈现出微黄色，并且锅内的温度渐渐地升高到比较烫手时，即迅速将另一瓶蜂蜜以及50毫升米酒依次倾入甘草饮片中，并不断地翻动，直至甘草饮片表面呈现出金黄色，并且有散落感，此时应立即出锅，放凉后，存放于有盖的玻璃瓶或者陶瓷器皿中，以防止吸潮、霉变。

用此法制备的蜜炙甘草大多呈现出金黄色或者褐黄色光泽，在炮制过程中由于甘草甜素的分解，以及蜂蜜的充分转化，所以炮制品具有浓郁的甘甜芳香的气味。同时由于用此法炮制的蜜炙甘草在时间上和火候上都恰到好处，使其药物的性能充分地由甘平转化为甘温，且在制作的过程中，辅以少量的米酒加以调和制作，不但能增加其芳香的味道，而且还有助于引药归经等，从而达到了增强疗效的目的。

蜜炙甘草方法3：蜜炙甘草时加入12.5%的米酒同制，炙成品颜色金黄，不黏手，有光泽，药材内部也呈黄色，具浓郁蜜香味，密封条件下存放3个月不变质发霉。加酒蜜炙甘草比传统加水蜜炙甘草耐于贮存。这是由于酒中含醇，有杀菌防霉的作用。用黄酒代替开水稀释炼蜜，减少了蜜的含水量，进而降低饮片的含水量，使饮片不易霉变。同时，甘草的主要成分为甘草甜素，易溶于水，加酒有利于避免其有效成分的损失。这一方法非常适宜于一般基层医院的库存，特别是在南方城市，雨季长，空气湿度大，值得推广。

第十三节　黄芪传统加工技术

黄芪，又称北芪或北蓍，亦作黄耆或黄蓍，常用中药之一，为豆科植物蒙古黄芪或膜荚黄芪的根。黄芪有益气固表、敛汗固脱、托疮生肌、利水消肿之功效。用于治疗气虚乏力，中气下陷，久泻脱肛，便血崩漏，表虚自汗，痈疽难溃，久溃不敛，血虚萎黄，内热消渴，慢性肾炎，蛋白尿，糖尿病等。炙黄芪益气补中，生用固表托疮（图4-13）。

黄芪切片　　　　　　　　　　　　　　　　　黄芪

图 4-13　黄芪

1. 黄芪采收

一般9月中下旬采收为佳。用工具小心挖取全根，避免碰伤外皮和断根，去净泥土，趁鲜切去芦头，修去须根，晒至半干，堆放1~2天，使其回潮，再摊开晾晒，反复晾晒，直至全干，将根理顺直，扎成小捆，即可供药用。质量以条粗、皱纹少、断面色黄白、粉性足、味甘者为佳。

2. 黄芪产地加工

黄芪根部挖出后，去掉根上附着的茎叶，抖落泥土，趁鲜切去根茎（芦头），剪光须根，即行晾晒。进行杀水与糖化：将鲜根于晒场上摊开，日晒夜露，通风杀水，待根条柔软后，堆起盖严，上压重物，自然发热，使其充分糖化。晾晒时避免强光曝晒而发红，晒时放在通风的地方，其上可平铺一层白纸。药材以粗壮、质硬、粉性足、味甜者为佳。

要求做到干燥、无芦头、无须根、不霉、不焦、无泥、无杂质。进行揉搓：将糖化后的根条晒至半干，逐个揉搓一遍，再晒、再搓，如此反复3遍，则根条变得柔韧而质密。

干燥：将揉搓过的根条分档，扎成小把，在阴凉通风处码垛，让其自然通风至全干，商品名为"黄芪毛条"。打包，阴凉库存放。

3. 黄芪饮片加工技术

（1）修整与去芦。取黄芪毛条，逐个剁去芦头，修剪去除病根，同时由工人手选分档，将大小分开。选用根条粗长、断面色黄白、味甜、有粉性且中部直径在1厘米以上的优质黄芪，剪去侧根，商品名为"黄芪条子"。黄芪条子再剁去"尾子"，取其中间段，商品名为"黄芪节子"。

（2）水洗与闷润。黄芪不宜长时间在水中浸泡，在表皮刷洗干净后，置湿地上，头向下、尾朝上堆放，用湿布包严，闷一宿，用"弯曲法"测试，将黄芪药材握于手中，大拇指向外推，其余四指向内缩，药材可略弯曲且不易折断，如不能弯曲成圆环，可少量多次喷淋清水，使其充分软化，至能弯曲成圆环时，再晾干表皮水分，进行切制。

（3）黄芪不同片形的切制。

圆片：取软化后的黄芪毛条或条子，用禹州刀或切药机切成厚片，晒干。圆片多用于中医处方的调配及投料制造中成药，其中条子切成的圆片多供食用。

腰带片：将"黄芪节子"润软，经压条机压扁，用刨刀削去外皮，再经修边和裁剪，然后截成15厘米长的段，烘干，包装。主要供食用。

马耳片：加工腰带片时，对其不足15厘米长的短片，进行二次加工，使之片形整齐一致，烘干后，分档、包装。产地将5厘米以上的商品称"大马耳"，5厘米以下的商品称"小马耳"。马耳片常用作煲汤或泡茶的食材。

柳叶片：取软化后的"黄芪节子"，用刨刀推成3~4厘米长、1毫米左右厚的斜片，其形如柳叶，晒干。主要用于泡茶或煲汤食用。

瓜子片：取润好的"黄芪条子"，用刨刀或斜片式切药机，切成形如瓜子的椭圆形斜片，晒干。可供药、食两用。

黄芪皮：剥取黄芪的皮层或收集加工黄芪腰带片时刨下的表皮，剪成1厘米长的段，晒干。入药时筛去药屑，饮片名"黄芪皮"。黄芪皮主要供中医处方调配使用。中医经验认为黄芪皮善于走表，对表虚自汗、颜面浮肿等病症有较好的疗效。

4. 炙黄芪炮制加工技术

取黄芪饮片100千克，将35千克的炼蜜加入18升80~100℃的沸水中溶解稀释（炼蜜用开水稀释时，要严格控制水量，这是确保蜜汁能与药物拌匀且能完全渗入药材组织内部的关键，如加水量太少则蜜黏性太强，不易与药物拌匀；加水量太多则药物过湿，不易炒干，成品容易发霉），制备得蜜水，将蜜水喷淋入黄芪片中，拌匀，闷润约2小时。待蜜水完全吸尽后且完全渗入药物组织内部时，置锅中加热，用文火（80~120℃）炒制。炒制过程中要时时观察饮片的颜色变化，待黄芪表面呈深黄色，不黏手时，取出，晾凉，筛去碎屑后即可包装成成品。蜜制黄芪要注意几个问题：添加辅料所用的蜂蜜水，制备时要依据气候温度变化注意水温的调整，一般冬季要用80~100℃热水调蜂蜜；蜜水要充分拌匀完全吸尽渗入饮片组织内部；炒制时火候一定要掌握80~120℃的文火，这样才能具蜜香气，略带黏性而不聚团块。

第十四节　蟾蜍药用部位传统加工技术

一、蟾酥的采集加工技术

蟾酥始载于《药性论》，原名蟾蜍眉脂。《本草衍义》始有蟾酥之名，云："眉间有白汁，谓之蟾酥。以油单（纸）裹眉裂之，酥出单（纸）上，入药用。"《本草纲目》曰："取蟾酥不一：或以手捏眉棱，取白汁于油纸上及桑叶上，插背阴处，一宿即自干白，安置竹筒内盛之，真者轻浮，入口味甜也"。蟾酥为中华大蟾蜍或黑眶蟾蜍的耳后腺及皮肤分泌的白色浆液，经加工而成的干燥块片，是一种名贵的中药材，具有攻毒散肿、通窍止痛之功效，主治痈疽疮肿以及中寒所致的吐泻腹痛等症。除了蟾蜍的休眠期外，一般每隔半月左右即可采集1次蟾酥，农历夏至到大暑期间为采集的最佳时间。现将蟾酥的采集、加工方法介绍如下：

1. 蟾酥浆液的采集

养殖蟾蜍的主要目的是采集蟾酥。夏秋两季，每2周可采一次，6~7月是刮浆高峰期。

首先准备好铜制或铝制的夹钳、竹片、大口瓶或小瓷盆、竹篓、压浆球（陶瓷或硬杂木做成的鹅蛋形大小的圆球，装上10厘米长的木柄）等工具。

刮浆前先将蟾蜍在清水中洗去污渍，用小杆轻敲头部或用少量辛辣的物品如大蒜、辣椒等刺激，增加蟾酥分泌量。刮浆部位是紧靠头部两侧耳根的大疣粒耳后腺的背上的大小疣粒。

捕捉蟾蜍可在晚上，点一盏灯放在旷野或田埂、塘埂有蟾蜍活动的地方。蟾蜍来后，便乘机捉下。捕到后先放在竹篓中洗净泥土，晾干体表水分。为了使蟾蜍耳后腺体分泌功能加强，可采用以下方法：

（1）将蟾蜍放入缸中，盖上有孔的缸盖，用竹竿刺痛其头部，使蟾蜍分泌增加。

（2）将蟾蜍置于池中，四面放镜，使其恐惧而增加分泌。

（3）用辛辣的蒜头、辣椒等纳入其口中，使其分泌增加。刮浆时，左手的拇指压蟾蜍的背中柱，食指压其头部，其余三指抵住蟾蜍的肚子，背向上，三点加压，迫使其耳后腺充满浆液后，右手用铜镊子在蟾蜍耳后腺的疣块上刮取白色浆液。再用竹刀把铜镊子上的浆液刮入瓷盘中。边刮边挤，反复挟挤2~3次。

2. 蟾酥加工

人工采集的蟾蜍浆液，必须经过加工干燥后，才能成为商品蟾酥。用80~100目铜丝筛或60~80目尼龙丝筛，将筛固定在一个高3~5的长方形木架上，用板条钉牢，然后将筛放在盛浆器上，倒入鲜浆，用压浆圆球反复下压，直至筛面全部成杂质时停止。将过筛的浆液根据商品规格进行加工。取过筛的纯浆液放入圆形模具中晒干或烘干即为团酥。质坚硬，不易折断，断面茶棕色、棕黑色、紫黑色或紫红色，气微腥，味麻辣。取纯浆液抹在坡璃板上，推成薄膜晒干或烘干即为片酥。片酥质脆，明亮，紫红色，断面平坦，遇水即泛出白色乳状液（图4-14）。

图4-14　蟾酥

干燥后的商品蟾酥应密封保管。缸底放石灰，石灰面上盖纸，然后用牛皮纸包好蟾酥放入，最后加盖密封，与外界空气隔绝。密封缸储藏的成品蟾酥，越陈越黑，品质越佳。

3. 注意事项

（1）蟾酥有毒，刮浆时应戴口罩和手套，以防溅入眼、鼻引起疼痛。如发生中毒，可用具有特效的紫草汁洗、点，即可消毒退肿。

（2）刮出的鲜浆需及时加工，在高温季节，一般不要超过6小时，鲜浆存放时间过长会逐渐溢水、发酵、变质，失去药用价值。

（3）蟾蜍刮浆后，再过15天才能进行第2次刮浆。因此，有条件的地方可捕捉野生蟾蜍进行人工养殖，以便取得更大的经济效益。

（4）刮浆时忌用铁器接触，否则浆液变黑。

（5）刮过浆的蟾蜍不要放在水中，要放在旱地，防止感染发炎，引起死亡。

（6）刮出的浆液尽量在12小时以内用60~80目尼龙筛绢或铜筛过滤除杂，然后放在通风处阴干或晒至七成干，再放在铜或瓷盆中晒干制成团酥，也可放在60℃恒温箱中烘干，密封保存或出售。

二、蟾衣采集加工技术

蟾衣是蟾蜍（即癞蛤蟆）身上的一层很薄的几乎透明的皮，蟾蜍脱下之壳，是蛤蟆自然蜕下的角质衣膜，俗称"蟾衣"。据《本草纲目》、《中国药典》、《中药炮制规范》、《中药大辞典》等许多药书记载及现代研究，蟾衣中含有数百种化合物，能治疗多种恶性肿瘤，蟾衣高剂量时对lewis肺癌、H22肝癌、S180肉瘤的抗肿瘤效果达50%左右，且每天每千克小鼠服用16克蟾衣，没有发现毒副作用，提示蟾衣具有一定的安全性（图4-15）。

品种及场地选择：只要是无明显脱衣花纹，四肢齐全，健状、无病的野生蟾蜍，均可进行脱衣，体重应选择在100克以上，场地应选择通风、透光、透气、便于下水的地方建池。并避免日晒与雨淋，附近最好有充足的水源。

脱衣时间：以4—10月为宜，且以6—9月最佳，过早脱衣多有不完整，一般在下半夜进行（即凌晨1—5点），或者连续几天晴好后，有雷阵雨前为最多。脱衣适宜温度为25~32℃，整个脱衣过程一般在5分钟左右。

小池建造：小池以120厘米×90厘米×40厘米为适宜，过大过高均为浪费，过小则分不清哪只蟾蜍在脱衣。小池底部设2~4厘米斜面，在一低角落处留一下水孔。池内保持湿润，每天视天气与池内湿度情况，喷水2~5次。池内必须绝对光滑，并于每日早晨打扫干净小池。小池地面如是水泥面，应在建池半个月后才能放入蟾蜍。

药物脱衣：用细喷壶喷1号药物极少量于干燥的蟾蜍背上。1小时后，再用棉球沾2号药液于蟾蜍口上，在用药后4~10天即可全部脱衣。

脱衣症状：有单独停留，反应迟钝，外表变湿，背部弓起、低头、后腿用力等症状，几分钟后即可脱衣，一般先从背上开始脱衣，再脱后爪与前爪，待脱到第四只爪尖时应迅速捉起，用右手抓住蟾蜍并以一手指卡住蟾蜍口部，用左手拿镊子于蟾蜍口中夹出蟾衣，放入预置的半盆冷开水中即可。

蟾衣处理：用镊子夹蟾衣于水中轻轻荡漾，直至完全荡开，不打结时，放入一面搭

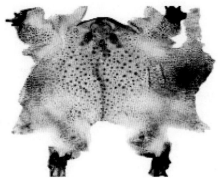

图 4-15　蟾衣

油、一面是蟾衣样板的样板玻璃，将样板面朝下，有油面朝上。样板玻璃25厘米×14厘米×0.3厘米，以玻璃一半倾斜入水为宜，头部应在水外半部。将蟾衣的各部位拉到相应位置后。将玻璃轻轻拖离水面即可。放在家中晾干后，将蟾衣取下夹在书本中即可为成品，等待出售。如遇蟾衣部分缺少，应在水中取别处碎衣补齐达到完整。如有条件应将蟾衣放入红外线消毒柜中消毒。

附：脱衣用药配方

1号药：马钱子0.5克、麻黄、款冬花、木通、佛手、槟榔、陈皮、甘草、干姜各5克加冷开水1千克静泡48小时。

2号药：桑寄生、白屈莱、仙鹤草、远志、青风藤、白芷、黄芪、细辛各10克加冷开水0.5千克静泡48小时。

第十五节　药用胎盘传统加工技术

胎盘是后兽类和真兽类哺乳动物妊娠期间由胚胎的胚膜和母体子宫内膜联合长成的母子间交换物质的过渡性器官。胎儿在子宫中发育，依靠胎盘从母体取得营养，而双方保持相当的独立性。胎盘还产生多种维持妊娠的激素，是一个重要的内分泌器官。有些爬行类和鱼类也以胎生方式繁殖后代，胚胎生长出一些辅助结构如卵黄囊、鳃丝等与母体组织紧密结合，以达到母子间物质的交换，这样的结构称假胎盘。由羊膜、叶状绒毛膜和底蜕膜构成。胎盘又叫胞衣、衣胞、紫河车、胎衣、胎膜。胎盘性温，味甘、咸。归肺、肝、肾经。主治益气养血，补肾益精，用于虚劳羸瘦，虚喘劳嗽，气虚无力，血虚面黄，阳痿遗精，不孕少乳等。

一、胎盘收集

胎盘来源渠道很多，质量不易保证，为使胎盘发挥其应有的疗效，在收集时，应了解提供者的生活史、接触史、既往病史、妊娠期病史及用药史，这有利于推测和检查可能发生的病理变化。对娩出的胎盘应做好表观检查和判断，如颜色是否鲜红；形状是否完整、有无异常，是否有囊肿、钙化、胎膜是否粗糙；气味是否异常等。质量劣者应弃去不用。色泽黄白，质地松脆，易粉碎，不腥臭，则基本符合药用要求（图4-16）。

二、胎盘的加工

对刚收集的胎盘，即使检查出是质优者，也不能直接应用，必须按无菌操作放置于

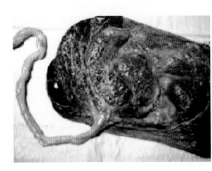

原胎盘   制胎盘

图 4-16 胎盘

无菌的容器内，将胎盘用清水冲洗去除污血，剪去羊膜、脐带，用铁针刺破胎盘上的筋膜，
挤去血水，反复挤揉，反复漂洗至水清为度。一般冬春季可间隔2小时换水一次，换水
时用手挤揉胎盘以加快污血排出，一般换水3~5次，夏秋季须勤换水，尤以井水为好。

净制后可进行如下操作。

1. 水煮法

将漂洗干净的胎盘置非铁质锅内煮透，水沸后投入胎盘，煮至胎盘收缩漂浮水面，
煮至变硬，捞起，淋尽水渍，即可。也可在水中加入甘草10克、绿豆10克同煮，以增
强去腥解毒作用。然后进行干燥，把煮过的胎盘置铁丝网筛上，放在特制的烘箱上烘烤。
炉与铁丝网筛距高约60厘米，温度掌握在60~80℃为宜，刚烘烤时温度可适当高些
（约80℃）待烘烤至冒出油香气时可降低火温（约60℃），烘烤至胎盘碰击有响声为度。
烘烤时要勤翻动，使胎盘内外受热均匀。

2. 花椒水煮酒蒸法

先将花椒布包煎汤，加入净胎盘，煮2~3分钟，及时捞出，沥净水，用黄酒拌匀，置笼
中蒸透，取出烘干即得。一般10具胎盘用花椒20克，黄酒150克。

3. 银花甘草水煮酒制法

先将银花、甘草各30克用水煎煮，沸后15分钟去渣取汁，再将用黄酒拌透的净胎盘
加入药汁中，煮15分钟取出，再加黄酒拌透，烘干即得，一般每具胎盘加黄酒500克。
或者将净胎盘直接加入药汁中，煮沸2~3分钟，及时捞出沥净水，摊于瓷盘中，放于烘
箱内，150℃，3~4小时，待胎盘干燥后取出，投入黄酒中淬至表面呈淡黄色或黄棕色，
无腥气时即可，一般每具胎盘加黄酒50克。

水煮法操作简单，但所得制品仍带有不良气味，内服后易使人恶心、呕吐，需研成
细粉，装入胶囊中服用。

花椒水煮酒蒸法，该法经花椒或黄酒煮蒸，可矫正胎盘的不良臭味，另外胎盘中

内含有大量脂肪，经黄酒蒸制后可使蛋白质凝固，达到去污脱脂的作用，便于干燥和粉碎。

银花甘草水煮酒制法，其中用银花、甘草水煮可缓和药性，用黄酒制可使药物酥脆，增强溶解性，提高有效成分的利用率。以银花、甘草水煮酒制法为最优，且药用方便。

加工注意事项：

（1）收集胎盘零星分散更要注意保证胎盘新鲜，须及时加工，夏秋季天气炎热更要防止变质。

（2）漂洗时用铁针刺破胎盘上所有筋膜，使污血充分排出，务使胎盘洁净，不能马虎。

（3）烘烤时火力不宜过猛，否则胎盘内脂肪溢出，容易烘焦。

（4）烘烤燃料宜选用木炭，不宜用煤块。也可用其他方法干燥。按上述方法加工的紫河车色泽黄白，质地松脆，易粉碎，不腥臭，基本符合药用要求。

4. 烘焙法

（1）进行清洗处理。

① 将胎盘取来后首先除去附着物草纸等。放入竹筛内用水冲洗，去掉上面的一层浮血。

② 放入清水桶（或小缸）内清洗，同时撕去胎盘上面的一层皮膜，除去淤积血块，用水洗清。

③ 置木板上将胎盘反面的血管用针戳破，排出血液，用水洗尽。

④ 放清水桶（或小缸）内，用手将胎盘正面所含的血与脐带内的血排出挤尽。

（2）整理后用井水漂洗，以保持胎整体不变型。秋、冬季可漂2~3日，春、夏季1~2日。秋、冬每日须换水水2~3次，春、夏每日换水4~5次，以勤换水为佳。在每次换水时都要将胎盘正反面含血部分照上面第4、5条方法排挤，如果不将血液排尽，加工后成品如有黑斑与僵块不合规格。漂的时间，根据漂的情况而定：胎盘浮于水上时，需及时进行加工，否则就要腐烂。倘仍有少数血液硬块可用刀割去。漂到无血、色白时即可进行加工。

（3）煮制。

① 将漂好的胎盘洗净后故在竹筛内。

② 用闷钵在木炭炉上少烧些开水，将整理好的胎盘放入，注意一定要使胎盘反面向下，如正面向下则会滞底。煮10分钟左右，至胎盘煮透及收缩后即可起钵，不宜煮得过透或过生，过透影响质量，过生烘困不易收缩（每钵可煮10只左右）。

③ 煮时要用竹夹经常翻动防止滞底。

④ 煮罢用竹夹取出，放入清水缸或桶内洗净后，再放入竹筛内滤水（煮时不宜用铁器，如铁锅、铁罐，以防变色变质）。

（4）焙烘。

① 煮好的胎盘用剪刀修理飞边，再将反面的脐带盘成圆扁形，放在铁丝筛子上（反面接触铁丝筛）。

② 用针线将整胎固定在筛子上，须四周全部固定好，如馒头形，如有凸出部分也要用线固定好。每张铁筛可固定10余只。

③ 将木炭火炉放入烘桶内，然后将固定好的铁丝筛胎盘放在烘桶上面焙烘。先烘正面，要烘到老黄色，但不能烘焦。然后再烘反面，烘到脐带收缩，再改用小火烘，直烘到正反面干足为止。

注意事项：

① 初烘时要用大火，如用小火就会将胎盘烘僵；

② 一定要先烘正面，如先烘反面，正面就会发黑或成僵形。

③ 烘时要烘透即呈老黄色，不宜烘焦。如烘不透，数日后即变为白色，保管时易蛀。

④ 烘好后用剪刀从铁丝筛上拆下收藏。夏天放入石灰缸内以防霉蛀。

⑤ 整理修边下来的飞边（即碎胎肉）亦可固定入铁筛上面焙烘。

第十六节　中药全蝎传统加工技术

蝎子是蛛形纲动物，蜘蛛与鲎亦同属蛛形纲。成蝎外形，好似琵琶，全身表面，都是高度几丁质的硬皮。成蝎体长50~60毫米，身体分节明显，由头胸部及腹部组成，体黄褐色，腹面及附肢颜色较淡，后腹部第五节的颜色较深。蝎子雌雄异体，外形略有差异。头胸部，由六节组成，是梯形，背面复有头胸甲，其上密布颗粒状突起（图4-17）。

活蝎

制蝎

图4-17　蝎子

药用全蝎，性平、味甘，具有解毒，消炎止痛功效。蝎子专入肝经，性善走窜，既能够平息肝风，又能够祛风通络，因此有非常好的息风止痉的作用，是治疗痉挛抽搐的重要药材。可治疗各种原因所引起的惊风、痉挛抽搐、中风、半身不遂及破伤风等症。能够搜风、通络止痛，可用于治疗风寒湿痹日久不愈，筋脉拘挛，甚至关节变形等顽固性痹病有很好的疗效。全蝎味辛有毒，能够以毒攻毒，解毒而散结消肿，可用来治疗各种疮疡肿毒引起的相关病症。全蝎的提取液有抑制动物血栓形成和抗凝血的作用。

1. 全蝎的采收

中药全蝎为钳蝎科动物东亚钳蝎的干燥体。在春、夏、秋季采收。捕捉时，注意穿好长靴，戴上手套，并准备好氨水，以防被全蝎刺伤后立即涂抹。就采收时间而言，于清明至谷雨之间捕获者，为"春蝎"，因其未食泥土，质较佳；于夏末秋初捕获者，为"伏蝎"，因已食泥土，质较次。将全蝎捕捉后，运回加工。全蝎的采收是指为了加工及外售活蝎（包括种蝎），将蝎子从饲养盆（池）中捕移集中的工作。一般在怀孕母蝎产仔前2周进行，除了较好的种蝎留种外，其他交配过的公蝎、产仔3年以上的母蝎以及一些残肢、瘦弱的蝎，都可以用来加工或使用。

（1）池养蝎的采收。先用毛刷将蝎窝内的蝎子扫入簸箕内，倒入塑料盆中；然后将窝内瓦片逐块揭起将漏扫的蝎子扫出，同样放在塑料盆内。然后再对塑料盆中的蝎子进行挑选，把中蝎、幼蝎以及健壮的母蝎、孕蝎留下来，其余的进行加工处理。

（2）房养蝎的采收。用喷雾器将30度米酒喷于蝎房内，关好门窗，仅留墙脚两个出气孔不堵塞，在出口处放一个塑料盆。经过30分钟后，酒气充满房内，蝎子忍耐不住酒味，便会从气孔逃窜出来，掉入盆内，然后再进行挑选。

（3）缸养和箱养蝎的采收。只要将缸、箱内的砖瓦捡起，便可把蝎子一一扫入盆内，进行采收。

2. 全蝎的加工

（1）淡全蝎加工方法。淡全蝎又叫清水蝎。加工前，把采收到的蝎子放入清水中浸泡1小时左右，同时轻轻搅动，洗掉蝎子身上的污物，并使蝎子排出粪便；捞出后放入沸水中用旺火煮30分钟左右，锅内的水以浸没蝎子为宜；出锅后，放在席上或盆内晾干。应注意的是，煮蝎子的时间不可过长，以免破坏蝎体的有效成分。经阴干或晾干后的全蝎成品，为避免虫体发脆易碎，忌在太阳下暴晒。

（2）咸全蝎加工方法。首先将蝎子放入塑料盆或桶内，加入冷水进行冲洗，洗掉蝎子身上的泥土和其他杂物，这样反复冲洗几次，洗净后捞出，放入事先准备好的盐水缸或锅内。缸或锅盖上草席或竹帘，盐水以没过蝎子为度，浸泡30分钟至2小时。在配制盐水时，一般1千克活蝎加入300克盐水，5 000毫升水。先将盐在锅内溶解后，再放入蝎子，待浸泡一定时间后加热煮沸，水沸后维持20~30分钟，然后开盖检查，用手指捏其尾端，如能挺直竖立，背面有抽沟，腹部瘪缩，即可捞出，放置在草席上于通风处阴干，即成咸全蝎或盐水蝎。切忌在阳光下暴晒，因为日晒后使蝎体泛出盐晶而易返潮。阴干后的咸全蝎在入药时用清水漂走盐质，以减少食盐的含量及副作用。

第十七节　冬虫夏草传统加工技术

冬虫夏草属虫草科，它是由肉座菌目蛇形虫草科蛇形虫草属的冬虫夏草菌寄生于高山草甸土中的蝙蝠蛾幼虫，使幼虫身躯僵化，并在适宜条件下，夏季由僵虫头端抽生出长棒状的子座而形成的，即冬虫夏草菌的子实体与僵虫菌核（幼虫尸体）构成的复合体。冬虫夏草性甘味温，入肺、肾经。主要活性成分是虫草素，冬虫夏草功效主要有调节免疫系统功能、抗肿瘤、抗疲劳、补肺益肾，止血化痰，秘精益气、美白祛黑等多种功效。食用方法有打粉、泡酒、泡水等（图4-18）。

1. 采收加工

野生冬虫夏草于夏至前后，当积雪尚未融化时入山采集，此时子座多露于雪面，过迟则积雪融化，杂草生长，不易找寻，且土中的虫体枯萎，不含药用。挖起后，在虫体潮湿未干时，除去外层的泥土及膜皮，晒干。或再用黄酒喷之使软，整理平直，每7~8条用红线扎成小把，用微火烘干。

冬虫夏草采收时间较长，平均每日挖草收获也就是十多到二十多根。采收回到帐篷就会进行基础的处理。一般会观察虫草，干到外部泥土可以比较容易剥去时进行去土的工作。该工作可以使用手剥去多余泥土，再用小刷沿虫草环纹刷净，子座部分亦可以刷制。

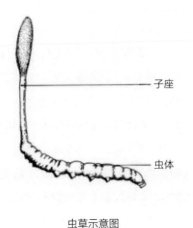

子座

虫体

虫草示意图　　　　　　　　　　干虫草

图4-18　虫草

高原地区天气变化快，总体来说晾晒时间不会过长。外表干燥后即可带回城区。初步晾晒过的虫草外表已经干燥，但是往往实际没有干完。放置一段时间的话，内部水分可能浸出。所以通常需要择时机晾晒至干燥后长期保存。

2. 加工方法

封装冬虫夏草是用散虫草作原料加工而成。即散虫草回潮后，整理平直，每7~10条用线扎成小把用微火烘烤至完全干透后即可，48个小把尾对尾装入铁格，装三层，每层16个以上，挤封成后，经过熏硫和烘干，加上商标用红丝绳捆扎牢固。规格要求每封虫草应保持在0.25克左右，用木箱装，内衬一层防潮纸，外用铁带捆扎，置通风干燥处贮存。

3. 储存方法

冬虫夏草的储藏要点是防潮、防蛀和防虫。如果量很少，而且储藏时间也很短的话，只需要放在阴凉干燥的地方就行了。将其与花椒或丹皮放在密闭的玻璃中，置于冰箱中冷藏，随用随取。如果量大或者需要放置较长时间最好在储藏虫草的地方放一些硅胶之类的干燥剂，因为刚买来的虫草都有些潮而且久置容易发霉、生虫。如果发现虫草受潮，应立即暴晒，用硫磺熏之，或用炭火微微烘焙，事后筛去害虫虫体与蛀屑。虫草保存不宜过久，过久则药效降低。

第十八节 中药麝香传统加工技术

药用麝香为脊索动物门哺乳纲麝科动物，如林麝、马麝或原麝等成熟雄体位于肚脐和生殖器之间的腺体中的干燥分泌物。麝香性辛、温、无毒、味苦。入心、脾、肝经，有开窍、辟秽、通络、散淤之功能。主治中风、痰厥、惊痫、中恶烦闷、心腹暴痛、跌打损伤、痈疽肿毒。许多临床材料表明，冠心病患者心绞痛发作时，或处于昏厥休克时，服用以麝香为主要成分的苏合丸，病情可以得到缓解。古书《医学入门》中记载"麝香，通关透窍，上达肌肉。内入骨髓……"。《本草纲目》云："盖麝香走窜，能通诸窍之不利，开经络之壅遏"。其意是说麝香可很快进入肌肉及骨髓，能充分发挥药性（图4-19）。

1. 麝香的采集

人工饲养的雄麝，取香应在每年的三四月和七八月各进行1次。取麝香之前备好取香器具和相关药品，并禁食半天。取麝香时由助手先抓住麝的两后肢，再抓住两前肢，横卧保定在取香床上。取麝香者左手食指和中指将香囊基部夹住，拇指压住香囊口使之扩张，右手持挖勺伸入囊内，徐徐转动并向囊口拉动挖勺，麝香即顺口落入盘中。取香后，用酒精消毒，若囊口充血、破损，可涂上消炎油膏，然后将雄麝放回圈内。取香时要特别注意，动作要轻巧，挖勺进入香囊的深度一定要适中，防止挖破香囊。当遇到大块麝

 麝香   麝香仁

图 4-19   麝香

香不要用力挖出，应先用小勺将其压碎，或者在香囊外用手将其捏碎之后再取出。取香时用力要适当，以免损坏香囊。

野生雄麝，一般在10月到翌年3月为狩猎时期，但以11月间猎得者质量较佳，此时它的分泌物浓厚。狩猎时通常用枪击、箭射、陷阱、绳套等方法。捕获后，将雄麝的脐部腺囊连皮割下，捡净皮毛等杂质，阴干，然后将毛剪短，即为整香，挖取内中香仁称散香。麝在3岁以后产香最多，每年8—9月为泌香盛期，10月至翌年2月泌香较少。

猎麝取香是捕到野生成年雄麝后，将腺囊连皮割下，将毛剪短，阴干，习称"毛壳麝香"、"毛香"；剖开香囊，除去囊壳，习称"麝香仁"。

2.麝香的加工

刚取出的麝香，大多混有皮毛杂物，需将杂物全部拣出，再用吸湿纸自然吸湿干燥，或置干燥器内使其干燥。干燥后的麝香装入瓶中密封保存。

（1）"全货"的加工。死后的雄麝割取香囊后，去掉残余的皮肉及油脂，将毛剪短，由囊孔放入纸捻吸干水分，或将含水较多的麝香放入干燥器内干燥；也可放入竹笼内，外罩纱布，悬于温凉通风处干燥，避免日晒，以防变质。以后剪去大边皮，仅留0.7~1厘米边皮即可。用这种加工方法所制成的成品，叫做"全货"或"整货"。

（2）"毛货"的加工。剥去外皮，拣净皮毛杂物后阴干。用这种方法加工所得的麝香叫做"毛货"。

第十九节   药用蜈蚣传统加工技术

蜈蚣又称百足，为传统的中药材。蜈蚣为节肢动物门，唇足纲，整形目，蜈蚣科动物少棘巨蜈蚣的干燥体。蜈蚣的药用始见于《神农本草经》：其药性辛温，有毒，入肝经。常见的蜈蚣有四棘蜈蚣、多棘蜈蚣、模棘蜈蚣。蜈蚣主治小儿惊风、脐风口噤、抽搐痉挛、疮疡肿毒、风湿顽痹、破伤风、瘰疬、关节炎，外敷治丹毒、秃疮、恶疔、痔漏、风癣、烫伤、蛇伤等症（图4-20）。

蜈蚣

干蜈蚣

图 4-20　蜈蚣

1. 采集加工

农历7—8月为采捕季节。捕捉时可用竹镊或长柄铁钳作为工具，以竹筒或瓶罐作为器容。发现蜈蚣时，应迅速地用工具轻轻压住。然后用食指准确地压住头部，逼使毒颚张开，使其不能合拢。或用竹镊把它夹到容器内，并要放些青草。以防其中互相残杀。捕捉时若被咬伤，可把咬伤处用手挤压，使毒液挤出，避免大量扩散。若能采到蜗牛或蛞蝓时，将其分泌黏液涂在咬伤处，或用山上的野生植物盐肤木叶捣碎敷伤处。捕获到的蜈蚣，必须进行加工。先用沸水烫死后，将尾端剪开，挤去粪卵，用长宽与蜈蚣相等、两头削尖的竹片刺入头尾，把蜈蚣撑起；或用大头针把它钉在木板上晒干、烘干。操作时要注意防止折头断尾，影响品质。加工后的蜈蚣容易生虫、发霉，要放干燥处或石灰罐内，也可用硫磺熏蒸，借以防止腐烂或虫蛀。

2. 炮制方法

蜈蚣含两种类似蜂毒的有毒成分，为减弱其毒性多炙焙后应用，常采用烘焙法。采取烘焙法的炮制目的是使蜈蚣充分干燥，便于粉碎和贮存，经烘焙后在毒性降低的同时，还能矫嗅矫味减少祛除。南北朝刘宋时期有与木末或柳蛀末同炒，去足甲，晋代有烧灰，唐代有炙法，宋代有酒浸、姜制、焙法、薄荷制及酥制等炮制方法的记载。

加工炮制中使用木末或柳蛀末拌炒，可使蜈蚣受热均匀、吸附性能可去腥、高温还可杀菌；同时炒至木末焦黑又便于观察火候。蜈蚣在加工时一般先用沸水将其烫死，并除去非药用部分。蜈蚣的加工炮制可分为加辅料和不加辅料两类。

不加辅料包括：生用、炒炙、焙、煨和烧存性等。

加辅料包括：酒炙、姜炙、醋炙、葱汁炙，荷叶炙、薄荷叶煨等。其不但可以改善药性，使之更好的发挥药性，而且辅料的挥发性可带走蜈蚣的腥臭味，矫嗅矫味。香油、羊油炙等。其提高了炙的温度，有灭菌的作用。蜈蚣毒性在其腥臭对胃肠道的刺激性，用高温及其挥发性的辅料处理，有减少腥臭味的同时有解毒之效，令患者易于服用。

加工注意事项：

药用蜈蚣为干燥全体。捉后用沸水烫死，再用两头削尖的细竹签，插入头、尾两部，借助竹片弹力，使其伸直，置于阳光下晒干。加工炮制后的蜈蚣呈扁平长条形，长14~16厘米，宽0.5~1.0厘米，全体22节，最后一节小，称尾；头部红褐色，有触角和毒钩各1对；背部黑棕色有光泽，并有两条突起的棱线；腹部黄棕色，瘪缩；每节有足1对，黄红色，向后弯曲，最后一节如刺。

在蜈蚣体内含有两种似蜂毒的有毒成分，即组织胺样物质及溶血蛋白质；此外，尚含有酪氨酸、亮氨酸、蚁酸、脂肪油、胆固醇等。

第二十节　土元传统加工技术

土元，又叫地鳖虫、土鳖虫等，是传统的名贵中药，已有两千多年历史，使用历史悠久，几乎所有著名药典对其都有明确的记载，如汉代的我国第一部药物著作《神农本草经》、东汉著名医学家张仲景的《金匮要略》以及明代李时珍的《本草纲目》等。是理血伤科中药。药用价值高，应用广泛，具有逐瘀、破积、通络、理伤等功能，常用于跌打损伤，消肿止痛，通络理伤，接筋续骨有明显疗效。目前市场上的跌打丸、治伤散、消肿膏、云香精、黑鬼油等百余种中成药，其中土元是不可缺少的组成部分。使用土元入药有一定的加工方法。正确的入药方法可以确保土元所含的药物成分得到很好的释放，提升其作为中药的质量（图4-21）。

1. 土元的采收

地鳖虫是野生昆虫，人工捕捉为传统药物来源。在夜晚将地鳖虫栖息处的堆积物轻轻移开或将其经常隐蔽的松土慢慢扒开，发现地鳖虫时，即可用手或广口瓶将其捕获，如有卵鞘也应一起收集。

饵料诱捕：在大口瓦罐或其他光壁容器里放入炒过带香味的米糠麸皮或豆饼屑等作诱饵，将罐埋在地鳖虫经常出没的地方，罐口要与地面相平，其上可放几根稻草或麦秸，等傍晚地鳖虫出来取食时，嗅到香味爬入罐内而无法爬出，即可将罐取出，捕获虫种。

土元   制土元

图 4-21 土元

2. 土元的加工制作

在加工之前应该先将采收到的虫体中的杂质去掉，然后绝食一天，使得它消化掉食道中的食物，成为空腹的状态，这样既容易加工保存，又有利于提升药用价值。

（1）食盐水处理。可以将土元表面清洗干净，放入一定浓度的食盐水肿，食盐水的浓度大致在20％。水量刚刚漫过土元效果最好。待土元被淹死之后的24个小时方可捞出来。在自然情况下凉干，一定不要在强烈的阳光下暴晒。

（2）水烫处理。洗净虫体表面的污泥后，慢慢倒进盛有沸水的锅或者盆子当中浸泡3~5分钟，要求沸水将虫体淹没。将土元烫死之后，使用清水漂洗干净，然后放在筛子上在阳光下暴晒3~4天就可以，达到干面有光泽、虫体平整而不碎最好。在加工晒干的时候，因为土元会散发出一股腥臭味，容易招到蚂蚁，因此，应该选择无蚂蚁的地方晒虫子，或者是设法防止蚂蚁进入到里面，同时要防止苍蝇叮咬。

（3）干燥处理。将洗净的土元放在烘烤箱里面进行烘干，温度控制在35~50℃，等虫体干燥后就可以。烘干后一定要从低温逐渐升到高温，这样才能使得虫体内的水分完全挥发，不至于烫焦体表面影响到虫体的药用质量。

（4）风干后的土元可以制作土元粉，土元养殖中采用原生态养殖法的土元成虫可以制作高质量的土元粉。风干后的土元可以采用传统的研磨方法，这种研磨方法可以降低营养物质的损失，提升产品的入药功效。使用土元粉的方法有多种方式，配合高粱酒的效果为最佳。

（5）加工后的土元要一定要求，干的虫体含水量应该低于5％，避免因为含有太多水分导致虫体发霉腐烂变质，以便于进行储存。

第二十一节　地龙传统加工技术

中药地龙，俗称蚯蚓，地龙性寒味咸。功能：清热、平肝、止喘、通络，镇痉、利尿。主治高热狂躁、惊风抽搐、头痛目赤、喘息痰热、中风、半身不遂等病证。中医治疗前列腺等湿热下注泌尿感染等病中的常用中药，另外，地龙提供取液有良好的定咳平喘的作用。蚯蚓灰与玫瑰油混合能治秃发（图4-22）。

地龙　　　　　　　　　　　　　　　　　地龙干

图 4-22　地龙

1. 采收方法

地龙生活有潮湿、疏松、富含有机物的土壤中。白天以泥土中的有机物为食，在猪舍牛栏旁、塘边、岗头草地、基围烂地等处的地龙最多，夜间爬出地面，取食地面上的落叶。采集地龙的时间，一年之中，以春末夏初最好，此时地龙数量较多，活动旺盛；一天之中，以早晨最好，此时气温适中，光照较弱，近地面空气温度较大，地龙大多集中在上层土壤中活动。采集地龙的方法多种多样，民间常用的有以下几种。

（1）挖掘法。选择腐殖质丰富、土壤肥沃、湿润、疏松的地方，如菜园，用铁铲翻土采集。

（2）灌水法。地龙数量较多的田地灌水，地龙很快从土内钻出来。

（3）拾取法。地龙喜栖黑暗环境，在春末，每逢晚上下雨，可在凌晨3—4点钟时，到田边手持电筒拾取。

（4）诱捕法。地龙喜食新鲜饲料，我们将发酵的饲料堆在地龙较多的田边，3~5天后，即可用铁铲翻开采集。捕捉地龙用经过浸泡和充分发酵的茶麸50~80克，辣蓼草200~250克，用力搓出辣蓼汁后与茶麸混合，放进50千克清水内，然后多次捣拌药液，见水泛起许多泡沫时，便可在太阳未出来之前，担到地龙活动最多的地方，均匀地灌在地龙穴内。地龙受药刺激会从穴内爬出地上，此时便可捕捉。

2. 前处理加工方法

将捉到的地龙拌以适量的稻草灰，让灰吸尽地龙体外黏液，然后洗净。将其一端用大头针或锥子钉在木板上，用锋利小尖刀或剪刀由头至尾剖开，用清水洗净腹内泥沙，展平摊在竹笪上，在阳光下晒至五六成干，再翻晒另一边至全干，头尾呈棕黄色或黄灰色，原条成板直形或皱缩扭曲状。地龙干以条大、肉厚、无臭味，无霉变、无泥沙、完整不破碎者为佳。

3. 炮制方法

将原药用水洗净泥垢，迅速捞起，晒干，切1.5~2厘米段片，筛去灰屑。

（1）炒地龙。取地龙100千克，用黄酒15千克拌匀略润，置锅内用文火炒至黄色略见焦斑时，即取出摊凉。酒炒后能去除腥臭味，增强通络之功。

（2）广地龙。将捕得参环毛蚓拌以稻草灰，用温水稍泡，除去体外·黏液，然后用小刀或剪刀将腹部由头至尾剖开，洗净，晒干或焙干。

（3）酒制。取净地龙段，加入黄酒拌匀，稍闷，置锅，用文火加热，炒至微干和表面呈棕色时，取出，放凉。每100千克地龙，用黄酒15千克。

（4）滑石粉制。取滑石粉，置锅内加热后，投入地龙段，拌炒，至鼓起时，取出，筛去滑石粉，放凉，即得。

（5）甘草制。取原药材，用清水洗净内含泥土，捞起，晒至8成干，切成1.5厘米长段，放入甘草浓汤中，浸泡2小时，捞起，晒干，即成。每1千克地龙，用甘草120克。

（6）烫制。先将砂炒热，加入地龙拌抄致鼓起，筛去砂即可。

（7）酒闷砂炒法。取地龙段，与酒拌匀，稍闷，取砂子置热锅中，炒至滑利状态，投入生地龙，不断翻炒至表面棕黄色微鼓起时，取出，筛去砂子，摊凉。

（8）蜜麸炒制法。取地龙段用酒（100：15）喷匀，闷润1小时，另将蜜制麦麸置锅内炒至略起烟，即投入地龙共炒，不断翻动，拌炒至地龙表面棕黄色时取出，迅速倒入容器内，上盖焖5~10分钟，筛去麦麸，摊开，放凉。

第二十二节　龟胶传统加工技术

龟胶是用乌龟壳熬制而成的，龟胶是驰名中外的滋补药品，多年来市场供应较缺。龟胶具有滋阴、补血、止血的功效，用于主治阴虚血亏、劳热骨蒸、吐血、衄血、烦热惊悸、肾虚腰痛、脚膝痿弱、崩漏、带下等症状（图4-23）。

乌龟

龟胶

图 4-23　乌龟

1. 龟板处理方法

取龟板置于水池或缸内，放在阳光充足处，加足清水浸泡。浸泡时不再换水，水量以保持水面淹没龟板为准，加盖并用黏泥封严，浸泡4~5周，至龟肉腐烂，皮板分离后放掉秽水，再加入清水搅拌冲洗，漂洗除掉黑皮。将漂洗过的龟板再用清水浸泡1~2个月，取出摊置于阳光下曝晒，每日翻动3~4次，任夜间露水或雨水淋洗，待干备用。

2. 龟胶加工方法

（1）熬制。熬取胶汁，一般在立冬前后至次年三四月开始。取泡净龟板，用温水洗净，装入竹篓，置于锅内，放入清水，加热煎熬。水高以淹没龟板为度，水蒸发减少时，可适量加入沸水补充。煎至24小时，将第一次煎汁取出，锅内加入沸水再煎，如此煎煮3次，待残渣取出轻敲即碎时将汁沥尽，去渣。去渣时将每次所取煎汁，在细筛上铺丝绵一层过滤，将3次滤液合并入缸，另取明矾细粉少许，撒入搅匀，静置澄清。

（2）浓缩。取上层清汁入锅内加热熬炼，至汁转浓成水胶状时（约含水分50%），改用微火熬煮，并用胶铲深入锅底不停地搅动，防止锅底焦化或胶溢出；另取冰糖250克溶化，过滤倒入。待水分蒸发，胶色逐渐转黄时，另取米双酒50毫升，温热倒入。再减少火力微炼，胶汁即可发起，使热气散发，胶汁逐渐变成黄褐色。这时用胶铲挑起少许胶汁检验，至胶汁出现凝结时立即停止加热，并用锅勺不停地搅动，使其热度下降，即可出胶。

（3）饮片切制。取浓胶（胶温60~70℃）放入擦有少量香油的铜盘内，另取火酒少许，均匀地喷于胶面，以加速胶面起黄色细泡沫。然后将胶盘移置密闭的房间内，待其凝固，切成长条，再切成长方形小块。每隔2~3日翻动1次，约至半干时，收入胶箱内密封，使胶内所含水分渗出，取出再放置胶床上阴干即成。成品表面呈黑褐色，有光泽，对光视之呈棕褐色，无腥味。

第二十三节　杜仲传统加工技术

药用杜仲，即为杜仲科植物杜仲的干燥树皮，是中国名贵滋补药材。其味甘，性温。有补益肝肾、强筋壮骨、调理冲任、固经安胎的功效。可治疗肾阳虚引起的腰腿痛或酸软无力，肝气虚引起的胞胎不固，阴囊湿痒等症。在《神农本草经》谓其"主治腰膝痛，补中，益精气，坚筋骨，除阴下痒湿，小便余沥。久服，轻身耐老。"杜仲是中国特有药材，其药用历史悠久，在临床有着广泛的应用（图4-24）。

杜仲　　　　　　　　　　　　　　　　　制杜仲

图 4-24　杜仲

1. 杜仲采收

选择15~20年树龄的植株，于4—7月剥取局部树皮，现多采用环状分段剥取方法。剥皮时，离地面50厘米处在树干上环割一刀，按规格向上量到规定尺度，再环割第二刀，然后纵割一刀，小心将皮剥下。注意刀口不要破坏形成层，剥后不能喷洒农药。截成85厘米长的段，运回加工。

采收注意事项

（1）剥皮树的选择。选择生长健壮，无病虫害，干型好，树皮商品质量好的树进行剥皮。15年以上树龄的树进行环状剥皮后，树的成活率高，再生皮质量好。

（2）剥皮时间的选择。环状剥皮的最佳时间在6—7月，此时树木水分充足，营养丰富，形成层细胞分生能力强，容易形成新皮。

（3）剥皮天气选择。剥皮后的木质部、形成层暴露在空气中，没有组织保护，因此要求最适气温为25~36℃，湿度在80%以上，昼夜温差不大。若温度过高，易使形成层干枯死亡，温度低则形成层分裂不活跃，难以形成新皮；而湿度低了易干枯，高了易污染。

（4）严格消毒。为了使剥皮部位不受感染，要对手、剥皮工具进行消毒，提高剥皮的完整性和树的成活率。

（5）环状剥皮部位的技术处理。剥皮后，树干的木质部、形成层裸露于空气中，为了抵抗不良环境，对剥皮部位采取一定的保护措施，使用白色塑料薄膜，包扎环剥部位，提高绝对温度和湿度，促使细胞分裂，避免暴晒、雨淋，从而防止发生细胞脱水干涸和病虫害。

2. 杜仲前处理加工

将剥下的树皮搬回适当的场所，用开水烫后放置平地，将皮展平，以稻草垫底，将杜仲皮紧密重叠铺上，上用木板加重物（石头）压平，四周用稻草盖严，使之发汗，注意树皮间不能留有空隙，否则发汗不匀。1周后，从中间抽出一块检查，如呈紫黑色，即可取出晒干，刮去粗糙表皮，使之平滑，把边缘切修整齐，然后再分成各档规格。

出口杜仲加工：选厚15毫米以上，长15厘米以上、宽6厘米以上的杜仲，清水浸10分钟，捞起堆放，定时淋水，变软后摊平叠放为长宽高均为80厘米的方垛，垛上置平木板，上压重物，两昼夜即成平坦的杜仲板。然后剪成四周整齐的长方形，分别以长30~55厘米和15~30厘米两种规格修剪，用4根竹条或木条分两道将杜仲夹紧、扎牢，表皮向外（以2-3层为宜，以利水分散发），置阳光下晒干，干燥后用片刀刮去粗皮（不宜过深，以不起刨花为度），用钢丝刷刷去杂物，最后分3个规格装箱：长30厘米以上，厚3厘米以上；长30厘米以上，厚3厘米以下；长30厘米以下，不论厚薄，分别装入63厘米×40厘米×50厘米的竹篾胶板箱中，每箱重25千克，贴上标签。

3. 炮制加工方法

杜仲历史上炮制方法较多，不完全统计有20余种，炮制方法主要有以下3种。

（1）净制。将原药材刮去粗皮，洗净，切成丝或块，干燥。

（2）盐制。取杜仲丝或块，用盐水拌匀，闷透，置锅内用文火加热，炒至丝断，表面焦黑色，取出放凉，每100千克药材加食盐2千克或取杜仲丝或块，用盐水润透，放置一夜，蒸1小时，取出，干燥。每100千克药材用食盐0.9千克，盐制增强补肝肾强腰膝作用。

（3）杜仲炭。取杜仲块，置锅内武火炒至黑色并断丝，但须存性，用盐水喷洒，取出晾干。或取杜仲块先用盐水拌匀，吸尽后置锅内武火炒至黑色并断丝存性。用水喷灭火星，取出晾干。每100千克药材，用食盐3千克.

第二十四节　枸杞子传统加工技术

枸杞子味甘性平，入肝、肾经。其具有滋补肝肾，益精养血，明目消翳，润肺止咳的作用。主治肾虚骨痿，阳痿遗精，久不生育，早老早衰，须发早白，血虚萎黄，产后乳少，目暗不明，内外障眼，内热消渴，劳热骨蒸，虚痨咳嗽，干咳少痰等病证（图4-25）。

枸杞

干枸杞

图 4-25 枸杞

一、枸杞采收

枸杞子主产于宁夏、甘肃、青海、新疆、内蒙古、河北等地，但以宁夏所产枸杞质量最佳，为道地药材，故有"贡果"之称。

当果实色泽鲜红，表面光滑光亮，果体变软，富有弹性，果肉增厚，果实与果柄易分离时即可采摘。枸杞的采收一般要在芒种后至秋分或早霜冻前。6月中旬至7月上旬为初果期；7月中旬至8月下旬为盛果期；9月上旬至早霜冻为末采期。初果期摘间期一般为7~10天一回。中宁枸杞的采摘时机在8—9月成熟的时候，这时果色橙红，果身稍软，果蒂开始疏松，便于采摘。盛果期每6~7天采摘一次，过早或过迟采摘均影响质量。晒场一般设在向阳的空地上。果栈是用两个长1.8米、宽0.9－0.9米的木框夹一片苇席或竹帘做成的，两头支高50厘米以上。刚采收的鲜果均匀地摊在果栈上厚度2~3厘米。遇上阴雨天，采取移动或拍打果栈底面的方法防止发霉。在正常情况下，经过10天晾晒即成干果。

枸杞采收注意事项

1. 不宜摘生

枸杞落花后，逐渐发育成绿色幼果、继而果实个儿发育并变成橙色果，这时果肉尚硬，然后果实逐渐变成鲜红色，果蒂疏松，果肉稍软、这时是枸杞子采摘的最佳期。如采摘过早，摘了橙色果，枸杞子晒干后即变成黄皮果，影响枸杞子的质量和等级。

2. 不宜摘湿

枸杞子不宜在早晨有露水时或雨后果面未干时采摘。如摘了湿果，果面长期不干，容易被细菌污染，晒出的干果果色黑暗。

3. 不宜碰伤

采摘枸杞子，要轻摘轻放，盛装枸杞子的器皿，要用盆、桶、篮、筐等，不宜用塑料袋等，以防搬运时挤压或碰撞。因撞伤、挤伤、压伤、摔伤、刺伤等，晒干后均会变成黑色。

4. 不宜暴晒

日出后即可晾晒果实，先有弱光低温逐渐至强光高温，这样晾出的果色鲜红，如在炎热的中午暴晒，果色容易变黑。

5. 不宜久放

采摘下的枸杞子，要及时晾晒或烘干，不宜久放。因刚采摘下的枸杞子呼吸强烈，并容易发热发汗，放置过久，晒干后的果色灰暗不鲜。

6. 不宜翻动

枸杞在晾晒过程中，翻动后果肉受伤，晒干后即变黑。因此，枸杞子摊晾后，中间不宜翻动，直至晾干后才能收集。

7. 不宜熏蒸

枸杞果不宜用硫磺熏蒸，用硫磺熏蒸后虽然果色新鲜，但容易被污染。因此，提高果实的等级必须在晾晒上注意各个环节，以达到无污染、含糖量高、质量优。

8. 不宜混杂

枸杞子果实晒干后，要趁干拣去果蒂、果把、黑斑果、黄皮果、异形果及其他杂质，然后分级包装，放在通风干燥处贮藏，以防虫蛀、翻湿及霉变。

9. 盛果筐以竹筐为最好

框内衬干净的布块，容量以8~10千克为宜，以防鲜果被压破，并注意不要用手揉，否则会变黑，影响质量。

二、枸杞加工方法

1. 晾晒法

很多人自己在自家小院里种有枸杞，收获后总是不容易晒干，这是因为枸杞外面有一层腊，所以在晒之前要除腊，这样水分才能容易出来，除腊方法如下：

（1）是直接用0.2%的食用碱粉和枸杞拌好，放在盘子中用胶袋封好，闷20~30分钟再直接晾晒，用2.5%~3%的食用碱放于水中，将枸杞放于水中浸泡半分钟，再直接晾干，枸杞栽培与初加工都有哪些技术要求。

（2）再把枸杞子，均匀摊放到枸杞盘中（"枸杞盘"：晾晒或烘烤枸杞子的专用工具。

一般是用木条钉成长90厘米、宽60厘米的木框，在木框下方钉上窗纱，窗纱下方再钉一条横木。枸杞子就摊放在窗纱上面。注意，有使用纸板或竹席的，但都不如窗纱的透气、通风性能好）。晾在背阴、通风处（以一天为宜）。等枸杞子失去部分水分后**发皱后**，移至太阳下曝晒。

（3）晾果厚度不能超过3厘米，不能用手翻动，否则变黑，初采果不能在烈日下曝晒，待皱皮后才能见烈日后期晾晒，待水分降至12%时，才能收起封存。曝晒应选择通风、平整的地方（巨鹿县群众大都选择在自家房顶上）。枸杞盘要单个摆开，阴天下雨和每天晚上都要把枸杞盘摞起来，及时用塑料薄膜盖好，防止枸杞子返潮，天晴后和第二天清晨要及时撤下塑料薄膜，防止因温度过高枸杞子变黑。枸杞子晒到七八成干时要及时扣盘。

（4）扣盘就是把盘中的枸杞子扣到阳光充足、通风、容易清扫的硬面上（平房房顶最好）。扣盘要选择在清晨。扣盘的前一天晚上，枸杞盘不要再盖塑料薄膜，让枸杞子在盘中返潮一个晚上，这样枸杞子很容易被从盘中扣出来（如果不让返潮，枸杞子会大量沾在窗纱上，不容易取下来）。扣盘后的枸杞子要均匀的摊开。

（5）枸杞子晒干后要及时装入袋中，要用双层袋，装袋时间要选择在下午四、五点钟，此时，阳光充足，潮气比较小，枸杞子不易返潮。装袋后应立即把袋子口扎死。

春夏季节，日光充足，空气湿度小，易用此法。

2. 烘烤法

（1）烘烤法制干枸杞需要盖小烤房，小烤房的上方要留一个通风口，安装排风扇。窗子要用塑料薄膜钉好。门口吊上棉门帘，门帘下方要留足一尺高的通风口。小烤房内要用竹竿搭起放枸杞盘的架子。房内生煤火，始终保持60~70℃。

（2）把新采摘的枸杞子用食用碱水拌均匀，均匀摊放到枸杞盘中，把枸杞盘放到小烤房内支架的底层，枸杞子失去部分水分后，逐渐上移（注意，小烤房内下方温度低，上方温度高，直接把枸杞盘放到上方，枸杞子会"瘫"在盘上。在保持小烤房内温度的同时，又要通风、透气，及时把潮气排除到小烤房外）。

（3）枸杞子烤干后要及时扣盘、装袋，否则会因小烤房内温度过高，把枸杞子"烧焦"。秋季雨水多，光照少，空气湿度大，易用此法。

第二十五节　牛黄传统加工技术

牛黄是脊索动物门哺乳纲牛科动物牛肝管、胆束、胆管中的结石入药。牛黄完整者多呈卵形，质轻，表面金黄至黄褐色，细腻而有光泽。牛黄气清香，味微苦而后甜，性凉，入心、肝经。可用于解热、解毒、定惊。内服治高热神志昏迷、癫狂、小儿惊风、抽搐等症，外用治咽喉肿痛、口疮痈肿、尿毒症。天然牛黄很珍贵，国际上的价格高于黄金，大部分使用的是人工牛黄。主产于北京，天津，新疆维吾尔自治区乌鲁木齐、伊犁、昌都，青海，内蒙古自治区包头、呼和浩特，河南洛阳、南阳，西藏自治区等地（图4-26）。

图 4-26　牛黄

一、牛黄采收

全年均可收集，杀牛时取出肝脏，注意检查胆囊、肝管及胆管等有无结石，如发现立即取出。天然牛黄因来自个别病牛体，产量甚微，供不应求。

目前采用人工培植牛黄，取得很好效果。凡计划施行手术的牛，要做术前检查，牛种、性别不限。术前应绝食8~12小时，但饮水不限。术前准备好手术器械，核体（即埋入胆囊内的异物）一般采用塑料制成，手术的进行可按常规外科方法处理，培核一年左右便可取黄，取黄方法与培植手术相同，可以再次埋入核体，作第二次培植。

二、牛黄加工

1. 天然牛黄

去净附着的薄膜，用灯心草包上，外用纸包好，置于阴凉处阴干。切忌风吹、日晒、火烘，以防变质。

2. 人工培植牛黄

（1）去除残留物。从牛胆囊中取出埋植物后，用纱布或吸水纸轻擦表面，把黏在埋植物上的黏液和血污擦去（动作要轻快，防止把牛黄擦掉）。

（2）熏硫。取一个密闭的小缸，用篦子在中间隔开，取硫黄10克左右，点燃后放在篦子下层，将埋植物放在篦子上熏蒸5~10分钟，以防止氧化。

（3）干燥。即将硫黄熏蒸过的埋植物快速干燥。

①烘箱烘干：温度控制在50~60℃；也可用红外灯泡烘干；

②石灰干燥：在一个容器内，下面铺放干石灰，上面放上用纸裹好的埋植物，再在上方盖上纸，这样干燥的牛黄颜色和质量均较好。

（4）收集。将干燥后的牛黄连网架取出，打开外面裹的纸，用手轻揉或用刀刮取网架外套上的牛黄，刮下的牛黄多为碎片状或粉末状。用棕色瓶收集刮下的牛黄，密封保存或研粉后备用。

第二十六节　麦冬传统加工技术

麦冬又叫麦门冬，百合科草属多年生常绿草本植物，根较粗，中间或近末端常膨大成椭圆形或纺锤形的小块根，茎很短，叶基生成丛，禾叶状，苞片披针形，先端渐尖，种子球形，花期5—8月，果期8—9月。生于海拔2000米以下的山坡阴湿处、林下或溪旁。麦冬的小块根是中药，性微寒，味甘，微苦，入肺、胃、心经，主治热病伤津、心烦、口渴、咽干肺热、咳嗽、肺结核。适用于胃阴虚、热伤胃阴、肺阴不足以及心阴虚等诸症，有生津解渴、润肺止咳之效（图4-27）。

麦冬全株

制麦冬

图 4-27　麦冬

一、麦冬采收及产地加工

生长在不同地域的麦冬，其采收时间不完全相同。在湖北地区，生长一年后，第二年春天即可采收；福建、四川地区，麦冬栽种后，翌年4月即可收获；浙江地区栽种后第三年于立夏至芒种期间收获。采收时，选晴天，用锄或犁翻耕，将麦冬全株翻出土面，然后抖落根部泥土，用麦冬专用收果器将割去块根和须根，分别放入箩筐中，置于流水中，用脚踩淘洗，洗净泥沙，将洗净的根放在晒席上或晒场上曝晒。晒干水气后，用双手轻搓，不要搓破表皮，以防出油成为"油干"。搓后又晒，晒后又搓，反复5~6次，直到除去须根为止。等到干燥后，用筛子或风车除去折断的须根和杂质，选出块根即可出售。如遇天下雨则将洗净的块根进行烘干，堆放时厚度10厘米左右，上面盖薄麻布，火候控制在50~60℃，烘3~4小时，均匀翻动一次，如此烘焙、翻动，2~3天即可干燥。在烘焙过程中，火力要逐步降低，以防烘焦，最后修剪须根即可。日晒法需时较长，费工多，但产品色泽较好，烘焙法加工省时，并可不受天气限制，且较不易泛油，但产成品色泽不如日晒法鲜明，须根由软到硬逐渐干燥。还可以在洗去泥土、除去须根后用硫黄熏后晒干。

二、麦冬炮制加工

1. 糖制麦冬

（1）净制处理。选用成熟、发育良好、粒度较大的麦冬，洗净，放入浓度2%的食盐水中，浸泡8~12小时，捞起。

（2）热烫。将麦冬放入沸水中热烫5~10分钟，捞起，用冷水冷却。

（3）糖制。采用多次糖煮法。第一次糖煮时，取一定量水，放入锅中加热至80℃时，加入等量白砂糖，同时加入2倍量柠檬酸，煮沸5分钟。取已处理好的麦冬约2倍，投入糖液中，煮沸10~15分钟，连同糖液带麦冬一起放入大缸中浸泡24小时。第二次糖煮时，把缸中的糖液及麦冬放入锅中，加热至沸后分两次加入第一次白糖1/2量，煮沸至糖液浓度达55%时，加入浓度为60%的冷糖液，重量与第一次糖量一致，立即起锅，放入缸中浸泡3~5天。

（4）烘烤。

①烘烤：将糖制好的麦冬块，沥净糖液后，均匀地摆入烘盘中，推入烤房在60~65℃条件下烘烤。烘烤至表面不黏手即可。

②走湿：当烘烤房内空气相对湿度高出70%时，通风排潮3~5次，每次15分钟。

③倒盘：在烘烤中，除了通风排潮外，还要注意调换烘盘位置及翻动1~2次，可在烘烤的中前期和后期进行。

④回软、检修、包装。出烤房的麦冬脯应放于25℃的室内回潮24~36小时，然后进行检验和整修，去掉脯块上的杂质、斑点和碎渣，挑出煮烂的、干瘪的和褐变的不合格品另作处理，合格品用无毒玻璃纸包好装箱入库。

2. 轧扁麦冬和整粒麦冬加工方法

在实际工作中，使用最广泛的麦冬是整粒麦冬和轧扁麦冬（或捣裂）。将原药除去杂质及变色泛油的，快洗润软，用机械轧扁或用木尺手工敲扁，干燥，筛去灰屑，称为轧扁。

另有朱砂拌麦冬，取净麦冬，喷水少许，闷润，加朱砂细粉，拌匀，取出，晾干。每10千克麦冬，用朱砂粉0.2千克。麦冬贮藏应置于阴凉通风干燥处，大量时贮存于冷库；炮制品贮于干燥容器中，防潮、防霉、防变色泛油。此加工称为整粒麦冬。

3. 去心麦冬炮制方法

将麦冬原药材置水中浸10~45分钟，润一天至发泡为干品的1~2.5倍时，左手抓其中部，右手用钳子夹住一端尖处，缓缓运动抽出木心，用两头圆的小刀在麦冬长度的2/6处下刀，下刀1/3深度，均匀向后划至5/6处，把刀略提起，斜着向旁划1/2深度并推至2/6处，拔出小刀，用双手慢慢翻开麦冬，可见中间一条肉梗，再用中指轻轻顶麦冬中部，使其微凸成船形。经此方法炮制的麦冬产品外形精美，且有利于有效成分的溶出，而使该产品曾打入国际市场。麦冬多用木箱装，防潮湿。受潮后泛油变黑，发现受潮应及时翻晒。

第二十七节　生姜加工方法

生姜指姜属植物的块根茎。辛、微温，入肺、脾、胃经。具有发汗解表，温胃止呕，温肺止咳，解鱼蟹毒，解药毒只功效。适用于外感风寒、头痛、痰饮、咳嗽、胃寒呕吐；在遭受冰雪、水湿、寒冷侵袭后，急以姜汤饮之，可增进血行，驱散寒邪。生姜药食同源，有极为广泛的食用和药用价值（图4-28）。

1. 生姜采收

（1）采收期。一般来说，生姜收获季节在华北地区为10月中、下旬，长江流域在10

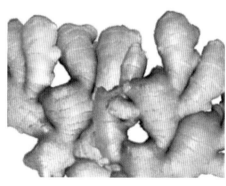

生姜　　　　　　　　　　　　　干姜

图 4-28　姜

月下旬至11月上旬之间。收获时还应注意选晴天进行，早晨露水太大不宜采收。确定适宜的采收期需要考虑的因素：

①当年、当地气候变化特点，若气温下降过快，宜早采收，反之可晚些采收。

②生姜本身生长的状况，长势好的生姜根茎已充分膨大，宜早采收，长势弱又迟发的生姜根茎不能充分膨大，需延长一优生长期，延迟采收。

③生姜的用途不同（用作嫩姜、鲜姜或种姜），采收时期也有所不同。

（2）种姜采收。种姜可以作为产品回收。种姜可以与鲜姜在收获时一起收获，也可以提前在连续出苗后期收获，北方称之为扒老姜，南方叫偷娘姜。这种办法一般在生姜长到5~6片真叶，姜苗长势旺时松土取种姜，选晴朗天气，用窄形铲刀或箭头形竹片，在姜株北侧将表土松开，露出姜块，用手指按住姜苗基部，勿使基部受振动。在种姜与新姜相连处轻轻折断，随后取出种姜。注意收种姜必须选晴天，最好取种姜后3天不下雨，以防受伤部位感病。取出种姜后要及时封沟，取时不能振动姜苗，并防止伤根。

（3）嫩姜采收。北方地区一般不采收嫩姜，但近几年由于加工的需要也开始收嫩姜。南方地区多在立秋前后采收，在根茎旺盛生长期，趁姜块鲜嫩时提前收获，主要作为加工原料。此时根茎含水量高，组织柔嫩，纤维较少，辛辣味浓，适于腌渍、酱渍或加工成糖姜片、醋酸盐水姜芽等多种食品。

（4）鲜姜采收。收鲜姜一般在霜降到来之前，地上部茎叶尚未冻枯时进行。选晴朗天气，一般在收获前3~4天先浇一水，使土壤湿润，便于收刨；若土质疏松，可抓住茎叶整株拔出或用镢整株刨出，轻轻抖掉根茎上的泥土，然后自茎秆基部；将茎秆折去或削去。摘除根，随即把根茎入窖，不需晾晒。

2.生姜加工方法

（1）糟制姜。

原料配比：新鲜姜100千克、食盐2千克、红糖13千克。

制作过程：将生姜洗净去皮，放入缸中；然后将食盐加35千克清水烧沸，冷却后加入红糖拌匀即为糟汁，倒入缸中，糟汁以淹没生姜为度；腌浸30天后，即得糟姜成品。

（2）姜片干。

选肥大无嫩芽的新鲜姜切片，用沸水烫5~6分钟，使姜内的淀粉润洁。然后每100千克鲜姜用硫磺1.5千克进行5分钟左右的熏馏，然后用冷水洗净，再送入烘干室内烘干，温度以65~70℃为宜。烘时温度应逐渐上升，免得淀粉糖化、变质发黏。经过烘干，即得姜片干成品。具有回阳、温肺化痰、温经止血的作用（未经加工的生姜，也是一种常用中药，有发散风寒、温中止呕、解毒的作用。

（3）糖姜片。

原料配比：鲜姜50千克、白砂糖30千克、白糖粉4千克。

制作过程：将鲜姜斜切成薄片，加清水40千克放在锅内煮沸，捞出漂洗干净，榨去水分。再用白砂糖和清水11千克放入锅内煮沸，倒入榨去水分的姜片，上下翻动煮90分钟左右，至糖液浓厚、下滴成珠时，即可离火捞出。最后，用白糖粉抖匀摊晒一天后筛去多余的糖粉，干燥后即为糖姜片成品。

（4）煨姜。

方法1：取生姜块，置无烟炉上，烤至半熟或用草纸包裹生姜数层，浸湿后置炉台上或热火灰中，煨至纸变焦黄，姜半熟为度，取出，除去纸，切片。

方法2：取生姜切成衔接片，用食盐填在夹缝中，另将铁锅中涂以1.5厘米厚黄泥，泥上铺纸一层，将姜铺纸上，上再铺纸1层，上涂黄泥密封，加热，锅口堆以热炭，煨2小时，至拨开上面炭火内有气冲出为度。

方法3：取洗净的鲜姜，用纸裹煨法，煨至外皮色黑，中心色黄为度

（5）生姜皮。刮取生姜的皮（洗净泥沙），晒干。生姜皮没有热性，有利尿消肿的功效，适用于水肿、小便不利等症。

（6）生姜汁。将生姜洗净后捣烂绞取其汁。生姜汁功效与生姜相似，能祛痰止呕。主要适用于痰多及呕吐等症。

（7）炮姜将干姜炒炭（炒至外黑、内棕黄色），又名炮姜炭。炮姜有止血功效，适用于虚寒性出血如便血、子宫出血。炮姜又能温中止泻，适用于受寒饮冷引起的消化不良、肠鸣腹泻。

第二十八节　蛤蚧传统加工技术

蛤蚧亦称"大壁虎"、"仙蟾"，是桂东南的名特产之一。属于国家2级保护动物，属于药用动物的一种，其药用价值很高，蛤蚧性平、味咸，入肾、肺经。蛤蚧入肺肾二经，并长于补肺气、助肾阳、定喘咳，为治疗多种虚症咳喘之佳品。常可用来治疗肺肾不足、虚喘气促，劳嗽咳血等症。蛤蚧质润而不燥，可以补肾助阳的同时兼能益精养血，有固本培元的功效（图4-29）。

1. 蛤蚧采收

蛤蚧一般在5—9月间捕捉。主要方法：①光照：晚间乘蛤蚧外出觅食时，用较强的灯光照射，蛤蚧见强光则立即不动，便可捕获。②引触：用小竹竿一端扎上头发，伸向石缝或树洞中引触，蛤蚧遇发咬住不放，即迅速拉出，捕入笼中。③针刺：在竹竿上扎铁针，乘蛤蚧夜出时刺之。

蛤蚧　　　　　　　　　　　　　　　　蛤蚧干

图 4-29　蛤蚧

2. 蛤蚧加工方法

（1）蛤蚧干加工方法。蛤蚧入药可生用，或制成各种成药，但活的蛤蚧不便运输和贮藏，所以需加工成蛤蚧干。将蛤蚧头的枕部用力背轻轻一击即死。挖去眼睛，然后将蛤蚧腹面朝上，用铁钉将蛤蚧头钉于解剖板上，左手持蛤蚧尾臀部，拉直身躯。右手持利刀从蛤蚧肛门处起，剖开胸、腹部，直到喉后方，然后撑开胸、腹壁，取出内脏，用布把血液擦干。用4根粗约0.4厘米的竹签，长短依据内侧。第一根插在左肩到右胯部；第三根经过胸部，插入两前肢，直至趾端；再用一根粗约0.8厘米的竹签从头的吻部直尾尖。最后取一矩形竹片，0.1厘米厚，长约等于展开的蛤蚧胸、腹体壁宽，宽约等于胛窝下方到鼠蹊部的尺寸，把竹片安插在胸腹体壁的内壁，展开体壁。处理后，置于火炉上用文火烘烤焙干，烘烤时，在炉膛内点燃两堆炭火，待炭烧红没有烟时，用草木灰盖住火面，钢筋上铺放一块薄铁皮，铁皮上再铺一块用铁丝编织成的疏孔网，将蛤蚧头部向下，一条一条倒立摆放疏铁丝网上，数十条一行，排列数行进行烘烤。炉温保持在50~60℃，在烘烤过程中不宜翻动。待烘烤完毕时，一般8小时左右，检查蛤蚧干，如果成灰色，眼睛全陷入，尾瘪，用手指击头部有响声，表示已经足干，待凉取出，即成干蛤蚧。一条生蛤蚧，烘干后的重量为体重之27%~30%，内脏约占体重之10%，水分约占体重之60%。

（2）酒制蛤蚧加工方法。生泡法：将活蛤蚧洗净，将水晾干，用刀背或锤子轻击其头部，令其昏死，剖腹去内脏，抹去血，用50度以上的米酒或高粱酒浸泡，每5千克酒放大条蛤蚧5~6条（中条者放7~8条），浸泡3个月后，再配放当归、肉苁蓉、龙骨、大枣、枸杞、黄芪、川芎、白芷等中药各18克共同浸泡一个月后，即得蛤蚧酒。

干泡法：一种是将干制的蛤蚧，用淡盐水洗去污物，削去体表的鳞片，去掉体壁内的竹片，待晾干水后，整体浸泡于60度的粮食酒中，贮藏100天以上即成。

第二十九节　陈皮传统加工技术

陈皮，又称为橘皮，为芸香科植物橘及其栽培变种的成熟果皮。性温，味辛、味苦。入脾经、胃经、肺经。具有理气健脾，调中，燥湿，化痰。主治脾胃气滞之脘腹胀满或疼痛、消化不良。湿浊阻中之胸闷腹胀、纳呆便溏。痰湿壅肺之咳嗽气喘。用于胸脘胀满，食少吐泻，咳嗽痰多（图4-30）。

陈皮

制陈皮

图 4-30　陈皮

1. 陈皮采收

10—12月间采挖。剥取果皮，晒干或低温干燥。其中10月采摘的柑皮色偏青，11月份的柑皮色呈黄，12月份的红色。柑果采摘后先是剥皮，晾干，密封储藏。只有收藏了3年以上的才能称为陈皮。

2. 陈皮加工技术

（1）炭制陈皮。取净陈皮丝，置锅内，用中火加热，炒至黑褐色，喷淋清水少许，灭尽火星，取出，晾干。

（2）土制陈皮。先将灶心土置锅内炒松，倒入陈皮丝，用中火炒至表面呈焦黄色为度，取出，筛去土，放凉。每陈皮500克，用灶心土250千克。

（3）麸制陈皮。取净陈皮，照麸炒法炒至颜色变深。

（4）蒸制陈皮。将原药除去杂质，喷潮，置蒸笼内蒸至上气后20分钟，取出摊凉，切厚片，干燥。筛去灰屑。

（5）蜜制陈皮。取净陈皮，剪成小方块，再取蜂蜜用文火炼成老蜜，将陈皮块倒入，炒成黄色时，出锅，摊开，晾凉。每陈皮100千克，用蜂蜜18.75千克。

（6）盐制陈皮。取净陈皮，剪成小方块，再用大青盐化水，倒入，文大炒拌均匀，出锅，摊开，晾凉。每陈皮100千克，用大青盐3千克。

（7）制陈皮。

方法1：取陈皮加酒、醋、盐水拌匀，焖半天吸干后，用大火蒸透至上气力度，晒干。每陈皮100千克，用醋3千克，黄酒、食盐各5千克。

方法2：取陈皮加盐、姜汁、醋浸15分钟，蒸至有香味时，停火焖1天，使色转黑后晾干。每陈皮100千克，用盐10千克，生姜5千克捣汁，醋5斤。

第三十节　鸡内金传统加工技术

鸡内金是指家鸡的砂囊内壁，系消化器官，用于研磨食物，该品为传统中药之一，用于消化不良、遗精盗汗等症，效果极佳，故而以"金"命名。甘，寒。归脾、胃、小肠、膀胱经。具有消食健胃助消化，涩精止遗。可以促进胃液分泌，提高胃酸度及消化力，使胃运动功能明显增强，胃排空加快（图4-31）。

生鸡内金　　　　　　　　　　　　　　　制鸡内金

图 4-31　鸡内金

1. 鸡内金采集

将鸡杀死后，取出砂囊，剖开，趁热剥取内膜，将鸡内金用温开水烫2次，去除油腻，然后清水洗净，去除杂质，晒干。烫的目的六于去除油腻和腥秽气味，使砂不易黏附在鸡内金上。烫时水温一般在春夏天为50℃，秋冬天60~80℃。注意剖开后不能用水先洗，否则内膜不易剥离，多致撕裂。采集的鸡内金为不规则的长椭圆形的片状物，有明显的波浪式皱纹，长约5厘米，宽约3厘米，表面金黄色、黄褐色或黄绿色，老鸡的鸡内金则微黑。质薄脆，易折断，断面呈胶质状，有光泽。气微腥，味淡微苦。以完整、个大、色黄者为佳。

2.鸡内金炮制加工

（1）生鸡内金。将鸡内金净制，除去非药用部位。

（2）醋炒鸡内金。醋用量100：10，将净制过的鸡内金用文火炒至表面颜色加深，喷淋食醋，待醋被完全吸进鸡内金。

（3）焦鸡内金。用武火炒至表面焦黑内部焦黄，喷淋食醋，吸干后出锅晾凉。

（4）土炒鸡内金。将灶心土打成细粉过筛，置锅内加热至滑利时，投入大小分开的鸡内金炒至鼓起时，取出筛去土，即得。

（5）盐炒鸡内金。先将适量的食盐置于锅内，用中火加热翻动，至盐水分出尽，温度升高，容易翻动时，投入洁净、干燥、整碎分开的生鸡内金，不断翻动，炒至鸡内金表面深黄色变淡黄色或焦黄色，微鼓起，发泡卷曲，质酥脆，具焦香气味时取出，筛去盐，冷后捣碎即得。

（6）滑石粉炒鸡内金。先将适量滑石粉置锅内，用中火加热翻动，炒至滑利状态时，投入洁净、干燥、整碎分开的生鸡内金，不断翻动，炒至鸡内金表面深黄色变淡黄色或焦黄色，微鼓起，发泡卷曲，质酥脆，具焦香气味时取出，筛去滑石粉即得。

（7）蛤粉炒鸡内金。将蛤粉打成细粉过筛，置锅内加热至滑利时，投入大小分开的生鸡内金，炒至鼓起时，取出筛去蛤粉即得。

（8）锅外砂炒法。将细砂（用砂量：药量为10：1）放入锅内，武火加热，翻砂至砂温130~240℃，200℃最佳。迅速将热砂铲入均匀盛放鸡内金的药匾，再迅速簸动至鸡内金发泡卷曲，过筛即可。此法加工的鸡内金色泽均一，无焦斑，发泡均匀，不粘砂粒。由于锅内砂炒法加工的鸡内金外观、色泽、质地均不理想，而采用锅外砂炒法加工的鸡内金，品质优于锅内砂炒法。

（9）沙炒鸡内金。

炒前准备：取中等粗细的河沙，淘尽泥土，除尽杂质、晒干。鸡内金必须晒干并且按大小分档入锅，未干或受潮的鸡内金在沙炒时容易结块、僵死；而不分大小档全部倒入锅的鸡内金，会产生大档不酥，小档焦化。

沙炒的操作要点：

①温度达220℃左右入锅为佳。

②鸡内金与沙子的比例，一般为1：3，沙子太多，锅面不热，锅底易焦化；沙子太少，则不能保温，沙子不能太细或太粗，细沙容易黏糊鸡内金，粗沙则升温速度过慢。

③鸡内金入锅后听到"噼啪"的声响，就要快速翻炒，左右上下要均匀，翻炒至鸡内金表皮呈黄色或焦黄色、微鼓起、酥脆时为度方能出锅。

第三十一节　斑蝥传统加工技术

斑蝥为芜青科昆虫南方大斑蝥和黄黑小斑蝥的干燥虫体。味辛，性寒，有毒。入大肠、小肠、肝、肾经。具有破血消癥，功毒蚀疮，引赤发泡之功效。主治癥瘕肿块，积年顽癣，瘰疬，赘疣，痈疽不溃，恶疮死肌（图4-32）。

1. 斑蝥的采收方法

属野生零星采集品种，采集时应保持虫体完整，7—8月间于清晨露水未干时捕捉，捕捉时宜戴手套及口罩，以免毒素刺激皮肤、黏膜。捕得后，置布袋中，闷死或烫死，晒干即可。

斑蝥　　　　　　　　　　　　　　　制斑蝥

图 4-32　斑蝥

2. 斑蝥加工

晋代有炙、炒、烧令烟尽（《肘后》）等炮制方法。南北朝刘宋时代有糯米与小麻子同炒法（《雷公》）。宋代有酒制、麸炒、豆面炒（《博济》），醋煮（《苏沈》），醋炙（《局方》），巴豆与米同炒法（《朱氏》）。明代出现了牡蛎炒（《粹言》）、麦面炒（《普济方》）、麸炒去头足翅（《禁方》）的记载。清代又增加了蒸制（《本草述》）、米泔制（《串雅补》）、土炒（《治全》）等炮制方法。

（1）生斑蝥。取原药材，除去头、足、翅及杂质，干燥即可。

（2）米炒斑蝥。取净斑蝥去头、足、翅，取米，湿润后平贴锅底，中火加热至冒白烟后倒入斑蝥，用文火加热，拌炒至米呈黄棕色时，取出，筛去米，摊凉。斑蝥每100千克用米20千克。

（3）甘草糯米制斑蝥。取净斑蝥于甘草汤内泡过，晒干。再于锅内用糯米再炒至金黄色，如此反复10次。斑蝥每1千克，用甘草0.2千克，糯米20千克。

（4）麸炒斑蝥。取斑蝥，去头、足、翅后，将麸两置锅内，中火炒至冒白烟后倒入斑蝥，炒3分钟后，麸内温度达到110℃，炒7分钟后出锅，去麸，放凉。

（5）烘制斑蝥。取净选的斑蝥置于下面放砂，上放草纸的瓷盘内，在110℃恒温干燥箱中烘20~30分钟，取出放冷。

（6）碱制斑蝥。取净选斑蝥，加6倍量的0.75%苛性钠水溶液，50~60℃浸渍6小时，取出干燥。

（7）面裹油炙斑蝥。取大小相似的斑蝥，投入事先调即的面糊中，使其外表粘满面糊，取出，晾干。待油烧沸，将面裹斑蝥投入，不断翻动，以文火保持微沸，炙至面裹层微黄后，从漏勺捞起，沥去油。

第三十二节　半夏传统加工技术

半夏，又名：三叶半夏；半月莲；三步跳；地八豆；守田；水玉；羊眼。该物种为中国植物图谱数据库收录的有毒植物，其毒性为全株有毒，块茎毒性较大，生食0.1~1.8克即可引起中毒。对口腔、喉头、消化道黏膜均可引起强烈刺激；服少量可使口舌麻木，多量则烧痛肿胀、不能发声、流涎、呕吐、全身麻木、呼吸迟缓而不整、痉挛、呼吸困难，最后麻痹而死。半夏有水生和陆生两种，即所谓的水半夏和旱半夏。旱半夏的药用价值强似水半夏。半夏作为药用植物，辛、温，有毒，入脾、胃、肺经，具有燥湿化痰、降逆止呕、消痞散结之功。半夏的炮制品很多，临床常用的主要为清半夏、姜半夏、法半夏三种，兽医用以治锁喉癀（图4-33）。

1. 半夏采收

一般于夏、秋季茎叶枯干倒苗后采挖，南方各省可在7—8月进行。方法是：选晴

生半夏

制半夏

图 4-33　半夏

天，用要锄顺垄挖12~20厘米深的沟，逐一将半夏块茎挖出，抖落泥土，清除药材表面的粗皮及须根即可。

2. 加工方法

将鲜半夏的泥沙洗净，按大、中、小分级，分别装入麻袋内，先在地上轻轻敲打几下，然后倒入清水缸中，反复揉搓，或将茎块放入箩筐里，在流水中用木棒撞击去皮。洗净后再取出晾晒，并不断翻动，晚上收回，平摊于室内（不能堆放，不能遇露水）。次日再取出，晒至全干或半干，亦可拌入石灰，促使水分外渗，再晒干或烘干。注意晒时应在清晨太阳出来前摊放在晒场上。若等晒场晒熟后再摊放，半夏易被烫熟，质地坚硬变黄。更不可暴晒，否则不易去皮。如遇阴雨天，可在炭火或炉火上烘干，但温度不宜过高，一般应控制在35~36℃。在烘干时要用微火烘，并经常翻动，力求干燥均匀，以免出现"僵子"，造成损失。注意半夏有毒，如用手摸半夏后可擦姜汁解毒。如出口半夏，还需进一步加工，即将生半夏按等级过筛，剔除较小的个体，再"回水"，把半夏倒入水缸里浸泡10~15分钟，用工具反复轻轻揉搓，然后捞出晒干，拣去带有霉点个体不全、颜色发暗等不符号标准的个体即可。

（1）清半夏。为半夏的炮制品。取净半夏，大小分开，用8%白矾溶液浸泡至内无干心，口尝微有麻舌感，取出，洗净，切厚片，干燥即得。每100千克半夏加白矾末20千克。也可将半夏用8%的白矾水浸泡2~3天（冬季4~5天），至内外一致，口尝微有麻辣感，捞出用清水洗淋一次，晒干或烘干，制成粗粒或捣碎即得清半夏。清半夏外观为椭圆形、类圆形或不规则片状。切面淡灰色至灰白色，可见灰白色点状或短线状维管束迹，有的残留栓皮处下方显淡紫红色斑纹。质脆，易折断，断面略呈角质样。气微，味微咸涩，微有麻舌感。清半夏因在炮制过程中加入了性味酸、寒的白矾，而白矾在与半夏共制过程中水解成三氧化二铝凝胶带负电荷，与带正电荷的毒性成分吸附而中和，从而降低了半夏的毒性，并增强了化痰的功效，临床用于痰多咳喘，痰饮眩悸，风痰眩晕，痰厥头痛等。

（2）姜半夏。为半夏的炮制品。取净半夏，大小分开，用水浸泡至内无干心时，另取生姜切片煎汤，加入白矾与半夏共煮透，取出，晾至半干，切成薄片，干燥即得。每100千克半夏，用生姜25千克，白矾12.5千克。姜半夏外观为片状、不规则的颗粒状或类球形。表面棕褐色至棕色。质硬脆，断面淡黄棕色，具角质样光泽。气微香，味淡，微有麻舌感，嚼之略黏牙。由于在炮制过程中加入生姜，生姜具有温中止呕的功效，因此，姜半夏善于止呕，临床常用于恶心呕吐。

（3）法半夏。为半夏炮制品。取净半夏，用水浸泡至内无干心，取出；别取甘草适量，加水煎煮2次，合并煎液，倒入用适量水制成的石灰液中，搅匀，加入上述已浸透的半夏，浸泡，每天搅拌1~2次，并保持浸液pH值12以上，至剖面黄色均匀，口尝微有麻舌感时，取出，洗净，阴干或烘干，即得。每100千克净半夏，用甘草15千克、生石灰10千克。法半夏外观呈类球形或破碎成不规则颗粒状。表面淡黄白色、黄色或棕黄色。质较松脆，断面黄色或淡黄色，颗粒者质稍硬脆。气微，味淡略甘、微有麻舌感。因炮制时使用了甘草和生石灰而偏于治疗寒痰。

第三十三节　麻黄传统加工技术

麻黄，也叫草麻黄、麻黄，多年生草本植物。是麻黄科麻黄属植物草麻黄、中麻黄或木贼麻黄的干燥草质茎。药用部位为草质茎（麻黄）及根（麻黄根）。性辛微苦、温，功能发汗散寒、宣肺平喘、利水消肿。用于治疗治疗感冒、咳嗽、肺炎、尿道炎、支气管炎、支气管哮喘、关节炎、痛风等（图4-34）。

鲜麻黄

制麻黄

图 4-34　麻黄

1. 麻黄草采收

采收期采收时刻通常在10—11月，过早产草量和含碱量都会下降，过迟产草量虽高，但木质化程度高，含碱量也会下降，都会影响麻黄草的质量和效益。采收时用镰刀或剪刀刈割，留茬高度以离根颈2厘米左右为宜。采收时注意维护根颈，不然影响成长，形成逝世或第二年减产。采收后及时打捆，交收买部分或厂家加工出产，以削减丢失，进步经济效益。

麻黄根的采挖应视情况而定，因为把麻黄根挖掉后，植物全部枯死，无法再利用地上部分。所以在挖麻黄地下根时，应在老种植地准备更新的地段中采挖地下根，所用的根是横生根和垂直根，而多年枯老的根是不能供药用的，这一点一定要注意，否则达不到医病的效果。人工种植的麻黄挖根时间应是5~6年生的植株，这时地下根发育良好，粗细均匀，最适宜作药用。野生的麻黄，挖取地下根时，应采集它的横生根（水平根）。垂直根枯死枝条多，不适宜作药用。麻黄鲜根中含有大量的水分，采挖出来的根，应该洗掉泥土，放在阳光下照晒，完全干后，放到防潮的地方保存。

2. 麻黄炮制加工

（1）麻黄。取原材料，除去木质茎、残根及杂质，抖净灰屑，切段；或洗净后稍润，切段，干燥。具有发汗解表和利水消肿力强，多用于风寒表实证，胸闷喘咳，风水浮肿，风湿痹痛，阴疽，痰核。

（2）蜜麻黄。取炼蜜，加适量开水稀释，淋入麻黄段中拌匀，闷润，置炒制容器内，用文火加热，炒至不黏手时，取出晾凉。每100千克麻黄段，用20千克炼蜜。蜜麻黄性温偏润，辛散发汗作用缓和，增强了润肺止咳之功，以宣肺平喘止咳力胜。多用于表症已解，气喘咳嗽。

（3）麻黄绒。取麻黄段，碾绒，筛去粉末。麻黄绒作用缓和，适于老人、幼儿及虚人风寒感冒。

（4）蜜麻黄绒。取炼蜜，加适量开水稀释，淋入麻黄绒中拌匀，闷润，置炒制容器内，用文火加热，炒至深黄色、不粘手时，取出晾凉。每100千克麻黄绒，用20千克炼蜜。蜜麻黄绒作用更为缓和，适于表证已解而喘咳未愈的老年、幼儿及机体虚弱患者。

第三十四节　当归传统加工技术

当归，别名干归、西当归、岷当归、金当归、当归身、涵归尾、当归曲、土当归，多年生草本，高0.4~1米。主产甘肃东南部，以岷县产量多，质量好，其次为云南、四川、陕西、湖北等省，均为栽培。国内有些省区也已引种栽培。其根可入药，是最常用的中药之一。性温，味甘、辛，入肝、心、脾经。具有补血活血，调经止痛，润肠通便之功效。常用于血虚萎黄，眩晕心悸，月经不调，经闭痛经，虚寒腹痛，风湿痹痛，跌扑损伤，痈疽疮疡，肠燥便秘。酒当归活血通经。用于经闭痛经，风湿痹痛，跌扑损伤（图4-35）。

1. 当归采收

当归花期6—7月，果期7—9月。育苗移栽的当归宜在当地的10月下旬植株枯黄时采挖，秋季直播的宜在第2年枯黄时采挖。采挖的时间不宜过早也不可过迟。过早根肉营养物质积累不充分，根条不充实，产量低，质量差。过迟因气温下降，土壤冻结，挖时易把根弄断。在挖前半个月左右，割除地上的叶片，使其在阳光下曝晒，加快根部成

干当归

制当归

图 4-35 当归

熟。采挖时小心把全根挖起，抖去泥土。

2. 产地加工方法

（1）晾晒。当归运回后，不能堆置，应选择高燥通风处，及时摊开，晾晒几天，直到侧根失水变软，残留叶柄干缩为止。切忌在阳光下曝晒，以免起油变红。晾晒期间，每天翻动1~2次，并注意检查，如刀有霉烂，及时剔除。

（2）扎把。晾晒好的当归，将其侧根用手理顺，切除残留叶柄，大的2~3支，小的4~6支扎成小把，每把鲜重约0.5千克。

（3）烘烤。选干燥通风室或特制的熏棚，内设高1.3~1.7厘米木架，上铺竹帘，将当归把堆放上面，以平放3层、立放1层、厚30~50厘米为宜，也可将扎好的把子装入长方形竹筐内，然后将竹筐整齐并排在棚架上，便于上棚翻动和下棚操作。用蚕豆秆、湿树枝或湿草作燃料，用水喷湿，生火燃宴发烟雾，给当归上色，忌用明火。约2天后，待表皮呈现金黄色或淡褐色时，再用柴火徐徐加热烘干。有的地方用煤火加热烘干，这样做不妥当。因为煤在燃烧时产生的烟雾中含有多种有毒物质，其中包括一些蒽类、菲类等稠环化合物，在这些物质中有的还有致癌的可能，它们会在熏制过程中或多或少地污染药材；同时，用煤熏制的当归不仅色泽不好，其内在质量也要受到影响，所以熏制当归还是以不用煤为妥。

室内温度控制在30℃以上、70℃以下，约经8天，全部干度达70%~80%即可停火，待其自干。当归加工不能阴干或太阳晒。阴干质轻，皮肉发青；日晒、土炕焙或火烧烤易枯硬如柴，皮色变红，失去油性，降低质量。

3. 炮制方法

（1）回潮。将当归装入麻袋内，撞去灰尘，取出后用冷水洗当归上半身，投入缸内，加盖湿布，每天翻动，如有硬结选出，喷水再润，全部润透，取出切片或刨2厘米厚片，撒入簸箕内，上盖白纸按平晒干。在二、四、八月间天气回潮，将当归放入潮湿地上，经常翻动，使其回潮均匀，取出刷去灰尘，切片或刨2厘厚片，晒法同上。

（2）若取其止血，则炒炭，将锅烧热，投入药片炒至微黑色，取出放地下摊冷。

（3）若取其活血散瘀，则用酒炒，每斤药片用酒2两，撒入药内拌匀，稍润片刻、投入锅内炒至微黄色。

（4）若取其健脾止泻，则用土炒，每斤药片用黄土粉4两，投入锅内炒热，再将药片放锅内拌炒，至黄色，取出筛去土，摊冷收藏。

4. 贮存

装缸内或木箱内按紧，加盖防潮及走油。4—8月是生虫季节，应放硫磺箱内保存。

第三十五节　党参传统加工技术

党参为桔梗科植物党参、素花党参或川党参的根。主产于山西上党（故名党参）和陕西、甘肃。秋季采挖洗净，晒干，切厚片，生用。党参味甘，性平，入脾、肺经，功效与人参相似，惟药力薄弱，有补中益气、止渴、健脾益肺、养血生津的功效，常用于脾肺气虚、食少倦怠、咳嗽虚喘、气血不足、面色萎黄、心悸气短、津伤口渴、内热消渴等症（图4-36）。

全党参　　　　　　　　　　　　　　制党参

图 4-36　党参

1. 党参采收

党参起苗移栽2~3年后，根重可达30~50克，适于食用和药用，开始采挖。党参的采收季节，可从秋季党参地上部分枯萎开始，直到次年春季党参萌芽前为止。以秋季采收的粉性充足，折干率高，质量好，其原因是秋天采收的党参根部有机物积累多，充实，肉厚，同时秋天采收时间长，气温较高易于加工。

党参挖出后，抖去泥土，用水洗净，先按大小、长短、粗细分为老、大、中条，分别晾晒至三四成干，至表皮略起润发软时（绕指而不断），将党参一把一把地顺握或放木板上，用手揉搓，如参梢太干可先放水中浸一下再搓，握或搓后再晒，反复3~4次，使党参皮肉紧贴，充实饱满并富有弹性。晒至八九成干后即可收藏。党参富含糖类，味甜质柔润，夏季易吸湿、生霉、走油、虫蛀，根头上疣状突起的痕及芽或枝根折断处尤易发生，因此必须贮藏于干燥、凉爽、通风处，温度保持在1~4℃。

2. 炮制方法

将原药拣去杂质，冬季用温水抢洗，春夏秋用冷水抢洗，捞入筐内，上盖湿布，次日取出去芦，切顶头片及马蹄片，有切6分长横筒，晒干。若取其和中补气，则用蜜炙，每斤药片用蜜3~4两，倒入锅内，炼开，再投入药片拌炒至金黄色，摊冷，以疏散不黏手为佳。若取其和脾健胃，则用米炒，每斤药片用米3两，投入锅内，米药同炒，至深黄色为度。也可用麦麸拌炒法和清炒法。

（1）党参片。取原药材，除去杂质，洗净，润透，切厚片，3~10毫米，干燥。

（2）米炒党参。将大米置热的炒药锅内，用中火加热至冒烟时，投入党参片拌炒，至党参呈黄色时取出，筛去米，放凉（每100千克党参片，用米20千克）。

（3）蜜炙党参。取炼蜜用适量开水稀释后，与党参片拌匀，闷透，置热炒药锅内，用文火加热，不断翻炒至黄棕色，不黏手时取出，放凉（每100千克党参片，用炼蜜20千克）。

（4）麸炒党参。将麸皮置于加热之锅内，至锅上起烟时，加入党参片，拌炒至深黄色，取出筛去麸皮，放凉（每党参100斤，用麸皮20斤）。

第三十六节　蒲公英传统加工技术

蒲公英，属菊科，多年生草本植物。别名黄花地丁、婆婆丁、华花郎等。味甘，性平微寒，入胃，肝二经。蒲公英植物体中含有蒲公英醇、蒲公英素、胆碱、有机酸、菊糖等多种健康营养成分。性味甘，微苦，寒。入肝、胃经。有利尿、缓泻、退黄疸、利胆等功效。治热毒、痈肿、疮疡、内痈、目赤肿痛、湿热、黄疸、小便淋沥涩痛、疔疮肿毒，乳痈，瘰疬，牙痛，目赤，咽痛，肺痈，肠痈，湿热黄疸，热淋涩痛。治急性乳腺炎，淋巴腺炎，瘰疬，疔毒疮肿，急性结膜炎，感冒发热，急性扁桃体炎，急性支气管炎，胃炎，肝炎，胆囊炎，尿路感染等。

一、采收

野生蒲公英一般在5—7月采挖。采挖时用铁锹或尖刀深插地下，连根系挖出，抖挣泥土，晒干后贮存于通风处，以供药用。温室栽培蒲公英可于1—2月采收，大棚栽植的蒲公英可于4月采收，露地栽培蒲公英可于5月中下旬及以后采收。如果只采收地上部分，则可用钩刀或小刀，沿地表1~1.5厘米处平行下刀，从叶基部割下，保留地下根部，以长新芽。去掉杂质，捆成小把即可上市。蒲公英每隔15~20天割1次。也可一次性割取整株上市。

二、加工方法

1. 生蒲公英

取蒲公英原药材，除去杂质，抢水洗净，沥去水，稍晾，切段，上岸过筛（图4-37）。

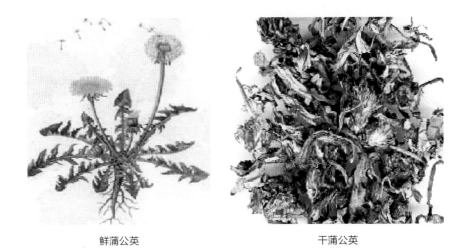

鲜蒲公英   干蒲公英

图 4-37 蒲公英

2. 蒲公英素粉的提取

取蒲公英1千克（干品），拣净杂质，洗净，切碎，置于大锅中，加清水10千克，煮1.5小时，滤出汁液，再加清水7千克，煮1小时再滤出汁液。将两次汁液混合，静置24小时，抽取上清液，用石灰水处理。方法是生石灰块100~200克，加水浸没，放出热量后再加水，不断搅动，使石灰成乳状，稍停，待石灰小颗粒下沉后，取上层石灰乳慢慢倒入蒲公英汁液中，边倒边搅，调节pH值达11~12时，停止加石灰乳，继续搅拌20分钟，汁液中即析出大量黄绿色沉淀物。再静置24小时，待沉淀物沉到缸底后，抽去上清液，将沉淀物取出过滤、干燥、粉碎、过80目筛，即得蒲公英素粉（50~60克）。可装入胶囊或散剂服用，成年人每次服用量为0.5~1克，1日3次。可用于治疗乳腺炎、淋巴腺炎、支气管炎、扁桃体炎、感冒发烧等多种疾病。

3.蒲公英块的配制

蒲公英（干品）、防风、荆介、面粉各1千克，板蓝根3千克，桔梗500克，清制草300克。将防风、荆介、桔梗、清制草一起研成细粉，过40目筛后与面粉混合。取蒲公英、板蓝根加水至与药面平，煎煮过滤，药渣加水复煮，取液、挤压、过滤，两次滤液混合，放锅内再煎，浓缩到4千克左右，冷却后与以上粉末拌匀。然后，用茶模压成方块，晒干或烘干（宜在60℃以下）即成。可用于治疗感冒发烧、头痛畏寒、咽喉肿痛以及咳嗽等症。日服2次，每次1块，水煎代茶饮。

4.蒲公英散的制作

蒲公英（炒）、血余（洗净）、青盐（研）各200克。瓷罐1只，放入一层蒲公英、一层血余、一层青盐，用盐泥封固，夏腌3日，春秋5日，冬7日，桑柴火煅烧，以烟净为度，冷却后取出碾成末即可。用于乌须生发，每次5克，清晨用酒调服。

5.蒲公英酒的加工

干蒲公英全草600克（拣去杂质，清洗，切碎，再晒去水分），米酒或烧酒1800毫升，白砂糖100克，同放于大瓶中，密闭保存于阴暗处1年以上，去渣取酒，即可饮用。可治疗气喘，有利尿、健胃、整肠、退火、化痰等功效。胃病患者应注意用量，每日1~2杯即可。

第三十七节　荆芥传统加工技术

荆芥，别名：香荆荠、线荠、四棱秆蒿、假苏，是唇形科、荆芥属多年生植物。入药用其干燥茎叶和花穗。荆芥味平，性温，无毒，入肺、肝经。具有祛风；解表；透疹；止血之功效。主感冒发热；头痛；目痒；咳嗽；咽喉肿痛；麻疹；痈肿；疮疖；衄血；吐血；便血；崩漏；产后血晕。用于感冒，头痛，麻疹，风疹，疮疡初起。炒炭治便血，崩漏，产后血晕。解表散风，透疹，消疮，止血。用于感冒，麻疹透发不畅，便血、崩漏、鼻衄。荆芥一药，生用有祛风解表的功效，炒炭则用于止血（图4-38）。

1.荆芥采收及加工

采收茎叶宜在夏季孕穗而未抽穗时，芥穗宜于秋季种子50%成熟、50%还在开花时采收。选晴天露水干后，用镰刀割下全株阴干，即为全荆；摘取花穗晾干，称荆芥穗；其余的地上部分由茎基部收割、晾干，即为荆芥梗；在收获药材时，需选留种株，待种子充分成熟后再收割，放在半阴半阳处晾干，干后脱粒，除去茎叶等杂质后收藏。

2.荆芥炮制技术

（1）生荆芥。除去杂质，荆芥穗摘取花穗，喷淋清水，洗净，润透，切段，晒干。

鲜荆芥 制荆芥

图 4-38 荆芥

（2）制炭。

① 荆芥炭取荆芥段，置锅内用武火炒至表面黑褐色时，喷淋水少许，取出，晾干。

② 芥穗炭取净荆芥穗，置锅内用武火炒至表面焦黑色时，喷淋水少许，取出，晾干。

（3）炒制。

① 炒齐穗取拣净的荆芥穗，置锅内用文火微炒，取出，放凉即得。

② 炒荆芥取荆芥段置锅内，用文火加热，炒至微黄色，取出放凉。

（4）蜜制取荆芥咀与蜂蜜拌匀，略润，置锅内用文火炒至黄色，不粘手为度，取出，放凉。每荆芥500克，用炼蜜120克。

（5）醋制取荆芥段加醋炒至大部黑色存性为度。每荆芥段100千克，用醋10千克。

第三十八节　知母传统加工技术

知母，也叫毛知母、兔子油草、大芦水、妈妈草、蒜瓣子草、羊胡子根、地参等。多年生草本植物，该种干燥根状茎为著名中药，性寒，味苦，入肺、胃、肾经。有滋阴降火、润燥滑肠、利大小便之效。主治温热病、高热烦渴、咳嗽气喘、燥咳、便秘、骨蒸潮热、虚烦不眠、消渴淋浊（图4-39）。

1. 知母的采收

知母栽种2~3年开始收获。春、秋两季可采挖，以秋季采收较佳，除掉茎苗及须根，保留黄绒毛和浅黄色的叶痕及根茎，晒干为"毛知母"。趁鲜剥去外皮，晒干为"知母肉"。

鲜知母   制知母

图 4-39   知母

2. 知母加工炮制

（1）生知母加工。拣净杂质，用水撞洗，捞出，润软，切片晒干。

（2）盐制。取知母片，用盐水拌匀或喷洒均匀，焖透，置锅内文火沙干，取出，放凉。每知母片100千克，用食盐2千克。

（3）炒制。取知母净片，清炒至微焦。

（4）麸制。将锅烧热，撒入麸皮，待烟起时，取净知母片倒入锅内，炒至微黄，取出，筛去麸皮，晾凉。每知母片100千克，用麸皮10千克。

（5）酒制。取黄酒喷淋知母片内，拌匀，稍润，用文火炒至变黄色，取出晾干。每知母10千克，用黄酒1~2千克。

（6）盐、麸制。取药片加辅料食盐2%兑水适量，吸透，晒干后，用拌料炙麸8%，用武火先把炙麸撒入锅内，趁冒白烟时，倒入药片，用竹刷迅速拌炒至微黄色，即可取出，置于簸箕中，稍渥，筛去炙麸，放冷。

第三十九节   益母草传统加工技术

益母草，为唇形科、益母草属植物，又称益母蒿、益母艾、红花艾、坤草、茺蔚、三角胡麻、四楞子棵，苦、辛，微寒，入肝、心包经。具有活血调经，利尿消肿之功效。用于月经不调，痛经，经闭，胎漏难产，胞衣不下，水肿尿少，产后血晕，瘀血腹痛，崩中漏下，尿血、泻血，痈肿疮疡。急性肾炎水肿（图4-40）。

1. 益母草采收

收获益母草全草和籽种茺蔚子均为药材，因此收获时要以生产品种的目的而决定收获日期。

鲜益母草　　　　　　　　　　　制益母草

图 4-40　益母草

（1）全草采收，应在枝叶生长旺盛、每株开花达三分之二时收获。秋播者约在芒种前后（5月下旬至6月中旬）；春播者在小暑至大暑期间（7月中旬）；夏播者以不同播种期，在花开2/3时，适时收获。收获时，在晴天露水干后时，齐地割取地上部分。

（2）童子益母草采收，3~4月采收未抽茎的幼苗，称童子益母草；夏季植株生长茂盛、花未全开时采割地上部分，晒干。

（3）籽种采收，则应待全株花谢，果实完全成熟后收获。鉴于果实成熟易脱落，收割后应立即在田间脱粒，及时集装，以免散失减产，也可在田间置打籽桶或大簸箩，将割下的全草放入，进行拍打，使易落部分的果实落下，株粒分开后，分别运回。

（4）产地加工益母草收割后，及时晒干或烘干，在干燥过程中避免堆积和雨淋受潮，以防其发酵或叶片变黄，影响质量。茺蔚子在田间初步脱粒后，将植株运至晒场放置3－5天后进一步干燥，再翻打脱粒，筛去叶片粗渣，晒干，风扬干净即可。

2. 益母草炮制加工

（1）童子益母草。将原药除去杂质、泥屑，干切成1厘米短段，不清洁者需抢水洗，干燥。

（2）益母草。将原药除去杂质、老梗及残根，下半段略浸，上半段淋水、润透，切成1厘米短段，干燥。

（3）酒益母草。取益母草段，喷洒黄酒拌匀，闷润至酒吸尽，置炒药锅内用文火加热，炒干，取出放凉。每100千克益母草段，用黄酒15千克。

药材储存：益母草应贮藏于防潮、防压、干燥处，以免受潮发霉变黑和防止受压破碎造成损失，且贮存期不宜过长，过长易变色。籽种应贮藏在干燥阴凉处，防止受潮、虫蛀和鼠害；酒益母草贮干燥容器内，密闭。

益母草生用于，

①各种瘀滞作痛：常与当归、川芎、赤芍等同用，有活血调经，祛瘀生新的作用，可用于月经不调，痛经，产后恶露不尽，瘀滞腹痛及跌打损伤，瘀血作痛等症。

②急、慢性肾炎水肿：可单独煎服，或与茯苓、白茅根、白术、车前子、桑白皮等同用，有利尿功能，可用于急、慢性肾炎水肿，小便不利等症。

酒制益母草，主要用于月经不调，血结作痛，腹有癥瘕等症，如益母丸。用于恶露不尽，胞衣不下者，如益母草膏。

中兽医器具及其传统加工技术　第五章

中兽医学是我国的传统医学历史文化组成部分之一，传统中兽医器具是伴随着中兽医发展的产物，中兽药的加工、中兽医临床的诊治都离不开中兽医器具，从某种意义上讲，传统兽医器具的发展历史也在中国历代特定的自然与社会环境中生长起来的传统科学文化知识的一部分，蕴含着中华民族特有的精神、思维和文化精华，涵纳着大量的实践观察、知识体系和技术技艺，凝聚着中华民族强大的生命力与创造力，是中华民族智慧的结晶，也是全人类文明的瑰宝。中兽医器具从其用途角度可以分为：中兽药加工器具，如药材净制工具、药材炮制工具；中兽医诊断工具，如叩诊用具、听诊用具；中兽医治疗器具，如针疗器具、灸疗器具等；中兽药店设备，如称量工具、存药设备等。在人类社会发展历史中传统兽医与传统医学相随相伴，相互交叉，通过几千年的积累，遗留下来大量传统中兽医器具。不同的时代，人们对中兽医理论与实践的认识有所不同，工具实践的需要，所制造的中兽医器具有所不同，同时随着社会科技发展和制造加工技术的进步，其生产所用材料和加工工艺也不完全相同。

第一节　针疗用针的加工技术

一、针疗用针制作技术

1. 针疗工具简介

在传统医学中，针疗是非常有效的，用来治疗各种疾病，有的病往往都能一、两针见效，按照出台的分类方法，用以进行兽医针疗治疗的工具，可分为针刺工具（简称针具）、烧烙工具和灸用器材三大类。随着社会生产力和科学技术的发展，针疗工具也得以不断革新。例如用于针刺的工具的针，早在原始社会的新石器时代即有了砭石（石针），此后经历了骨针、竹针、陶针、铜针等漫长的演变过程。到现在不但普遍采用不锈钢针，而且创造了电针、激光针、微波针、磁针等与现代科技成果相结合的新型针具，进而推动了针疗技术的发展。这里重点介绍针具的有关情况。

针具及其附属用具由于畜种、地区及兽医从业个人习惯的不同，针具的式样和规格各有不同，因而针具的种类繁多，用途各异。

在秦汉时期，就有所谓"古代九针"的铁制针具，共有九种形状，多属古代人畜共用的治疗工具，其中毫针和圆利针沿用至今，锋针则演变成后来的三棱针。九针中各类针的用途和用法各有不同，若使用不当，则无疗效。九针除用于祛邪扶正、调和气血之外，还用于外科的割痈、破脓和散血等。

毫针采用优质不锈钢，是在综合人医毫针和兽医圆利针特点的基础上创制而成的针具。针尖锐利，针体细长，适用于深刺或一针透多穴。常用的毫针一般由5部分构成：

（1）针尖。针前端锋利的部分，又名针芒。

（2）针体。针尖与针根之间的部分，又称针身。毫针的长短、粗细、规格及质量的优劣，主要是指针体而言。直径为0.64~1.5毫米，针体长有3、4.5、6、9、12、15、20、25、30厘米等数种，以直径为1~1.25毫米、针长6-12厘米的较常用。

（3）针根。针体与针柄的连接部分。一般采用焊锡将针体和针柄固接。

（4）针柄。在针根后端，是运针时着力的部位。一般采用细铜丝或细铅丝绕制而成。其长度以3~4厘米为宜。根据针柄的结构可分为盘龙式和平头式两种。

（5）针尾。针柄的末端部分。底端一般用金属丝缠绕呈圆筒状，与针体的纵轴垂直；需用焊锡与针柄焊牢，以防松散（图5-1）。

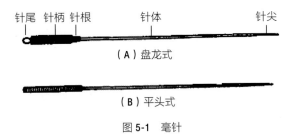

（A）盘龙式

（B）平头式

图 5-1　毫针

圆利针形状结构与毫针相似，但针体较粗，针尖呈三棱形，较锋利。针体长4~8厘米，较长的用于深刺肩胛及臀部等肌肉丰满处的穴位；较短的用于浅刺眼部周围穴位（图5-2）。

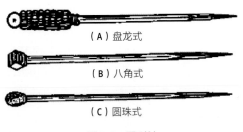

（A）盘龙式

（B）八角式

（C）圆珠式

图 5-2　圆利针

三棱针多用优质钢或合金制成。针身前部呈三棱形，后部呈杆状。有大、小两种，主要用于刺玉堂、通关、三江等穴的静脉或静脉丛上（图5-3）。

图 5-3　三棱针

宽针头端呈矛尖状，针刃锋利，针长7.5~11厘米，以使用方便为准。根据针头的宽度分为大、中、小三种。①大宽针：头宽约8毫米，多用于马、牛、骆驼放鹘脉、带脉、肾堂血。②小宽针：头宽约4毫米，主要用于大家畜三江、鼻俞、攒筋等穴放血及抢风穴急刺。③中宽针：头宽约6毫米，多用于马、牛尾本、胸堂等放血。中、小宽针也可在牛、猪的白针穴位上施用（图5-4）。

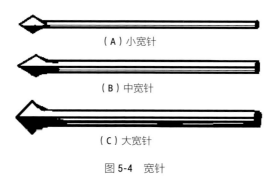

（A）小宽针

（B）中宽针

（C）大宽针

图 5-4　宽针

穿黄针的规格和形状与大宽针相似，只是针尾部有一小孔，以穿系马尾（约20根）或棕绳等，作吊黄或穿通黄肿之用（图5-5）。

图 5-5　穿黄针

火针古代称燔针、焠针。现代多以优质钢制成。针尖圆锐，针体光滑，直径为1.5~2毫米。针柄有木柄、电木柄和金属丝缠绕等多种式样，以金属丝缠绕的居多。常在金属丝内夹垫一层石棉类的隔热物（图5-6）。

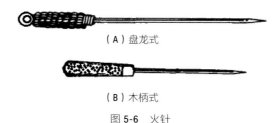

（A）盘龙式

（B）木柄式

图 5-6　火针

痧刀和眉刀。痧刀长4.5~5.5厘米，针尖最宽部约0.5厘米，刀刃薄而锋利；眉刀形似眉毛，故名。用优质钢制成，全长9.5~12厘米。一般用于治疗猪病，也可用小宽针代替（图5-7）。

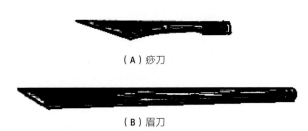

（A）痧刀

（B）眉刀

图5-7　痧刀　眉刀

三弯针针尖锐利的优质钢针。长约12厘米，在距尖端约5毫米处有一小弯。专用于针开天穴，治疗浑睛虫病。

宿水管一般为铜制的锥形小管，形似笔帽。长约5.5厘米，上有8~10个直径为2.5毫米的小圆孔。当患畜宿水停脐时可以此管放腹水（图5-8）。

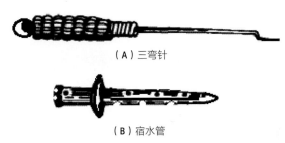

（A）三弯针

（B）宿水管

图5-8　三弯针　宿水管

玉堂钩尖部具有直径约为1厘米的半圆形弯钩，尖端呈三棱形，很锐利。全长约13厘米。专用于放玉堂血，使用较为方便、安全（图5-9）。

图5-9　玉堂钩

夹气针扁平长针，针尖呈矛尖状。以竹片或合金制成。长28~36厘米，宽4~6毫米，厚3~3.5毫米。专作大家畜夹气穴的透刺用（图5-10）。

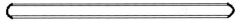

图5-10　夹气针

针锤和针棒用硬质木料车制而成的持针器。针锤长约35厘米，锤端较粗，其顶端有一椭圆形的锤头。通过锤头中心钻有一横向洞道，用以插针。自锤头至锤体五分之二处沿其纵轴有一道锯缝；锤体外套以皮革或藤制的活动箍，箍推向锤头部则锯缝被箍紧，即可固定针具；将箍推向柄端，锯缝便回弹而松开，即可将针具取下（图5-11）。针棒长约24厘米，直径约4厘米，在棒的一端约7厘米处锯去一半，沿纵轴中心挖一针沟。使用时，用细绳将针紧固在针沟内，针头露出适当长度，即可进行扎刺。放胸堂、鹘脉和蹄头血时，可利用针锤操作。而缠腕等四肢下部穴位，常用针棒，以防病畜蹶踢（图5-12）。

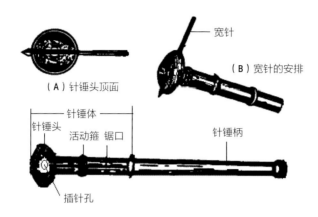

图 5-11 针锤

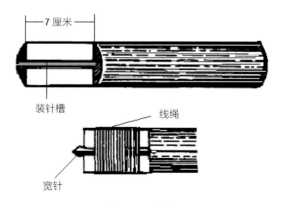

图 5-12 针棒

2. 针疗用针的加工

（1）古代针疗用针加工制作过程。古时候用的针都相当粗，当时并没有那么好的工业技术，但我们却发现古时候针的制作方式，比现在绝对不会差到哪里去。现在使用的针多为不锈钢针，可以用机器制作，有五分针、一寸针、一寸半针、两寸、五寸、三寸等等各种形式的针。并且还要分号数，就是有二十八号、三十号、三十二号、三十四号、三十六号针；针的号数越大，表示它越细；

在《针疗大成》里介绍了制针的方法，书中说最好使用"马衔铁"，并且引用了《本草》里的说法，马衔铁无毒，就是放在马前面的那一块马咬著的铁块。有个人叫日华子，研究本草的，说古时候旧的马衔铁，从来没用于其他器物的，例如装饰品或门的铰钮之类，才可以用来作针疗的材料。日华子说，有一种铁叫做"柔铁"，即是熟铁它有毒，马衔过的铁没有毒，古代中国人的讲法是：马属午，午就是火，火能克金。马咬过的铁，因为火克金，能够解毒，所以可以用以作针的材料。制针的材料又以金为贵，是最好的。可也有人说，金是金属的总称，包括了铜、铁、金、银等等，都叫做"金"，也就是我们现在所说的金属。实际上，如果说它是用金子作的针，也许有些道理，因为现代人认为黄金的化学性质是非常稳定的，不容易起化学作用，没有生锈的问题。所以认为古人所用金针，就是说金属针的意思，并非完全是黄金做的。

古人用"马衔铁"制针的具体工艺过程：

首先要把马衔铁做成铁丝，然后放在火里，把它烧红，又称为"煅红"，然后把它剪成一段一段的，每段剪成约两寸长，也有剪成五寸的，长短不拘。中药里有一种有毒的药叫做"蟾酥"的，是蟾蜍的毒腺，这种毒有麻醉作用，中医骨伤科常用它作为麻醉药。把煅红的剪成一段一段的铁丝，涂上蟾酥。涂好了以后，再把这种铁丝放到火里去煅，只要烧一烧，而不要煅红，煅后再烧再煅，经过数次。需要注意的是，前面要截成一段一段时首先要煅红，那样才容易截成段。而用蟾酥涂过以后，因为蟾酥是一种有机物，就不能再用很高的温度烧，只是烧一烧，而"不可令红"。

烧过再取出来，再涂蟾酥，再煅，再拿出来涂蟾酥，涂到第三次时，趁热把它插在一块腊肉皮的下面、肉的外面，也就是腊肉的肥油里面，意思就是：让这个针能浸在腊肉的油里面，可以吸收到腊肉中的肥油。

再把这块腊肉连针一起放在一个配好药物的水里头去煮。煮针用的药水，根据《针疗大成》这本书记载，包括的药物有：麝香、胆矾、石斛、穿山甲、当归尾、朱砂、没药、郁金、川芎、细辛、甘草、沉香、磁石等。把这些药放在水里煮，再把腊肉块连针一起放入煮好了的药汁里面，煮的时间长一点，直到水煮干了后，再倾到水中，待冷却后取出针。

取出来的这个针，插在黄土里，然后拔出再插，插后再拔出，来回几百次，可以把针磨到通体发亮，古人把这叫做"去火毒"。

去了火毒后的针，就在上面缠上铜丝，做成针柄，再把针的下面尖端部分磨成尖而圆的，有点像松针叶一样，虽然尖，但是针尖部分却也是圆圆的。在制针的过程中，有许多过程，如今看起来，不但合理，而且可以称得起是非常先进的。

加工工艺解析：

涂蟾酥：以前制作的针，技术上只能做得很粗，而涂蟾酥却能起到麻醉的作用，让被扎的人不至于感到太痛。

以针插腊肉：在磨针的过程中，金属表面会起很多的坑洞，插在腊肉中，用腊肉的肥油填补坑洞，使针不至于因为那些坑洞，扎到人体后拉得肌肉丝致痛。

药物煮针：使用的煮针药物，如麝香、穿山甲、没药、郁金、细辛等，跟蟾酥一样，都有麻醉作用，令扎针的人不会感觉太痛。另外像胆矾、石斛、朱砂、郁金，有消毒作用，也就是说能灭除病菌，以中医的想法就是有去热毒的作用。有一些药物如朱砂、沉香、磁石等有将金属打光的作用。

在黄土中拔插：让针尖变成圆形的尖端，而不是完全尖的，不至于在扎到肌肉中时会让神经或血管被戳断。

把尖端磨成尖而圆：圆的针尖扎进体内后，遇到神经、血管，会偏开而不会刺坏。另外，煮针的药物也有其他的配方，例如有个处方：用乌头、巴豆、硫磺、麻黄、木鳖子、乌梅等等，同样的是杀菌、麻醉的药。由此看来，古人虽然使用的煮针处方不同，但都知道以麻醉、灭菌、杀菌的作用来进行处理。针做好了后，另外再用止痛的药，例如没药、乳香、当归、花乳石等，再跟前面的药水一样去煮，然后用皂角水清洁针具。最后放到狗肉汤中煮一煮，之后再涂松子油，这个针就可以使用了。

中医在古代就已经很发达了，尤其是针疗方面。古时候中医看病有一句话叫做：一针、二灸、三用药。许多病经过这样三个步骤都能病好如初。

（2）针疗用针现代制作技术（附）（图5-13,14,15,16）。

原材料：在现代针疗针制作过程中，其原材料为医用不锈钢丝，并且分为两种，进

图 5-13　原料加工

口的和国产的，也分为直的和螺纹的。

拔直：成团的钢丝拔直后经过剪裁，就成了制针的针胚。

打磨抛光：这是针疗针制作的关键，每根针都要经过打磨，抛光，才能进入下一流程，不同的针尖形状有不同的打磨要求，也决定了针刺破皮的操作力度。也有的针看上去不是很尖，但很好进针的，一般是在针身上镀了膜的，大多是用硅油，比如华成针。

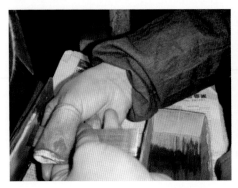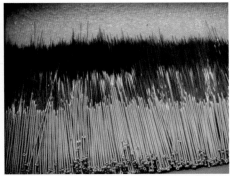

图 5-14　打磨抛光

挑选与检测：主要挑选有无倒刺，有无歪针，有无弯曲，这些都是纯手工检查，工人就在小台灯底下一根根的检查。看这把针，很像刺猬吧。这两个检测一个是检查针柄跟针体的结合程度，一个是检测针尖的穿刺力度，是个破坏性的检查，是抽样的。

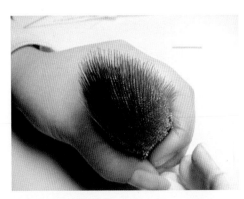

图 5-15　挑选与质检

清洗：然后就是清洗，他们用的是安利的消毒液，其实清洗完了以后还要同手碰针的，不用担心，后面还有消毒。

装柄：针柄用塑料做成。既节省了有色金属，环保；医生在操作上又便于施力。

包装与消毒：按照不同的要求分装，再用的是环氧乙烷对整个包装一起消毒。

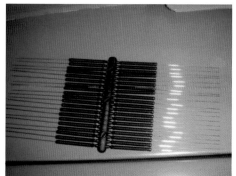

图 5-16　清洗与装柄

第二节　灸疗用具加工技术

一、艾灸用艾加工技术

艾草味苦、辛、性温，入脾、肝、肾。《本草纲目》记载：艾以叶入药，性温、味苦、无毒、纯阳之性、通十二经、具回阳、理气血、逐湿寒、止血安胎等功效，亦常用于灸疗。故又被称为"医草"，台湾正流行的"药草浴"，大多就是选用艾草。关于艾叶的性能，《本草》载："艾叶能灸百病。"《本草从新》说："艾叶苦辛，性温，熟热，纯阳之性，能回垂绝之阳，通十二经，走三阴，理气血，逐寒湿，暖子宫……以之灸火，能透诸经而除百病。"用艾叶做施灸材料，有通经活络，祛除阴寒，消肿散结，回阳救逆等作用。现代药理发现，艾叶挥发油含量多，1.8–桉叶素（占50%以上），其他有 α–侧柏酮、倍半萜烯醇及其酯。风干叶含矿物质10.13%，脂肪2.59%，蛋白质25.85%，以及维生素A、维生素B_1、维生素B_2、维生素C等。灸用艾叶，一般以越陈越好，故有"七年之病，求三年之艾"（《孟子》）的说法。艾叶的采收时间与地域有关，南方偏早，一般在4月中旬采收，北方在农历的5月采收，民间有农历5月5日采收艾叶，药效最佳的说法。

1. 艾条的制作

艾灸疗法的主要材料为艾绒，艾绒是由艾叶加工而成。选用野生向阳处5月份长成的艾叶，风干后在室内放置1年后使用，此称为陈年熟艾。取陈年熟艾去掉杂质粗梗，碾轧碎后过筛，去掉尖屑，取白纤丝再行碾轧成绒。也可取当年新艾叶充分晒干后，多碾轧几次，至其揉烂如棉即成艾绒。

2. 艾炷的制作

将适量艾绒置于平底磁盘内，用食、中、拇指捏成圆柱状即为艾炷。艾绒捏压越实越好，根据需要，艾炷可制成拇指大、蚕豆大、麦粒大3种，称为大、中、小艾炷。

3. 艾卷的制作

将适量艾绒用双手捏压成长条状，软硬要适度，以利炭燃为宜，然后将其置于宽约5.5厘米、长约25厘米的桑皮纸或纯棉纸上，再搓卷成圆柱形，最后用面浆糊将纸边黏合，两端纸头压实，即制成长约20厘米，直径约1.5厘米的艾卷。

4. 辅助物的制作

在间隔灸时，需要选用不同的间隔物，如鲜姜片、蒜片、蒜泥、药瓶等。在施灸前均应事先备齐。鲜姜、蒜洗净后切成2~3毫米厚的薄片，并在姜片、蒜片中间用毫针或细针刺成筛孔状，以利灸治时导热通气。蒜泥、葱泥、蚯蚓泥等均应将其洗净后捣烂成泥。药瓶则应选出相应药物捣碎碾轧成粉末后，用黄酒、姜汁或蜂蜜等调和后塑成薄饼状，也需在中间刺出筛孔后应用。

中兽医灸疗方法有艾灸、醋酒灸、糠（麸）醋灸、蒜灸、姜灸、桑枝灸、烟草灸、酒精灸、花椒大蒜灸、油捻灸、硫黄灸、火筷灸、熨斗熨灸、刮痧灸、拔火罐等。其中艾灸，拔火罐、刮痧等需要特制工具备用。① 艾灸：一般使用艾绒制成的艾炷或艾条。艾炷是将纯净的艾绒放在平板上，用手指搓捏成圆锥状（图5-17-A）。其大小因施术病畜的畜种和病情而有不同。小的如半截枣核，大至半截核桃。艾条是取陈久的艾绒24克，平铺在26厘米长、20厘米宽的火纸或毛边纸上，将其卷成直径约1.5厘米的圆柱体，越紧越好，用胶水或浆糊封口即成（图5-17-B）。

（A）艾炷

（B）艾条

图5-17 艾灸材料

在机体经络学说的指导下，通过艾火刺激，这种温热刺激，使局部皮肤充血，毛细血管扩张，增强局部的血液循环与淋巴循环，缓解和消除平滑肌痉挛；使局部的皮肤组织代谢能力加强，促进炎症、斑痕、浮肿、黏连、渗出物、血肿等病理产物消散吸收。

同时又能使汗腺分泌增加，有利于代谢产物的排泄。由于经络是一个多层次，多功能、多形态的整体调控系统。因此在穴位上施灸时，由于艾火的温热刺激，才产生相互激发、相互协同、作用迭加的结果，导致生理上的放大效应。

二、其他灸疗用具制作技术

1. 火罐

古代以牛角作罐，现今临证常用的有竹罐、陶罐和玻璃罐三种（图5-18）。竹罐用直径3~8厘米、高12~15厘米的竹筒，刮去竹青，制成腰鼓形，一端留节做底，另一端磨光作罐口。它经济而易做，轻巧方便，但容易燥裂漏气，吸附力较小。陶罐由陶土烧制而成，罐口平滑，形如木钵，吸附力较大，但易摔碎。玻璃罐是球形的玻璃制品，因其透明，便于掌握拔罐部位的情况。

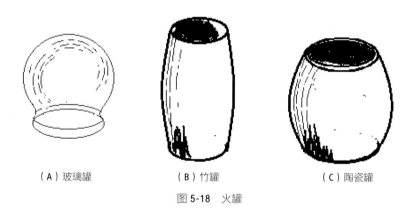

（A）玻璃罐　　　　　（B）竹罐　　　　　（C）陶瓷罐

图5-18　火罐

这种疗法可以逐寒祛湿、疏通经络、祛除淤滞、行气活血、消肿止痛、拔毒泻热，具有调整人体的阴阳平衡、解除疲劳、增强体质的功能。

当机体受风、寒、暑、湿等外界侵袭或跌打损伤后，就会扰乱脏腑的正常生理功能，并且致病因子通过机体经络走窜于全身，并充斥于经络上的穴位，打乱了气血的运行，致使气血凝滞。拔罐可通气通血、舒经活络，它的温热作用可使血管扩张、血流量增加，增强血管壁的通透性。

2. 烧烙工具加工

烧烙工具除敷料、陈醋及加热用的火炉等器材外，烧烙专用工具有：

（1）刀状烙铁。画烙的专用工具，均呈菜刀形，刀口长约10厘米，厚约0.6厘米。分尖头和方头两种。刀背较厚，后接一40厘米长的铁柄，铁柄与刀背呈钝角，其末端装有手持用的椭圆形木把（图5-19）。

（2）方形烙铁。熨烙专用工具。呈长方形，长约10厘米，宽约6厘米，厚2~3厘米。在背侧正中连接一个弯成钝角的铁柄，末端也装有木把（图5-19）。此外还有锥形、球形、柱形以及点状烙铁。

3.刮痧器

形如刮猪毛的工具，铁板制成，但比较钝。

在古代，还有用其他材质制成的刮痧器具，如砭石刮痧器，骨头刮痧器等。

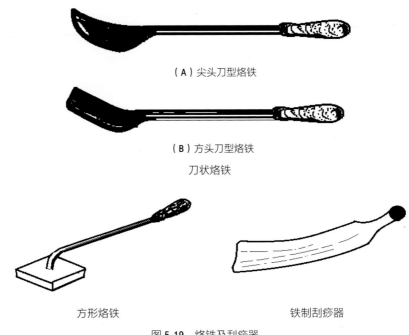

（A）尖头刀型烙铁

（B）方头刀型烙铁

刀状烙铁

方形烙铁　　　　　　　　铁制刮痧器

图 5-19　烙铁及刮痧器

第三节　药用衡量器具传统加工技术

一、戥子的传统加工技术

戥子（děng）是一种小型的杆秤，学名戥秤，是旧时专门用来称量金、银、贵重药品和香料的精密衡器。因其用料考究，做工精细，技艺独特，也被当做一种品位非常高的收藏品（图5-20）。

公元前221年，秦始皇统一了度量衡，东汉初年，木杆秤应运而生，成为后人创造戥秤的前提和基础。到了唐朝和宋朝，我国的衡器发展日臻成熟，计量单位由"两、铢、累、黍"非十进位制，改为"两、钱、分、厘、毫"十进位制。在公元1004—1007

图 5-20　戥子

年之间，发明了我国第一枚戥秤。经过测量，其戥杆重一钱（3.125克），长一尺二寸（400毫米），戥铊重六分（1.875克）。第一纽（初毫），起量五分（1.5625克），末量（最大称量）一钱半（4.69克）；第二纽（中毫），末量一钱（3.125克）；第三纽（末毫），末量五分（1.5625克）。这样的称量精度，在世界衡器发展史上是罕见的。这种戥秤设计精美，结构合理，分度值（测量精度）为一厘，相当于今天的31.25毫克。

戥子杆，是戥子的关键部件，其选材有质重性韧的象牙，有质坚如铁的纯黑色乌木，有精工铸造的青铜，有洁白如玉的动物硬骨。戥子盘，是放置称量物品的器皿，一般是由青铜铸造而成，也有的是由紫铜板冲压而成。戥子锤，又叫秤铊，也是由青铜铸造。戥子锤的形制品种繁多，有高度适中的圆柱体，有厚薄得体的椭圆形，有如同硬币的圆形，有镶嵌金银饰品的组合形。有的为了扩大称量范围，一个戥子备有两个大小不等的戥子锤。

到了明、清时代，戥子的制造、使用、管理已达到了一个非常完备的水平，但是仍然沿用了1斤等于16两的非十进位制单位。直至1959年，国务院才发布了计量单位一律改为10两为1斤的命令。所以，戥子都是按1斤等于16两设计的。如今中国许多医院中药配方仍在使用这种传统戥子。

1. 戥子制作加工

戥子的规制及制作方法（图5-21）

戥子制作时按照下列详细之规制进行加工。"以厘、絫造一钱半及一两等二秤，各悬三毫，以星准之。等一钱半者，以取一秤之法，其衡合乐尺一尺二寸，重一钱，锤重六分，盘重五分；初毫，星准半钱，至稍总一钱半，析成五五分，分列十厘（第一毫等半钱当五十厘，若一十五斤秤等五斤也）；中毫，至稍一钱，析成十分，分列十厘；末毫，至稍半钱，析成五分，分列十厘。等一两者，亦为一秤之则，其衡合乐尺一尺四寸，重一钱半，锤重六钱，盘重四钱；初毫，至稍布二十四铢，铢下别出一星，星等五絫（每铢之下复出一星，等五絫，则四十八星等二百四十絫，计二千四百絫为十两）；中毫，至稍五钱，布十二铢，铢列五星，星等二絫（布十二铢为五钱之数，则一铢等十絫，都等一百二十絫为半两）；末毫，至稍六铢，铢列十星，星等一絫（每星等一絫，都等六十絫为二钱半）"。《宋书·律历志》所记戥秤各部分尺寸和分量表见下表。

器物名称	称量	杆长	杆重	锤重	盘重	初毫（第1纽）				中毫（第2纽）				末毫（第3纽）			
						等分	起重	分量	末量	等分	起重	分量	末量	等分	起重	分量	末量
1.5钱戥秤	1.5钱	1尺2寸	1钱	6分	5分	150	0.5钱	1厘	1.5钱	100	0	1厘	1钱	50	0	1厘	0.5钱
1两戥秤	1两	1尺4寸	1.5钱	6钱	4钱			5絫			2絫		12铢			1絫	6铢

也就是说中国古代以十黍为一絫（音"垒"）、十絫为一铢、二十四铢为一两，此属非十进制关系，改制后则订"两、钱、分、厘、毫"各单位之间乃以十倍递减，让计量能更加精确和方便。当时即制出可秤一钱半及一两的两个戥子，其上各有三毫（指三条可提起整个戥子的纽绳）；锤就是戥砣，重量分别为六分及六钱；秤盘分重五分及四钱；衡即戥杆，总长分别为一尺二寸及一尺四寸，各重一钱及一钱半。该一钱半之戥子在使用头纽（即初毫）时，其杆上的标尺起于半钱迄杆稍的一钱半，每半钱皆析成五分，每分再析成十厘；第二纽（即中毫）从零至一钱，析成十分，每分再析成十厘；第三纽（即末毫）从零至半钱，析成五分，每分再析成十厘。至于一两戥子杆上之标尺，头纽（即初毫）从零至一两，先析成二十四铢，每铢以一星中分，每星再等分成五絫；第二纽（即中毫）从零至五钱，先析成十二铢，每铢内再钉以四星以五等分，两星之间又分成二絫；第三纽（即末毫）从零至六铢（二钱五分），每铢再钉上星点以十等分，每星就相当于一絫。知标尺上的"星"只是最小的刻划，并无一固定数值。又，虽然康熙元年曾题准"直省尺斗戥秤，均照部颁前式，画一遵行，违制者究处"，但从现存众多实物判断，清代官方似乎并不曾有效地将戥子统一并整合成几套标准。

图 5-21　戥称的制作

杆上在不同角度之表面刻划有两至三条标尺，其起点称作"定盘星"。戥杆并钻有二至三个纽孔，各系一条可提起整个戥子的纽绳。秤盘为小铜盘，是盛放被秤物体用的。戥砣则多为黄铜或白铜铸造，其形制有圆饼状、圆柱体等繁多品相。又为扩大秤量范围，有的戥子还备有不只一个戥砣。通常戥子秤量的最大刻度单位是两，最小则到分或厘。大戥应亦可秤量至百两，大秤测量百斤至五百斤、小秤十斤至五十斤、小盘秤三斤至十六斤。

制作戥子秤所需工具：带锯、截锯、刨子、板锉、扁锉、圆锉、剪子、截子、火钳、盐酸锌溶液（焊接秤帽专用的焊接剂）、武钻、圆规、钢刀和水磨石等十几种，不少工具都是自制。工序亦有十余种，如备料、刨秤杆、定三刀基线、装秤帽、上秤刀、上刀架、定位、钻孔、上星、打磨秤杆、上色等。

2. 戥子的使用

戥子主要是由盒、杆、砣、盘四部分组成，其制作及操作基于杠杆原理。使用时先将欲秤之物件置于戥杆末端所系之秤盘上，再依估计的重量范围，选择提起适当之纽绳，接着移动砣在杆上的位置以求取平衡，如此即可于该纽绳相应之标尺上读出戥砣所在位置之读数，此即该物件的重量。反之，如欲秤得某一重量的物品，则可将戥砣先移至戥杆标尺上的该处位置，接着提起相应之纽绳，并增减秤盘上的物品以取得平衡即可。以下图说明其规制及用法（5-22）。

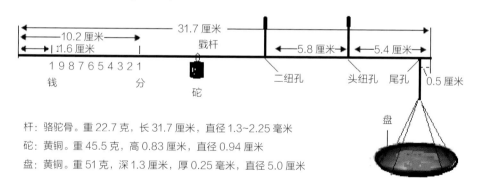

杆：骆驼骨。重 22.7 克，长 31.7 厘米，直径 1.3~2.25 毫米
砣：黄铜。重 45.5 克，高 0.83 厘米，直径 0.94 厘米
盘：黄铜。重 51 克，深 1.3 厘米，厚 0.25 毫米，直径 5.0 厘米

图 5-22 古代戥子

该戥杆之上共有两组标尺，搭配头纽使用的秤量范围是1钱至1两，每大格对应的重量读数为1钱（3.75克），再各细分为10等份，每小格对应的读数为1分（0.375克）；搭配第二纽的秤量范围是1分至1钱，每大格对应的重量读数为1分，再各细分为10等份，每小格对应的读数为1厘（0.0375克）。为增加戥子秤量物品时的精密度，戥杆必须纤细、轻盈且又平直、均匀，故质坚且气孔少的骆驼腿骨就成为古代制杆材料的首选之一。

第四节　药斗传统加工技术

药斗是中药房中最基本的设备。亦称中药柜子、中药柜、中药台、药柜子、药橱子、药斗子。由于药橱上下左右七排斗（不包括底层的三个四格抽屉），故又称七星斗橱。因其调剂药品，方便易取，找药容易，故又有"抬手取，低头拿，半步可观全药匣"的特点（图5-23）。

1. 药斗选材

传统药斗选材较为讲究。精选东北樟松，脱水烘干处理，陈放一年后制作。抽屉采用桐木实木。斗底用三合板。因不同地区气候不同，药斗的材料也会根据用户地区的空气湿度特点进行相应处理，以保障抽屉推拉灵活，和各部件长久耐用。

2. 结构设计

按照传统工艺进行设计，框架结构榫铆连接合理，承重力强。上部设窗橱，采用铝合金轨道，滑轮拉动灵活。底层封钉雪花铁板。拉手用铜环，美观耐用。药斗设计应符合以下要求：

（1）药柜、药斗的材料应使用无毒、无污染木材及油漆。

（2）封闭、防尘、防虫、防鼠。每组药柜上下左右全封闭，除药斗可抽开自如，其他部位不得有缝隙；每个药斗为独立的，四周封闭具防鼠功能。

（3）每个药斗内凡装有两种以上（含两种）的饮片者，应有套盒，以方便清洁、养护、盘存。

（4）药柜最下层的药斗，一般应距地面15厘米以上，亦可因地制宜，潮湿多雨的南方、距城市较边远地区可更高一些。

（5）药斗均为多格抽屉式组合柜，一般"横七竖八"排列。每个大斗分为3格（个别用量大的饮片也可分为2格），每格存放一种饮片。在整架药斗最下层专设一些特大斗，用于存放质地轻泡的饮片，亦有的特大斗安顿在调剂台内侧，更便于取用。

3. 加工制作

药斗整体直接创平磨光，不打腻子，不贴木纹纸，直接喷聚脂漆五遍，漆面均匀，硬度大，颜色光亮原木纹清晰透明。仿红木颜色，古朴典雅。分黑红，浅红两种供选择。

斗屉规格：长：宽：深=650毫米：500毫米：

图 5-23　药斗

1250毫米；其中：

三格斗屉规格，前格规格：长∶宽∶深=650毫米∶500毫米∶500毫米；

后左右格：长∶宽∶深=325毫米∶500毫米∶750毫米；两格斗屉规格：

前后格规格：长∶宽∶深=650毫米∶500毫米∶625毫米

4. 斗谱

中药饮片的排列亦称斗谱的编排。所谓斗谱，是指药物按照一定顺序排列在药斗橱内的排列方法。斗谱的排列目的是为了便于调剂操作，减轻劳动强度，避免差错事故，保证患者用药安全。

由于中药品种繁多（一般都有五六百种至上千种），而且其质地坚松不一、用量有多有少、药性有相须相反之别，有些饮片外形类似，有些饮片名称易混，有些饮片含有剧毒，有些饮片价格昂贵。为了将这些品质各异、种类繁多的中药饮片合理有序地存放，中药行业通过多年的实践经验总结出一套存放中药饮片的科学规律，即"斗谱"。斗谱编排的目的是便于调剂操作、减轻劳动强度、避免差错事故、提高调剂质量、确保患者用药的安全。

斗谱分类原则：

（1）分类排列。

①常用中药，装入最近的中层药斗，便于调剂时称取。

②不常用者，质地较轻且用量少的饮片应装入最远层处或上层药斗。

③次常用者，装入在前两者之间。

④质重饮片，易于造成污染的放在斗柜的底层。

⑤质松泡且用量大的饮片放在斗架最下层的大药斗内。

（2）特殊中药存放。

①形状类似的饮片不宜放在一起。

②配伍相反的药物不宜放在一起。

③配伍相畏的药物不宜放在一起。

④防止灰尘污染，不宜放在一般药斗内，宜放在加盖的瓷罐。

⑤细贵药品专柜专放，专人管理，每天清点药物。

⑥毒麻中药，按"五专"管理。

附：中药饮片斗柜编排斗谱

	01		02		03		04	
1	苎麻根		荠菜		琥珀		凌霄花	
	小蓟	大蓟	景天三七	缬草	虻虫	水蛭	急性子	月季花

2	茜草		灵芝		茯神		乌梢蛇	
	地榆炭	地榆	远志	首乌藤	石菖蒲	九节菖蒲	白花蛇	蕲蛇
3	白茅根		柏子仁		钩藤		地龙	
	槐角	白及	酸枣仁	炒酸枣仁	决明子	炒决明子	蜈蚣	僵蚕
4	槐花		合欢皮		石决明		穿山甲	
	槐米	炒槐花	生龙骨	生牡蛎	煅龙骨	煅牡蛎	土鳖虫	全蝎
5	炮姜		人工牛黄		刺猬皮		夜明砂	
	檵木	藕节	水牛角	龙齿	赭石	制马钱子	五灵脂	蚕沙
6	棕榈子		磁石		灶心土		望月砂	
	棕榈炭	血余炭	降香	血竭	紫贝齿	珍珠母	三棱	莪术
7	荆芥炭		花蕊石		鹿衔草		艾叶	
	侧柏叶	紫珠	苏合香	安息香	紫草	紫草	王不留行	王不留行
8	鸡冠花		仙鹤草		合欢花		益母草	
	艾叶炭		花生衣		刘寄奴		泽兰	

	05		06		07		08	
1	香加皮		地枫皮		藁本		苍耳子	
	五加皮	五加皮	海桐皮	千年健	五加皮	五加皮	海桐皮	千年健
2	苏木		土牛膝		白芷		细辛	
	狗脊	姜黄	赤芍	牡丹皮	狗脊	姜黄	赤芍	牡丹皮
3	川芎		丹参		盐炒续断		桂枝	
	延胡索	桃仁	红花	酒丹参	延胡索	桃仁	红花	酒丹参
4	红藤		鸡血藤		透骨草		锁阳	
	制川乌	制草乌	桑枝	木瓜	制川乌	制草乌	桑枝	木瓜
5	威灵仙		郁金		海风藤		肉苁蓉	
	防己	秦艽	川牛膝	牛膝	防己	秦艽	川牛膝	牛膝
6	自然铜		骨碎补		豨莶草		补骨脂	
	松节	莲房	乳香	没药	松节	莲房	乳香	没药
7	路路通		银杏叶		忍冬藤		马鞭草	
	伸筋草	千斤拔	绞股蓝	茺蔚子	伸筋草	千斤拔	绞股蓝	茺蔚子
8	丝瓜络		寻骨风		淫羊藿		谷精草	

	09		10		11		12	
1	胡荽		野菊花		葛根花		白英	
	葱白	淡豆豉	天花粉	射干	北豆根	青果	千里光	山豆根
2	苏叶		蒲公英		薄荷		知母	
	苏梗	苏梗	黄菊花	白菊花	升麻	葛根	黄柏	盐制黄柏
3	荆芥		柴胡		金银花		生地黄	
	北防风	南防风	板蓝根	醋柴胡	连翘	玄参	麦冬	天冬
4	白芍		当归		黄芪		山药	
	炒白芍	酒白芍	酒炒当归	大枣	党参	炒党参	炒山药	茯苓
5	紫河车		红景天		白术		黄精	
	何首乌	制何首乌	女贞子	金樱子	炒白术	甘草	南沙参	北沙参

6	鹿角霜		葫芦巴		菟丝子		桑葚	
	桑螵蛸	海螵蛸	沙苑子	韭菜子	核桃仁	楮实子	鳖甲	龟甲
7	阳起石		阴起石		墨旱莲		木蝴蝶	
	青葙子	密蒙花	寒水石	礞石	蛇床子	地肤子	石膏	煅石膏
8	夏枯草		蝉蜕		半枝莲		白花蛇舌草	

	13		14		15		16	
1	浮萍		青蒿		鸭跖草		白蔹	
	木贼	莲子心	土茯苓	椿皮	四季青	肿节风	龙葵	金果榄
2	黄芩		大黄		黄栀子		地骨皮	
	黄连	酒炒黄芩	酒炒大黄	大黄炭	炒栀子	栀子炭	银柴胡	胡黄连
3	百合		百部		法半夏		川贝母	
	胖大海	桔梗	白芥子	姜半夏	紫苏子	瓜蒌仁	浙贝母	平贝母
4	山茱萸		鸡内金		清半夏		陈皮	
	五味子	太子参	莲子	芡实	炒莱菔子	莱菔子	神曲	焦神曲
5	石斛		苍术		乌药		化橘红	
	玉竹	白扁豆	砂仁	厚朴	香附	白豆蔻	橘络	橘核
6	阿胶珠		藿香		苦参		贯众	
	黑芝麻	蚤休	绿豆	草果	白鲜皮	龙胆	五谷虫	白附子
7	半边莲		桑叶		鱼腥草		旋复花	
	老鹳草	穿心莲	枇杷叶	枇杷叶	大青叶	大青叶	皂角刺	鬼箭羽
8	竹茹		通草		车前草		金钱草	

	17		18		15		20	
1	马齿苋		响铃草		鹅不食草		翻白草	
	余甘子	毛冬青	万年青	铁苋	地锦草	鸡骨草	鬼针草	金莲花
2	白薇		白前		浮小麦		凤凰衣	
	马兜铃	白果	败酱草	石见穿	糯稻根	麻黄根	五倍子	木鳖子
3	苦杏仁		桑白皮		大腹皮		使君子	
	瓜蒌皮	前胡	紫苑	款冬花	谷芽	炒谷芽	槟榔	焦槟榔
4	青皮		枳壳		木香		川楝子	
	山楂	焦山楂	麦芽	焦麦芽	枳实	青木香	乌梅	南瓜子
5	干姜		肉桂		佛手		沉香	
	黑附片	白附片	高良姜	吴茱萸	肉豆蔻	薤白	檀香	刀豆
6	香橼		山柰		花椒		甘松	
	荔枝核	小茴香	荜拨	红豆蔻	草豆蔻	胡椒	枳椇子	蕤仁
7	金荞麦		秦皮		白药子		矮地茶	
	三叉苦	山慈菇	漏芦	白头翁	黄药子	瓦楞子	木芙蓉叶	薙菜
8	灯芯草		荷叶		海藻		昆布	

	21		22		23		24	
1	凤尾草		蜂房		厚朴花		绿萼梅	
	珍珠草	九香虫	榧子	鹤虱	水红花子	猫爪草	玫瑰花	玫瑰花
2	姜皮		虎杖		禹余粮		常山	
	赤小豆	猪苓	柿蒂	天葵子	紫金牛	葫芦	藜芦	瓜蒂
3	木通		车前子		佩兰		粉碎台	
	薏苡仁	炒薏苡仁	泽泻	炒泽泻	佩兰	溪黄草		
4	苦楝皮		火麻仁		积雪草			
	雷丸	土荆皮	郁李仁	松子仁				切片台
5	橘叶		石榴皮		番泻叶			
	预知子	娑罗子	荜澄茄	荜澄茄		冬瓜皮	冬瓜皮	
6	皂荚		萆薢		茵陈		泽漆	
	胆南星	制南星	冬瓜仁	冬瓜仁	茵陈	茵陈	芫荽	玉米须
7	鸡矢藤		芦荟		垂盆草		鹤草芽	
	海浮石	海蛤壳	诃子	赤石脂	雄黄	炉甘石	蝼蛄	蛴螬
8	石韦		茯苓皮		瞿麦		西瓜皮	
			萹蓄		田基黄			

其他做特殊中药饮片的陈列储存斗谱

陈列方式	陈列原因		饮片品种
专柜加锁储存	贵重细品和毒性饮片		麝香、蟾酥、羚羊角粉、斑蝥、朱砂、闹羊花、珍珠等
专柜展示陈列	贵重药食同源饮片，扩大销售		三七、红参、高丽参、西洋参、生晒参、冬虫夏草、天麻、鹿茸、鹿角片、蛤蚧、海马、海狗肾、西红花、熊胆、罗汉果等
瓷罐密封储存	易受灰尘等污染	饮片本身黏性强	熟地黄、龙眼肉、儿茶等
		细小粉末或种子饮片	生蒲黄、蒲黄炭、海金沙、滑石粉、青黛、马勃、松花粉、葶苈子等
		蜜炙饮片黏性强	炙黄芪、炙甘草、炙麻黄、炙款冬花、炙白前、炙百部、炙紫菀、炙枇杷叶等
		易吸潮和风化饮片	枸杞、玄明粉、芒硝、天竺黄、硼砂等
		气味芳香易挥发饮片	樟脑、冰片、公丁香、八角茴香等
说明	本饮片斗谱和特殊陈列储存涉及饮片约565种；其中斗架515种；特殊陈列储存50种，贵重药食同源饮片药店可根据需要同一品种配置多种品规。 斗屉规格：长：宽：深=650毫米：500毫米：1250毫米；其中： 三格斗屉规格，前格规格：长：宽：深=650毫米：500毫米：500毫米； 后左右格：长：宽：深=325毫米：500毫米：750毫米；两格斗屉规格： 前后格规格：长：宽：深=650毫米：500毫米：625毫米		

第五节 其他中兽医器具的介绍

一、药碾子

药碾子是我国传统碾药用具之一，药碾子常见的材质有铜、铁、石、瓷。一般为船型铁制品，又称铁研船，配有扁圆型研具，用以将药材研碾为细面，以便进一步制作丸、散、膏、丹等成药。在古代把药材压成粉末的工具主要有药碾子、石磨、杵等。药碾子因其形制大小及质地的不同，加工药物的对象及用途也有所不同。药碾子因其容量较大，适于碾磨粉碎的药物种类较多，又省时省力，宋以后在方药著作中出现次数渐渐多了，明代文献中列为药室必备器具，清代使用更为普遍（图5-24）。

现代中药加工中，如遇到不宜批量加工或加工遗漏的残留药品，用碾槽碾几下，使药材饮片分解、脱壳、细碎，就能充分地发挥药物功效。陶瓷药碾子槽的一端有明显的缺口，这在古器物学方面叫做"流"，是要让液休的东西顺着缺口倾倒出来，不致漏失。南方往往采用新鲜的药草取汁制药，陶瓷药碾子槽形制正符合这种用途。因此，可以说它是碾药或碾药取汁专用的东西。

铁制药碾子

陶瓷质药碾子

图 5-24 药碾子

二、药鼓

药鼓为我国古中医喉科给药器具，也称上药器、吹药器、药吹子、药鼓、自来风，现在不常见，主要用来向口腔、咽喉吹撒药粉（末）的专用工具，市场很少见。古时候（旧时）中医咽喉、口齿科的大夫给病人治疗时会用"药鼓"来向患者口腔咽喉吹撒药粉，使药直接作用于病灶，达到治疗的目的。由鼓身和细长的鼓杆构成，靠簧片的弹力鼓出空气，吹动散剂进入患部。药鼓造型别致，随着中医的没落逐渐失传，制作工艺也逐渐失传。少许地方还可以见到，但大都是作为古玩收藏，据笔者考证，还在用这种冷僻中医器具的地方尚有安徽亳县（今安徽省亳州市附近）还有人使用。一般鼓身为白铜制作，簧片为铜片，杆分2~3节，给药方便，为比较冷僻的中医器具，非常稀有（图5-25）。

图 5-25　药鼓

三、捣药筒传统加工制作技术

捣药罐，也叫捣药筒，捣药杵。由捣药筒（缸）、捣药杆、盖子组成，材质也各不相同，有铜铸的，有铁制的，也有石材制的。石材制的一般无盖子。由于为了更好的研碎药材，其内部粗糙，不像外面一样光滑。自古以来就是中药房、药店使用的传统工具。供调剂饮片（俗称抓药）时将、果实、贝壳、矿物类质地坚硬的中药打碎使用，是中药行业的必备工具（5-26）。

中医用药讲究"完物必破"，意在容易煎出有效成分。凡气味芳香、富挥发性成分或油性较大，事前窜碎备用气味易散失或放置过久易反油的籽仁类药材，均须在调配时捣碎入药。药物捣碎后的质量要求是碎而不粉。一则可以扩大药物与溶剂的接触面，有利于有效成分的煎出，二则防止捣得过碎，煎药时容易糊锅底。一般的经验做法是：籽仁类药物，滑溜性大，易流向缸底，先捣至破碎者，滑溜性降低，易被推向缸壁的上层，故缸锤的落点主要应落在底心部分；根茎类药材如黄连、木香等，先捣碎者易存于缸子底部，末捣碎者移至缸壁上层，则应多击缸子壁部，以捣碎为准。

图 5-26　捣药筒

四、中兽医药部分传统器具图汇（附）

1. 筛

用竹条、铁丝等编成的有许多小孔的器具，可以把细碎的东西漏下去，较粗的成块的留在上面，以达到分选的目的。传统医学中常用来进行不同粒径大小中药的分选和加工（图5-27）。

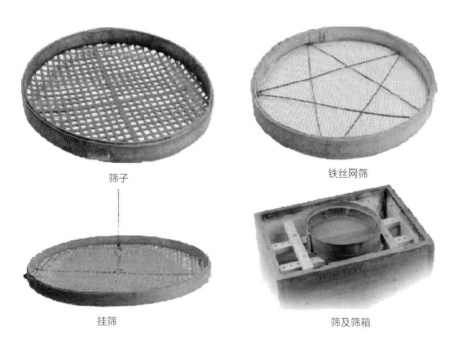

筛子　　　　　　　　　　　　铁丝网筛

挂筛　　　　　　　　　　　　筛及筛箱

图 5-27　筛

2. 箩

一种用框架和纱网材料组成的器具，专供筛粉状物质或过滤流质的器具，底部比筛子密，用绢或细铜丝等材料做成。传统农业用于分离谷物与微小尘土，可以漏掉灰尘和碎末工具。有一种较大箩，口侧有两耳，处理上述功用外还常用来盛米谷、药材等物。箩，传统中兽医药材加工过程中，用来分离较细的药材末。主要有木质外圈和马尾丝编制而成（图5-28）。

3. 簸箩

是一种藤、柳枝等材料编制的盛物器具，密实而匀称者佳，一般大小从直径七寸到六尺不等，形状有圆形、方形等多种。由于材料为木质，透气性好，可以少量的吸收水分，所以，在传统中兽药加工过程中，多用于盛装药材，进行凉晒，制作丸剂加工等（图5-29）。

图 5-28　筛

图 5-29　簸箩

4. 簸箕

用藤条或去皮的柳条，竹篾编成的大撮子，扬米去糠、灰尘等较轻杂质的农家器具。传统兽医中主要用于药材拣选，除去药材中轻质杂物。做簸箕需要阴湿、避阳光、不见风的环境。做簸箕用的工具主要有铁镰（推刨）、方锥、槽锥、钩针、拨停、绳锤、抒篾刀、量舌、尺子等（图5-30）。

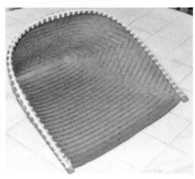

图 5-30　簸箕

5.药铡刀

中药铡刀，切中药时候用的一种刀。刀的结构由铡刀刀片、刀床（又名刀桥）、刀鼻（又名象鼻或刀脑）、压板、刀案等组成。适用于坚硬厚实药材（图5-31）。

图 5-31 药铡刀

6.药桶

传统药桶有木质板和外围的铁丝箍圈制成，主要用于盛装液体的药材与水的混合液体。传统的中药材在净制过程中，需要对药材进行清洗，湿润，以便去除泥土、沙子和后期药材的提取、切制。根据实际用途主要有浸泡药的浸药桶，漂药的药桶为了切制药片用润药桶，其大小规格不尽相同，浸药桶深，规格较大，底部有空洞，插有细管，用于药物提取液的流出；漂药桶较浸药桶低，用于漂洗药材，以清除泥沙杂物；润药桶主要用于在药物切制前，药物的湿润，容积小（图5-32）。

漂药桶

浸药桶

润药桶

图 5-32 药桶

7.药蒸笼

蒸笼由竹篾条、竹片或木质材料编制而成。竹片或木质材料主要做整个框架的固定材料，竹篾用于周围和每层的低部。中药蒸笼形状主要有两种，一种由多层单独的蒸盘叠在一起，最上层盖上竹篾编制的盖子；另一种，整个外层为一个完整的粮仓状，外围有竹片或木质材料制作，上有竹篾编制的盖子，内部放置多层蒸盘，也叫蒸药甑。前者在一定范围内不受蒸盘层数的限制，则后者内部所放置的蒸盘数量受到外围蒸笼的限制（图5-33）。

蒸药甑 蒸笼

图 5-33 药蒸笼

8. 药罐

中药店用以熬制和储存中药的器皿，一般以瓷制为主，熬药罐有带盖和无盖之分，使用时根据药性喝药物炮制原则选用。盛装药物的药罐一般都有盖，口较大，能防潮，防虫，盛装药物用罐有用于液体的、膏状药的和固体丹药的，装丹药的要求封严密闭（图5-34）。

带盖熬药罐 无盖熬药罐

图 5-34 药罐、丹罐

9. 药炉

在中药的炮制加工过程中，大多数药材都需要火炉。比如药物汤剂的熬制，药物的煅制，药物炒制，药物的炼制等。普通的药炉用陶泥做成，最下部为进气口，中间有带网孔的金属隔板，上不为火堂，最上部边缘一般三足形状，便于放置加热的器具。丹药的炼制一般需要金属的火炉（图5-35）。

普通药炉

炼丹炉

图 5-35　药炉

10. 药臼

药臼在传统的药材进行捣末加工时用到，一般为石材或较厚的陶材做成。包括臼窝和捣锤。石臼窝配石捣锤，陶瓷的臼窝配陶瓷的捣锤。药臼规格不一，有大有小，使用时根据加工药量的多少，选择药臼的大小（图5-36）。

图 5-36　药臼

11. 烘焙器具

中药材在进行烘干和焙烧时，需要用于之加工方法相适应的工具。有的药材烘时需要在火上直接烘烤，有的不需要，而需要间接的在烟上进行熏烘，间接熏烘的工具用竹篾、木材可以将制作。药物的焙制一般是间接的进行的，一般放在瓦片上火木箱中进行（图5-37）。

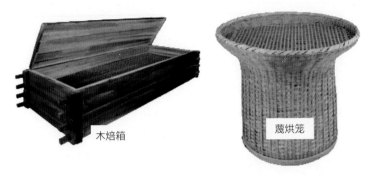

图 5-37　烘药器具

12. 药磨

一种粉碎粮食、食物及其他物品的石质或其他材质的传统器具，通常是采用反复碾压、挤压摩擦来使颗粒状的物品变成粉末状。从机构上分，民间主要有两种类型。一种为磨，另一种为石碾子。石磨有上下两块大小一致的圆形石板组成，在下面的石板中央有一固定的轴心，在上面的石板中央有一个圆洞，上端未通透，与轴芯吻合，边缘有一圆孔通透，为进料孔。石碾子是一种用石头和木材等制作的使谷物等破碎或去皮用的工具，由碾盘（碾台）、碾砣（碾磙子、碾碌碡）、碾框、碾管芯、碾棍孔、碾棍等组成。石碾分上下两部分，上面的叫碾砣，下面的叫碾盘。碾盘和碾砣的接触面上，錾（zàn）有排列整齐的中间深两边浅的碾齿，而碾砣上錾（zàn）有排列整齐的一边深一边浅的碾齿，用以磨碎粮食。碾砣被固定在碾框上（碾齿深的那头在中间），而碾框是用硬木（一般是枣木）做成的架子，呈四边形。碾砣两头的中央有两个向里凹的小圆坑，里面固定着一个小铁碗儿，叫碾脐；在碾框的对应位置固定着两个圆形铁棒，与碾脐相对，凹凸相合，能自由转动。碾框的一端，中间有一孔，套在碾管芯上，而碾管芯是固定在碾盘正中央的一根金属圆柱。碾框上一般还凿有两个碾棍孔（图5-38）。

石药磨

石药碾子

图 5-38　药石磨

13. 听、叩诊器具

听诊器是内外医生最常用的诊断用具，是医师的标志，听诊器的发明是开启现代医学基础。听诊器自从1817年应用于临床以来，外形及传音方式有不断的改进，但其基本结构变化不大，主要由拾音部分（胸件），传导部分（胶管）及听音部分（耳件）组成。听诊器类型目前有单用听诊器、双用听诊器、三用听诊器、立式听诊器、多用听诊器等。叩诊器具主要是叩诊锤，是医生用以检查胸腔、腹腔内情况和神经肌肉反射的器具，多以一块橡皮和一根木质或金属的柄子构成（图5-39）。

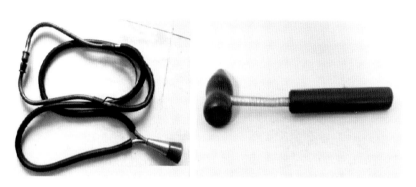

图 5-39　听、叩诊器具

14. 其他工具

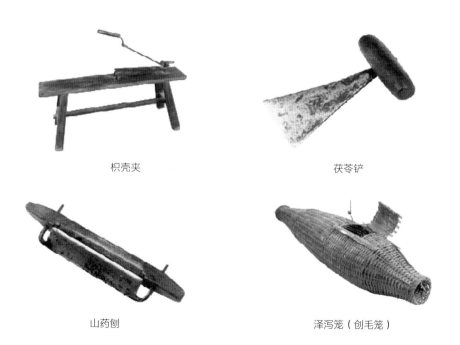

枳壳夹

茯苓铲

山药刨

泽泻笼（创毛笼）

箉箕

筛箩

炆药坛

煨炆煅炙炉箱

风选车

风选车

炒药锅

闷煅锅

手搓式制丸板

上盖

下底

药勺

药铲

x

常用术语、度量衡及制诀　第六章

第一节　中兽医药加工常用术语

中药炮炙

古代制药的统称。系指用火加工处理药材的方法。现今广义而言，与"中药炮制"同义；狭义而言，是指除净制切制之外，经加热处理药物的炮炙操作。

三类分类法

一种简略的炮制方法的分类方法。把中药炮制的内容归纳为水制、火制、水火共制三大类分类方法。

五类分类法

炮制方法分类法之一。把中药炮制的内容归纳为修治、水制、火制、水火共制和其它制法五大类。这类分类方法是在三类分类法基础上加以完善的，基本上概括了所有的炮制方法，概念较清楚，层次叫分明。

上水

炮制术语。指某些药物由于蒸制时间过长，部分成分发生水解，质变柔软，不易干燥似含大量水分。

五味

药性术语，酸、苦、甘、辛、咸五味。药物以味不同，作用便不相同。辛味能散能行，酸味能收能涩，甘味能不能缓，苦味能泻能燥，咸味能软坚润下。

七分润工，三分刀工

炮制行话。指药材切制时要先润药，润的好坏直接关系到切片的片型和质量，所以润药的好坏在切片质量中占十分之七，而刀法刀技只占十分之三。

三品

此词最早见于《素问．至真要大论》，说明药物有毒无毒之区别。《神农本草经》以此做药物的分类法。将无毒性可以多服久服不会损害人体的列为上品；无毒或毒性不大而可治病补虚的，列为中品；有毒或毒性较峻烈而不能长期服用，但能除寒热邪气，破积聚的列为下品。在当时指导用药有一定意义，但划分不够严格，如上品药物中也有一些剧毒药物。

内无干心

炮制术语。指药材浸泡至内外湿润一致。如泡草乌、半夏等应泡至内无干心。

内无白心

炮制术语。指浸泡至内无干心的药材再水煮，煮时药材可由外向内变成半透明状，未煮透时有白心，煮透时则全变成半透明状，没有白心。如泡制半夏、天南星等。

风化

指含水化合物在干燥的空气中失去部分或全部结晶水，使其原有结晶形转变或破坏的一种现象。

气味散失

药物质量检测术语。指药物的固有气味因受外界因素的影响或因贮存日久而散失或淡薄。虽称气味散失，但是散失的主要是气，气是用鼻子可以闻到的。由于挥发油类成分，贮藏保管不当，容易挥发散失，使气味淡薄或完全散失。气味散失必然影响药物的质量和疗效。药物气味散失严重者，失去药用价值，则不能应用。

欠水

炮制术语。指药材软化过程中吸水不够，有硬心的现象。

土制补中

炮制术语。用灶心土、东壁土、黄土等制备药物，能够补益中焦脾胃，降低药物对脾胃的刺激性。

下色

炮制术语。药材在水中软化时，其所含成分渐响水中扩散，致使水液呈现一定颜色的现象。

勿令犯火

炮制术语。指不能用火等加热方法炮制。本条多指对具有芳香性药物炮制的宜忌。因它在加热时，芳香气味易挥发走失，影响疗效。

火毒

炮制术语。指药物经高温煅烧或煎熬生成的毒性作用。其症状是对局部产生刺激，轻者出现红斑，瘙痒，重者发疱，溃疡。一般在水中浸泡或置阴凉处可除去。有些矿物药要高温煅烧，如硫磺、白矾、寒水石等，常要求煅后去火毒。

以药制药

以一药或数药和某药同制，以改变药性，增强疗效或降低毒副作用的制药方法。其法有多种：有用热药来制冷药的；有用良药来制毒药的；有用润药来制燥药者；有用缓药来制烈药者；有用霸药来制良药者；有用泻药来制补药者；有用补泻良霸而各制者。

毛

"毛"是指附生在植物的茎、叶、种子表面的表皮或腺毛，及动物角上的茸毛等。传统认为，毛能刺激咽喉引起咳嗽或其他有害作用，故须除去。

火力

术语。指药物炮制过程中所用热源释放出的热量大小、火的强弱或温度的高低。常分为文火、中火和武火三种情况。

去火毒

出去药物的刺激性。"火毒"是指药物炮制过程中产生的刺激性物质，常会使皮肤出现红斑，瘙痒，发泡，溃疡等现象。

去心免烦

炮制理论术语。去心一般指除去根类、皮类药材的木质部或种子类药材的胚芽，目的是免除心烦。

心

"心"一般指根类药材的木质部或种子的胚芽而言。有些药物的木质心系属于非药用部位，故须除去。如巴戟天、远志、丹皮、地骨皮等。再如莲子心和莲子肉作用不同，故须分别药用。

去皮免损气

除去皮类药材的栓皮，根和根茎类的根皮，果实种子类药物的果壳和果皮，以免损耗元气。去皮是药材加工中一项传统操作。

芦

"芦"又称"芦头"。一般指根头、根茎、残茎、叶基等部位。

去芦免吐

一般去除药材的根头、根茎、残茎、叶基等部位，目的是免除呕吐。

伏

炼丹术语。埋藏经久的意思。在炮制中有两种含义：在高温下，部分物质被分解、升华或蒸发散失，而留下另一部分不散失的物质；或将原来能升华的物质变成不能升华的物质，均称"伏"。亦称"死""制"，即制伏之使其不散失之义。

去核免滑

炮制术语。除去果实类药物的核或种子，以免滑精。去核是药材加工中一项传统操作。

穰

"穰"即"瓤"，系指某些果实类药材的果皮内包着种子的肉和瓣膜，如枳壳（柑果）、栝楼（瓠果）、木瓜（梨果）等。对这类药材须去瓤后用于临床。关于去穰的作用，传统认为瓤能导致腹胀满。据研究，枳壳瓤中不含挥发油等成分，将其作为非药用部位除去是有一定的科学道理的。

去瓤免涨

炮制术语。一般认为瓤为非药用部位，应除去。

四气

学性术语。又称四性，指寒热温凉四种药性。

生升熟降

药性术语。生品作用趋势多向上，具发散、透疹、诵吐、解表等作用；熟品作用多向下，及降逆止呕、潜阳、收敛、渗利等作用。

生用

指药材经过净制，切制后，呈一定形状的饮片，而不经过其他炮炙，直接应用于处方调剂或制剂。

生品

系指那些虽经净制、切制，但未经炮炙的片、段、丝、块、粒等。

生泻熟补

药性术语。生药多泄降，熟药多补益。

外干内软

炮制术语。某些药材经浸润或泡润后，再经晾晒至表面干爽，内部湿润（五至七层干），便于切制的状态。

皮松肉紧

炮制术语。某些药材或饮片的横断面皮部疏松，木部较结实，习称"皮松肉紧"，如黄芪。

发泡

炮制术语。某些药材在水处理软化过程中，由于方法不当使药材吸水过多，出现鼓胀，蓬松的现象。

存性

炮制术语。药物用炒、煅、炮、烫等方法制备成炭药时，不能完全炭化，仍应保留有部分药物固有性味性能。又分为烧存性、炒存性、煅存性、焙存性等。

吐丝

炮制术语。药物经水煮后种皮开裂时，伸出黄白色卷旋状的胚或出现丝状物，称吐丝。如煮菟丝子。

伏火

炼丹术语。药物按一定程序于火中处理，经过一定时间，在相应的温度下达到一定的要求。药物不同，伏火要求不同，如伏龙肝。该词最早见于唐以前的炼丹术，随后中药炮制亦有引用。

伤火

炮制术语。指药材或饮片在炒、烫、加热过程中由于没有掌握好恰当火候，如炒制温度过高，加热时间过长或翻炒不均匀等，致使饮片表面焦黑，出现黑粒、黑块或完全碳化的现象。伤火的药材或饮片所含的有效成分含量降低，甚至影响疗效。

色如黑漆、味甘如饴

炮制术语。熟地黄等的传统炮制质量标准，用以形容熟地黄的蒸制程度。

米泔水制去燥性和中

炮制术语。药物经米泔水制后能降低药物辛燥之性，增强健脾和胃作用。如与姜黄、仙茅同制，能去其温燥之性而不损人；与苍术、白术同制能降低辛燥之性，且能增强补脾和胃作用。

如法炮制

师傅口传心授徒弟的行语。不准徒弟任意改动，面授照此行之有效的炮制方法进行炮制。

芦头

药材形态术语。一般指多年生宿根草本或灌木植物的根与茎之间稍膨大部分的根茎、叶基等部位。

把活

又称"条活"。是指手工切制时，那些长条形根或根茎类药材，可捆成把用手握着切制。如切党参、牛膝等。

坚实

药材性状描述术语。指某些药材或饮片质地坚硬、结实，如苍术、三七、三棱等。

伤水

炮制术语。指药材在水处理时吸收过多水分的现象。

坚脆

药材性状描述术语。某些药材或饮片质地坚实，易于脆断。

泛油

指含挥发油、油脂及糖类的药物受湿热气候的影响，变软、发粘、颜色加深并产生败油气味的现象。泛油俗称"走油"。

忌铁器

炮制术语。在制备某些药物时禁忌用或慎用铁制的设备和器具。

松泡

药材或饮片形态描述术语。指某些药材或饮片质轻而松，断面多裂隙，如南沙参等。

饮片

是经过净制、切制或炮制而成的不同形状的，供中医临床应用的所有配方原料。

角质

形态描述术语。指药材或饮片质地较硬，呈半透明状，似动物角类质地样形态。

矾汤制去辛烈而安胃

炮制术语。药物经矾汤制后能去除辛烈之性，降低毒性减轻对消化道的刺激性。白矾性味酸、寒，具有祛痰杀虫，收敛燥湿，解毒、防腐功能。与药物同制，可以防止腐烂，降低毒性，增强疗效。

制用

饮片经炮制后直接用于处方调剂或制剂。与熟用类同。

制其形

是指改变药物的外观形态和分布药用部位。"形"指形状、部位。

制其味

是指通过炮制，调整中药的五味或矫正劣味。根据临床用药需求，用不同的方法炮制，特别是用辅料炮制，能改变中药固有的味，使某些味得以增强或减弱，达到"制其太过，扶其不足"之目的。

制其质

通过炮制，改变药物的性质和质地。改变药物质地，有利于最大限度发挥药效。

制其性

指通过炮制改变药物性能。如通过炮制能改变药物寒、热、温、凉或升、降、浮、沉的性质，满足临床灵活用药的要求；或增加药物的香气，以达启脾开胃的作用；或抑制其过偏之性，免伤正气；或除其臭气，以利服用等。

质地疏脆

药材或饮片形态描述术语。指药物具有疏松酥脆的特征。常用于表示中药经炮制后质地变化的情况。

乳制滋润回枯助生阴血

炮制术语。药物经乳制后能滋生阴血，回枯润燥。乳汁味甘、咸，性平。具有补阴养血，润燥止渴功能。与药物同制能增强滋阴养血，润燥止渴作用，亦可熔化某些药物，增强疗效。

金井玉栏

药材及饮片形态描述术语。指药材横截面上，外圈（皮层和韧皮部）白色，中心部分（木质部或包括髓部）黄色或淡黄色，习称金井玉栏，也称金心玉兰。

炙者取中和之性

炮制术语。指药物经过加辅料炒制后，药性趋向平和。炙药是用液体辅料，要求辅料渗入药物内部，实际上成了药物的组成部分，通过辅料的加入，纠正了药物的偏性，使之趋于平和。

放凉

指药物冷却的过程。将药物炮制到某种程度后及时停止加热，待容器及药物均降至室温。

炒以缓其性

炮制俗语。药物通过炒制之后，可以缓和药性。有些药物会刺激皮肤、黏膜、咽喉等，产生皮肤红肿、局部肿痛、恶心呕吐等副作用，可以通过炒、麸炒、蜜炙等方法来缓和药性，减少副作用。

炒者取芳香之性

炮制俗语。药物经炒制后，能产生香气，增强健脾消食作用。

炒炭止血

炮制俗语。药物炒炭之后，其主要目的时产生或增强止血作用，如血余炭、槐米炭等，故有炒炭止血之说。

净制

系指选取中药材的药用部位，除去非药用部位和霉变、虫蛀品、泥沙、灰屑等杂质，使其达到药用净度标准的一类操作。

油性

药物或饮片形态描述术语。指药物富含脂肪油及挥发油类成分。经炮制后药物油性可以发生改变。

治削：多指去除非药用部位或分离药用部位的净制方法。也是炮制的近义词。

毒性

有两种含义：古代主要是指药物的偏性，即药物的生理特性。可利用毒性来纠正脏腑的偏胜偏衰；现代是指具有一定毒性或副作用，用之不当，可导致中毒。

枯干

药材形态描述术语。中药材在生产过程中尚未成熟既已枯萎或因采集失时，药用部分已腐朽中空、失去疗效，应属质次或非要用部分。

相反为制

炮制术语。使用药性相对立的辅料（或药物）来制约药物的偏性或改变药性，降低毒性的炮制方法。如用辛热升提的酒炮制苦寒沉降的大黄，使药性转降为升。用咸寒润燥的盐水炮制益智仁，可缓和其温燥之性。

相杀为制

炮制术语。与相畏为制相似，与《神农本草经》所指的相杀配伍同义。

相畏为制

炮制术语。利用某种辅料能制约某种药物的毒副作用的炮制方法。

相恶为制

炮制术语。一种药物能减弱另一种药物的性能，导致原有药效降低或消失的炮制方法。炮制时利用某种辅料或某种方法来减弱药物的烈性，使之趋于平和，以免损伤正气。

相资为制

炮制术语。使用两种或两种以上性能相关的药物同制，能互相资助增效的炮制方法。

挥发

液态或固态物资转变为气态的现象，是物资的物理性子之一。

品质

指药材或饮片的品种和质量。

贵在适中

炮制术语。中药炮制崇尚炮制至恰到好处，不能太过与不及。

看火色

指加热炮制过程中，要不断观察药物颜色的改变，掌握药物受热程度。

看水头

检查药材经过水处理后其软化程度是否符合切制要求的过程，习称为看水头，又称看水性。常用的检查方法有弯曲法、指掐法、穿刺法、手捏法、切开法等，分别适用于不同形状，不同体积的药材。

修制

又称修治。广义同中药炮制的定义；狭义指对药材的净制与切制，与治削同义。

修制合度

炮制术语。炮制要符合规定的程度。

修事

词义同中药炮制。

炮制品

狭义是生品与熟片；广义是指凡直接用于处方调剂和制剂的饮片。

炮炙

狭义指"炮"与"炙"两种用火处理的方法。"炮，毛炙肉也。""炙，炙肉也，从肉在火上。"就是在肉类表面涂上佐料置火上烤，或用湿纸或湿泥巴裹好后放在火上烧至肉熟。

姜制发散

炮制理论术语。是姜制作用的理论之一。陈嘉谟在《本草蒙筌》中归纳为"姜制发散"。生姜性味辛温，能散在表在上之邪，故能散寒解表，降逆止呕，化痰止咳。

柔韧

形态描述术语。指某些药材或饮片质地柔软而带韧性不易折断。

盐制入肾

炮制俗语。盐味咸、性寒。咸走肾，顾药物经过盐制以后有助于引药入肾，更有效地治疗肾经疾病。

盐制走肾而软坚

炮制术语。药物经过盐制，能引药下行而走肾经，且有软坚散结作用。《本草蒙筌》归纳为"入盐走肾脏仍仗软坚"。

起滑

炮制术语。某些药材由于吸水软化时间过长，造成伤水或发霉发酵，导致药材组织破坏，内部成分渗出，表面形成一层黏液的现象。

起霜

炮制术语。指某些药材放置较长时间可自然析出结晶的现象。

破酶保苷

炮制术语。破坏苷的分解酶，以保存含苷类药材的成分。含苷类药材，同时含有分解此苷的专一酶。酶为有活性的蛋白质，温度在60度以上、酸碱度强烈、75%以上的乙醇可使酶变性。为避免酶解苷，常用加热法炮制破坏酶的活性而保存苷类有效成分。

柴性

药材形态描述术语。指某些药材或饮片纤维与木化程度较强，干枯，坚硬如柴，敲之作响。

圆气

炮制术语。指蒸制过程中，蒸锅内的水烧开后，水蒸气在锅盖四周溢出的现象。多以此为标准，开始计算药材蒸制时间。

逢子必炒

炮制术语。种子类药物一般必须炒制后入药。

逢子必破

炮制术语。是指种子类药材因种皮坚硬，故每逢使用时必须要捣碎或研碎，利于药效成分溶出。

逢子必捣

炮制术语。果实种子类药材一般都有较为坚硬的外壳或内核，水溶液不易渗透至内部，不易煎出有效成分，应捣碎后才易煎出，故有逢子必捣之说。

烤干

将湿的药材或饮片置炭火或其他无烟火上加热烘烤至干燥的过程。

烘干

将药材或切片置烘箱或烘干室的干燥的过程。烘干所用的热源一般有炉火、蒸汽、电热等。烘的温度一般在80度左右，并应视药物质地和性质而定。

酒制升提

炮制术语。酒制作用理论之一。酒味甘、辛，药物经酒制后，能使作用向上、向外，可治上焦头面病邪及皮肤手梢皮肤者，需用酒炒之，借酒力上腾也

润药制燥药

炮制理论术语。以药性滋润的辅料或药物与药性辛燥的药物同制，以抑制辛燥药的燥性。如米泔水浸白术，是借米泔之滋润去制白术之辛燥；人乳拌白术，是借乳之血而制燥。

润透：即将药材闷润至内外湿度一致可切的程度。

粉性

药材或饮片形态描述术语。富含淀粉类成分的中药在折断时有粉尘飞扬，断面有细腻的白色粉末显出称粉性。是药物鉴别特征之一。如山药、白芍、葛根等。药物的粉性在加热炮制尤其蒸、煮炮制后会发生变化。

麸制抑醋性而和胃

炮制理论之一。用麦麸与药物共制能抑制药物的不良反应，且能调和脾胃。

矫味

炮制作用术语。校正和掩盖药物的不良气味。

矫臭

炮制作用术语。校正和掩盖药物的不良臭气。

猪胆汁制泻火

炮制理论术语。胆汁与药物同制，能增强清肝明目、利胆、润燥的作用。

麻辣感

舌面麻木辛辣的感觉。感觉强烈者使患者难以服用或失音，系药物毒副作用的表现，通过炮制，可降低或消除其麻辣感。

烧存性

在药物制备炭药过程中要保存有药物部分固有性味功能，不能将药物烧灰化。

粘连

指熔点较低的树脂及动物胶质类药物受热后发生部分熔化粘结的现象。药物发生粘连一般不影响质量及疗效，可以照常使用。

掌握水头

水处理过程中的技术要求。指根据不同药材的不同特性和不同气候特点，以及手工切制和机械切制的具体要求，随时控制和调整药材水处理和软化的方法和程度，以使药材吸水软化适中，便于切制。

晾晒

将药物炮制至程度，从容器中取出后，置阴凉处降低温度，凉至室温的过程。

赋色

指通过炮制使药物表面发生一定程度的改变，掩盖固有色泽，使其更加易于被患者接受，同时提高了其商品价值。

黑芝麻制润燥而益阴

炮制理论术语。药物经黑芝麻制后能缓和其燥性，并有益血养阴的作用。黑芝麻性味甘、平。具有补益肝肾，养血益精，润肠通便功能。其质润性滑，能泽枯润燥。与药物同制，能缓和燥性，增强疗效。

黑烧

源之于日语。指用于干馏法炮制的药物或炭药。

焦枯

形态描述术语。药材或饮片在干燥或炒制过程中，由于对温度和时间掌握不当，干炒或炒炙过头而引起药材或饮片焦化，油枯甚至炭化的现象。已焦枯的饮片不能供药用。对表面焦黑不严重，内部色泽正常，不影响疗效者仍可应用，但不能超过一定的限量。

焦斑

形态描述术语。药材或饮片在干燥或炒、炙、烫等加热过程中由于受热而在药材表面出现焦黑色斑点或斑块。药物炒至挂焦斑，在炒焦、炒炭等炮制方法中，是正常炮制程度和要求。但对于炒黄或炙法炮制的大多数药物中，则可能是由于火力过猛或加热时间过久或翻炒不够均匀造成的伤火作用。

焦黑色

形态描述术语。将药物制备炭药，表面组织失去水分并发生焦化或炭化后的颜色。常见于炒炭法、煅炭法及炮法等制备的炮制品。

童便制除劣性降下

炮制理论术语。药物经童便制后能除去不良性味，且能引药下行。

焙吹

炮制程度术语。鲜地黄产地加工制成干地黄即生地黄的过程中，要注意控制温度和时间，并适时"发汗"，使其受热均匀。若一直高温加热，造成生地黄表面干硬内部溏心或中空，甚至为蜂窝状的现象，俗称为焙吹。

焙流

炮制程度术语。鲜地黄炕制干地黄时，若温度过低，造成生地皮软，汁液自体内外溢，颜色变黑却不易干的现象。俗称为焙流。

富水

足量的水。指某些质地较坚实的或特殊需要的药材在使其软化的水处理过程中需要较充裕的水，以保证药材充分的吸收，常见于用泡法处理软化的药材。

缓药制烈药

炮制理论术语。以药性缓和的药物制备药性猛烈的药。

微有麻辣感

判断炮制程度术语。舌部稍有麻辣的感觉，常用作判断药物炮制程度

解毒

解除毒邪的一种方法。"毒"有热毒、寒毒、疫毒、湿毒、火毒、药物及食物中毒等。因情况不同，由各种不同的治疗解毒方法。

煨者去燥性

炮制理论术语。指药物经煨后，能除去药物中部分挥发性及刺激性成分，即降低了燥性，从而降低了副作用。如生肉豆蔻含有大量油脂，有滑肠之弊，并具刺激性，煨后可除去部分油质，免于滑肠，刺激性减少，增强了固肠止泻的功能。

煅存性

药物煅制的质量要求。煅药强调"存性"，由于煅制方法和药物本身质地的不同，要求亦也有所不同。对植物类煅制易燃烧的药物采用扣锅煅法。

煅至红透

矿物药的煅制程度。古代把矿物药煅烧程度称"红透"（时间和温度常以烧木炭量计算），这与时间、温度及药物粒度有直接关系。

煅者去坚性

炮制理论术语。煅法可使坚硬的药物质地变为酥脆。煅法大多数用武火，火力强，温度高，一般在300-800度范围，有的在900度以上煅烧，受热后使不同药物组分在不同方向涨缩的比例产生差异，致使煅后药粒间出现空隙。质地变为酥脆，有些药物在高温煅烧后，常拌液体辅料淬制，高温时突然冷却收缩，更易使涨缩比例产生差异，使其质地酥脆。

煅酥

煅制品质量要求。指药物经过煅烧处理，使其质地达到酥脆易碎的质量要求。溏心：炮制现象。指胶类药物炮制成珠的过程中，胶丁中心部分由于火候不到未完全膨胀鼓起，只低温受热软化似糖稀状粘结的现象。

鲜用

以新鲜药材洗净后，切制或压汁使用。它保持了药材的原汁原味，常用作养阴、清热、生津、止渴等。如鲜生地、鲜茅根、梨汁、荸荠汁等。

滴水成珠

炮制程度术语。指炼制蜂蜜时用文火缓缓加热，除去一定水分后，粘性增加，少量滴至冷水中呈圆珠状而不散开的现象。

蜜制和中

炮制理论术语。药物经蜜制之后，能调和脾胃，补中益气，缓和对脾胃的刺激作用，熟蜜味甘性温。甘能缓急，温能祛寒，故能健脾和胃，补中益气。

蜜制益元

炮制理论术语。药物经蜜制之后能补益三焦元气。熟蜜性温，具益气补中的作用。故药物经蜜制后，能补益三焦元气。

醋制入肝而住痛

是醋制作用理论术语之一。醋性味酸苦温，主入肝经血分，具有收敛，散瘀止痛作用。醋味酸为肝脏所喜。药物经醋制后，能引药入肝经，增强活血止痛作用。

霉烂

指药物因生菌而变质的现象。一些鲜活的药物如生鲜地黄、鲜姜、鲜芦根、鲜石斛等，或药物含水较多，在温度适宜的情况下，由于真菌及其他微生物的大量生长，药物发酵腐烂变质。药物一旦霉烂变质，即不能入药。

熟用

指使用经过净制、切制、炮炙后的饮片，直接用于处方调剂或制剂。

潮气

指空气中含水分较多。空气湿度较大时对药材和饮片的影响详见潮湿条。

潮湿

指周围环境中含有较多水分，湿度较大。潮湿是药材和饮片发霉、变色、潮解、腐烂的重要原因。所以多数药材及饮片应避免在潮湿的环境中贮存。

勿令犯火

炮制术语。指不能用火等加热方法炮制。本条多指对具有芳香性药物炮制的宜忌。

因它在加热时，芳香气味易挥发走失，影响疗效。如《雷公炮炙论》中："茵陈蒿，凡使，须用叶，有八角者，采得阴干，去根，细剉用，勿令犯火"。《药性解》注云："茵陈蒿，去根用，犯火无功。"

去咸

除去咸味的操作。某些含有盐分的药材，为适应临床的需要，须漂除去盐分，以达药用要求。如盐附子、盐全蝎、海藻、昆布等。

去腥臭

洁净药材方法之一。指除去药材腥臭难闻气味的操作。如某些动物类药材，具有难闻的气味，为矫其气味，先经清水处理后，再用黄酒进行蒸制。如紫河车、蕲蛇等。

朱砂点

药材鉴别术语。药材横切面上的棕红色麻点（油室及其分泌物）色如朱砂。如苍术、白术、云木香。伏炼丹术语。埋藏经久的意思。

泻药制补药

炮制理论术语。以药性泄泻的药物制备药性补益的药物。此处的泻是补相对而言，并非一定是泻下通便药。如何首乌，用性降而滑的牛膝蒸制，能引药下行，增强何首乌的补肝肾、益精血、强筋骨的作用。另外，黄连制地黄亦属此类制法。

麸制抑酷性而和胃

炮制理论之一。用麦麸与药物共制能抑制药物的不良反应，且能调和脾胃。麦麸性味甘、淡。具有和中益脾作用，与药物共制能缓和药物燥性，除去药物不快的气味，缓和药物对胃肠道的刺激，增强和中益脾功能。如麸炒苍术，能缓和苍术的燥性，增强健脾燥湿的作用。

潮解

指具有吸湿性、易溶于水的药物，在潮湿的空气中存放，逐渐吸收空气中的水分，使其表面溶解成饱和溶液状态的现象。例如中药咸秋石、大青盐、硇砂和芒硝等均可发生潮解现象。发现药物潮解后，应及时除去其表面吸收的水分，密闭后移至干燥的环境中保存。

霸药制良药

炮制理论术语。以药性强烈的药物制备药性平和的制药方法。如斑蝥与米同炒，去斑蝥用米，使米中吸附少量的斑蝥成分，治疗疯狗伤，，此法毒性小而有一定的疗效。

糯饭米制润燥而泽土

炮制理论术语。药物经糯饭米制后能增强药物补中益气，，健脾和胃，止泻痢的功能，降低对胃的刺激性和毒性。该词出自《修事指南》。糯米性味甘平，能补中益脾，除烦止渴，，止泻痢。与药物共制，可增强药物功能，降低刺激性和毒性。如与补益药党参、白术、茯苓等同制，能增强补中。

蘖米

是古代对麦芽、谷芽、粟芽等的统称。

辨证炮制

炮制理论术语。根据不同病证，对药材进行不同的加工处理成不同的饮片，以适合临床辨证施治的需要。中医治病的特点之一是辨证施治，根据不同病情、证状，，选用不同规格的炮制品，随方炮制。

糊头

指药材的根头变黑而发黏的现象。如川木香，当出现糊头，就不能药用。

发泡

炮制术语。某些药材在水处理软化过程中，，由于方法不当致使药材吸水过多，出现鼓胀，膨松的现象。常见于质地疏松、吸水性强的药材。药材发泡后不但药物中的有效成分流失，药效降低，而且增加切制困难。因此，在软化时应"少泡多润"，防止药材发泡。对已发泡的药材应及时晾晒。

第二节　药物剂量换算的度量衡及演变

一、汉代的衡重

班固《汉书·律历志》：权者，铢、两、斤、钧、石也，所以秤物平施，知轻重也……千二百黍重十二株，二十四铢为两，十六两为斤，三十斤为钧，四钧为石。

文物实测：汉光和大司农铜权，铸于光和二年闰二月二十三日（公元179年）是12斤权，实测为2996克，1斤为249.7克，约等于250克，是推算汉制的权威标准。

汉1斤 = 250克；1两 = 15.625克；1铢 = 0.65克

二、汉代的容量

《汉书·律历志》：量者龠、合、升、斗、斛也……以子谷柜黍中者千有二百实其龠……合龠为合，十合为升，十升为斗，十斗为斛。

文物实测：

汉1合 = 20毫升；1升 = 200毫升

1斗 = 2000毫升；1斛 = 20000毫升

三、汉代的度量

《汉书·律历志》：度者，分寸尺丈引也，所以度长短也……（一黍为分）十分为寸，十寸为尺，十尺为丈，十丈为引。

文物实测：

汉1寸 = 2.3厘米；汉1尺 = 23厘米；汉1丈 = 230厘米

四、中国度量衡制的变化

汉代以后的两千年来，上述度量衡制发生了很大的变化，特别是在晋朝以后到唐到宋，其变化尤其显著。衡重每斤由250克增至600克左右，量器的容量每升由200毫升增至1000毫升以上，尺度每尺由23厘米增至33厘米以上。到宋以后元、明、清则基本稳定。

五、中药计量的历史变革

在唐代以前，中药计量(含唐代)保留了汉制。只不过从晋代起在汉制的铢和两之间加了一个分，即6铢为1分，4分为1两。

《晋书·律历志》："医方，人命之急，而秤两不与古同，为害特重。"

《唐会要》：唐秤有"大小两制"，"公私悉用大者"、"内外官司，悉用大者"，小秤则与汉秤同，只限于"合汤药"、"调钟律"。度量、容量也有大小二制。

六、经方药量的折算

以重量计量者，折算为现代计量（1两 = 15克），以容量和尺度计量者，折算为现代的容量和尺度后再称重。如粳米1升，今用200毫升称重约180克；半夏半升 = 50 ~60克；五味子半升 = 30克；厚朴1尺（中等厚，宽3.5厘米，长23厘米）= 15克。以数量计量的药物，可直接用原数量（如大枣、乌梅），需称重者，可按原数再称重。如杏仁100枚 = 40克、桃仁100枚 = 30克、枳实1枚 = 18克、附子1枚 = 10-25克、大附子 = 30克，野生乌头1枚 = 5克。

七、经方药量实际应用

麻黄3两 = 45克；桂枝2两 = 30克；甘草1两 = 15克；杏仁70个 = 28克

以水九升……煮取二升半，去滓，温服八合，覆取微似汗，不须啜粥。余如桂枝法将息。

一次治疗量实为全方药量的三分之一，也称一服。一服就可以达到汗出病差的目的。今天应当用经方的一次治疗量。

以当地常用药的常用量为基准，以经方各药计量比例做参照，是方便的方法。

八、经方药量变化规律

因人制宜：十枣汤"强人服一钱匕，羸人服半钱"，三物白散、四逆汤都有强人、羸人用量不同。

因病制宜：相同的病证，病邪的盛衰强弱也各有不同，这就要求在药量使用上做到药证相当。如小承气汤、调胃承气汤的服法。

因药后反应增减药量：十枣汤，强人服一钱匕，羸人服半钱匕，若下少病不除者，明日更服加半钱匕。理中丸，日服三四丸，夜服二丸，腹中未热，益至三四丸。

第三节　中兽药加工经验歌诀

1. 切制歌诀

饮片切得好，分档有大小，粗细需分条，方法讲技巧。

药材必纯净，少泡却多润，药透水须净，关键观水性。

质地有软硬，类别需细分，掌握渗水量，全在经验中。

饮片厚或薄，功夫重切技，根茎片厚薄，还有块与咀。

全草要成段，皮类需切丝。

黄芩切片薄，开水有煮焯，止血用炭宜，酒炒上焦清。

白芍与赤芍，去掉根须皮，水头牢掌握，片薄才高效。

黄芪质疏松，水润切片厚，生芪行肌表，蜜炙煎补益。

当归切饮片，身尾皆细分，补破和有异，酒炙宜活血。

白术质地坚，浸软后加工，炒焦健脾胃，生用才燥湿。

2. 炒制歌诀

药材炒得好，火候最重要，文火和武火，火候牢掌握。

饮片须纯净，药性质地确，大小有档次，火候须分清，

不及定无功，太过又损性，成灰无功用。

逢子必须炒，投药皆得捣，目的是药效，煎出成效高。

王不留行炒，先用水洗好，炒至爆白花，入药合奇效。

大枣先去核，斑蝥藏其中，备后上锅炒，解毒方法良。

地榆炒成炭，武火最关键，火星须灭尽，炒技功夫见。

蒲黄质轻酥，炒炭须下功，定必火星灭，效果止血灵。

阿胶炒需术，蛤粉先炒熟，烫至其形涨，筛粉胶珠留。

杜仲须炒炭，明火能断丝，火星尽灭掉，质量才过关。

鲜姜效发汗，干姜要切片，炮姜制成段，止血需炒炭。

白术需麸炒，麸皮须先炒，炒至白烟冒，白术锅里倒，

表面色更深，筛麸留白术。

3. 炙制歌诀

黄柏丝前炒，酒炙行头窍，盐炙走下焦，利湿利肾腰。

元胡醋炙佳，止痛疗效好，先拌醋吸尽，然后上锅炒。

乳香与没药，炒至黑烟冒，表面渗油亮，醋炙消瘀肿。

穿山需要炮，甲片分大小，油砂炒鼓起，醋淬后晒好。

龟板甲皆泡，烂肉必去掉，碎块油砂炒，醋淬最重要。

炼蜜甘草炙，上锅药先炒，随后喷洒蜜，顺序勿颠倒。

蜜炙麻黄草，肺润平喘妙，拌蜜须吸尽，随后锅上炒。

蜜炙款冬花，拌蜜须润透，适度要把握，炒至不粘手。

姜片熬成汁，肉桂切成丝，姜汁炙肉桂，温肾且暖脾。

淫羊藿须炙，羊脂炼成汁，壮阳功效奇。

4. 蒸制歌诀

乌头毒性大，炮制需胆巴，毒去制附片，回阳疗效佳。

川乌与草乌，两药皆具毒，生品勿要用，制品长时煮。

九蒸生大黄，蒸晒互换忙，最宜清血热，泻火且润肠。

珍珠去污垢，豆腐同锅煎，研磨至细粉，丸散又外敷。

5. 焯制歌诀

杏仁有小毒，开水煮又焯，搓后皮易去，解毒既增效。

6. 煅制歌诀

煅矾切忌搅，火候掌握好，酥脆蜂窝状，美观质效高。

人发扣锅煅，期间不能看，一次须煅透，火力定足够，

纸或白米验，火候自可见。

7. 霜制歌诀

巴豆有大毒，去油榨成霜，峻药应轻投，逐水又消肿。

8. 复制歌诀

明矾制半夏，反复用水发，毒去舌微麻，止咳化痰佳。

参考文献

安徽农学院. 1972. 中兽医诊疗[M]. 合肥：安徽人民出版社，

北京中医院. 1978. 中国医学史[M]. 上海：上海科学技术出版社.

陈嘉谟. 1988. 本草蒙筌[M]. 北京：人民卫生出版社.

戴永海. 2002. 中兽医基础[M]. 北京：高等教育出版社.

高学敏. 2000. 中药学[M]. 北京：人民卫生出版社.

葛洪. 1956. 肘后急备方（印影版）[M]. 北京：人民卫生出版社.

顾观光，杨鹏举. 2007. 神农本草经[M]. 北京：学苑出版社.

河北中兽医学校. 1961. 中兽医学[M]. 北京：农业出版社.

李东桓辑.元. 王晋之订. 清. 1958. 雷公炮制药性解[M]. 上海：上海科学技术出版社.

李锦开. 1997. 中药炮制名词术语辞典[M]. 广州：广东科学技术出版社.

李时珍. 1999. 本草纲目[M]. 北京：中医古籍出版社.

马新民. 1984. 新编中药炮制学[M]. 西安：陕西科学技术出版社.

陕西省中医药研究院药剂科. 1982. 中药制剂技术[M]. 西安：陕西科学技术出版社

膳书堂文化. 2007. 黄帝内经[M]. 北京：中国画报出版社.

太平惠民和剂局. 2007. 太平惠民和剂局方[M]. 北京：人民卫生出版社.

王庆其. 1999. 黄帝内经[M]. 上海：上海科学技术出版社.

徐楚江，叶定江. 1985. 中药炮制学[M]. 上海：上海科学技术出版社.

许鸿源. 1979. 中药之炮制[M]. 台北：新医药出版社.

薛愚. 1984. 中国药学史[M]. 北京：人民卫生出版社.

张炳鑫. 1991. 中药炮制品古今演变评述[M]. 北京：人民卫生出版社.

张朔生. 2009. 中药炮制实用技术[M]. 北京：科学出版社.

张兆旺，孙季梅. 1988. 中药炮制现代化研究[M]. 武汉：湖北科学技术出版社.

中国农业百科全书编辑部. 1991. 中国农业百科全书·中兽医卷[M]. 北京：农业出版社.

中国农业科学院中兽医研究所. 1959. 中兽医针灸学[M]. 北京：农业出版社.

中医研究院中药研究所. 1965. 中药制剂手册[M]. 北京：人民卫生出版社.

邹介正等. 1982. 中兽医学[M]. 南京：江苏科学技术出版社.

https://baike.so.com/doc/

http://image.so.com/

http://www.zysj.com/zhongyaocai/